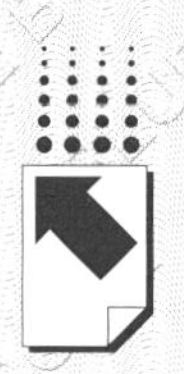

权威·前沿·原创

皮书系列为

“十二五”“十三五”国家重点图书出版规划项目

智库成果出版与传播平台

四川生态建设报告（2021）

ANNUAL REPORT ON ECOLOGICAL CONSTRUCTION OF SICHUAN (2021)

主　编 / 李晟之
副主编 / 骆　希

社会科学文献出版社
SOCIAL SCIENCES ACADEMIC PRESS (CHINA)

图书在版编目（CIP）数据

四川生态建设报告．2021/李晟之主编．--北京：
社会科学文献出版社，2021.8
（四川蓝皮书）
ISBN 978-7-5201-8590-5

Ⅰ.①四… Ⅱ.①李… Ⅲ.①生态环境建设-研究报告-四川-2021 Ⅳ.①X321.271

中国版本图书馆 CIP 数据核字（2021）第 124963 号

四川蓝皮书
四川生态建设报告（2021）

主　　编／李晟之
副 主 编／骆　希

出 版 人／王利民
组稿编辑／邓泳红
责任编辑／吴　敏

出　　版／社会科学文献出版社・皮书出版分社（010）59367127
　　　　　地址：北京市北三环中路甲 29 号院华龙大厦　邮编：100029
　　　　　网址：www.ssap.com.cn
发　　行／市场营销中心（010）59367081　59367083
印　　装／三河市东方印刷有限公司

规　　格／开 本：787mm×1092mm　1/16
　　　　　印 张：19.5　字 数：290 千字
版　　次／2021 年 8 月第 1 版　2021 年 8 月第 1 次印刷
书　　号／ISBN 978-7-5201-8590-5
定　　价／128.00 元

本书如有印装质量问题，请与读者服务中心（010-59367028）联系

《四川生态建设报告（2021）》
编　委　会

主　编　李晟之

副主编　骆　希

撰稿人　（按姓氏音序排列）

柴剑峰　陈乾坤　冯　杰　付钰涵　何　欣
胡　越　蒋仕伟　蒋钰滢　赖艺丹　李晟之
李　晓　凌　娟　凌　琴　刘　德　刘新民
罗　杰　罗娅丽　罗　艳　马　莉　王　勉
王诗宇　魏欣奕　夏溶矫　徐　强　薛琰烨
杨佳慧　杨金鼎　杨宇琪　张黎明　张晓红
张耀文　张益瑞　周　丰

主编简介

李晟之 四川省社会科学院农村发展研究所研究员、资源与环境中心秘书长，区域经济学博士，四川省政协人口与资源环境委员会特邀成员，社区保护地中国专家组召集人。从1992年至今，致力于“自然资源可持续利用与乡村治理”研究，重点关注社区公共性建设与社区保护集体行动、外来干预者和社区精英在自然资源管理中的作用。主持完成国家社科基金课题1项、四川省重点规划课题1项、横向委托课题21项，发表学术论文23篇，专著1部（《社区保护地建设与外来干预》），主编《四川蓝皮书：四川生态建设报告》。获四川省哲学社会科学一等奖1次（2003年）、二等奖1次（2014年）、三等奖1次（2012年），提交政策建议获省部级领导批示12人次。

摘　要

2021年是“十四五”开局之年，我国将开启全面建设社会主义现代化国家新征程。随着国内外形势发生深刻变化，复杂性、不确定性日趋增加，我国生态建设面临新的挑战。“十四五”时期，我国生态建设应立足新发展阶段，以贯彻新发展理念、构建新发展格局为指导，持续推动生态环境高质量发展。四川是生态资源大省、长江上游重要的生态屏障，肩负着维护国家生态安全的重要使命。近年来，四川省通过多元举措系统推进生态文明建设，在实践中取得显著成效并总结了重要的经验与模式。本书紧扣当前四川生态建设的重点、难点、亮点、焦点，全面呈现四川生态保护与建设的前沿性探索。

四川省生态资源无论是从种类还是总量来说都位居全国前列，从生态产品供给、生态系统调节与支持、生态文明服务等方面都给四川省带来了巨大的价值支持，但是局部生态脆弱、自然灾害频发、生态短板待攻克、市场参与有限等问题突出，未来应严守“三线一单”，调整能源结构，提高资源转化质量，健全环境治理与生态保护市场体系，增强公众生态环保意识，加强环境教育。

全书共分为五个部分，第一部分“总报告”对四川生态建设的主要行动、成效和挑战等进行了系统评估与总结。第二部分“自然保护地管理篇”重点探讨了自然保护地生态廊道建设、大熊猫和雪豹等旗舰物种保护、自然保护区协同治理等热点话题。第三部分“生态产品价值实现篇”聚焦四川大熊猫保护区生态产品价值转化实践，从生态产品价值实现的评估、生态产品认证两个维度深入剖析生态产品价值转化的挑战、实现方式、经验和启示

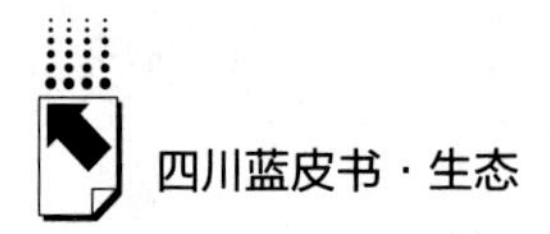

等。第四部分“生态环境治理篇”从大气污染治理、水环境治理、林草资源治理等方面，阐述四川省在生态环境污染防治领域的实践探索与创新。第五部分“生态文明体制机制篇”着重对成渝地区双城经济圈生态建设、土地资源管理、投融资体系、流域生态补偿绩效评估等前沿问题进行了探讨，呈现了四川省生态建设领域重要的制度探索成果。

关键词： 生态建设　自然保护地管理　生态产品价值实现　生态环境治理

目　录

Ⅰ　总报告

Ⅱ　自然保护地管理篇

Ⅲ 生态产品价值实现篇

Ⅳ 生态环境治理篇

Ⅴ 生态文明体制机制篇

皮书数据库阅读**使用指南**

总报告

General Report

B.1
四川生态建设基本态势

李晟之　杨宇琪*

摘　要：　本报告沿用“压力—状态—响应”模型（PSR模型）对四川省2019年生态建设状况进行评估，对四川生态环境的“状态”、“压力”和“响应”三组相互影响、相互关联的指标组进行信息收集和分析。与以往不同的是，在指标选取方面：“状态”指标依据学术界前沿的生态系统服务功能的分类进行选择；“压力”指标中加入了经济生产，以展现人类向生态系统索取的压力；“响应”指标除了继续囊括政府层面的政策响应之外，试图加入市场、公众的响应，希望能构建一个更加完善的生态建设响应体系。基于以上三个方面对当年四川省生态建设面临的问题、生态建设投入和成效以及生态建设的政策响应进行系统评估，并对2021年四川生态保护与建设的形势进行了展望。

* 李晟之，四川省社会科学院农村发展研究所研究员，主要研究方向为农村生态；杨宇琪，四川省社会科学院农村发展研究所研究生，主要研究方向为发展经济学。

关键词: PSR 模型 生态建设 生态评估 四川

一 四川生态建设总体概况

本年度报告继续沿用“压力—状态—响应”模型（以下简称“PSR 模型”）来评估四川生态环境建设的成效。PSR 模型最早由加拿大统计学家 David J. Rapport 和 Tony Friend 于 1979 年提出，后由经济合作与发展组织（OECD）和联合国环境规划署（UNEP）于 20 世纪八九十年代共同发展起来，是一种应用较广泛的环境绩效评估模型。PSR 模型是按照“原因 效应—反应”的思路阐释人类活动给自然界施加压力，改变了环境和资源的状态，进而通过决策、行为等发生响应，促进生态系统良性循环的过程。[①] 人类通过各种活动从自然环境中获取其生存与发展所必需的资源，同时向环境排放废弃物，从而改变了自然资源储量与环境质量，而自然和环境状态的变化反过来会影响人类的社会经济活动和福利，进而社会通过环境政策、经济政策和部门政策，以及意识和行为的改变对这些变化做出反应。如此循环往复，构成了人类与环境之间的压力—状态—响应关系。通过对四川生态环境的“状态”、“压力”和“响应”三组相互影响和关联的指标组进行信息收集和分析，我们对当年四川省生态建设面临的问题、生态建设投入和成效以及生态建设的政策响应进行系统评估。

本报告旨在评估四川省 2019 年的生态建设状况，除草原相关数据仅更新到 2017 年外，其余数据均为相关部门披露的最新数据。另外，为了反映生态建设状况的变化与成效，本报告也将 2018 年的部分数据列出，与 2019 年的数据进行对比，特此说明。

---

① 高珊、黄贤金:《基于 PSR 框架的 1953 ~ 2008 年中国生态建设成效评价》,《自然资源学报》2010 年第 2 期。

二　四川生态建设“状态”

（一）生态产品供给

生态产品的概念有狭义和广义之分。狭义上的生态产品是指通过生态工（农）艺生产出来的没有生态滞竭的安全、可靠、无公害的高档产品，[①] 资源节约型、环境友好型的农产品、工业品都属于生态产品。随着生产力提升、科学技术进步，生态系统的服务功能的价值得到了更广泛的社会认可，由此，生态产品有了广义的定义。《全国主体功能规划区》中将重点生态功能区提供的水源涵养、固碳释氧、气候调节、水质净化、水土保持等调节功能定义为生态产品，区别于服务产品、农产品、工业品。因此广义上的生态产品包括生态有机产品、生态调节服务与生态文化服务。[②] 由于生态产品涉及领域的广泛性和生态环境的复杂性，至今针对生态产品暂时没有权威的统一的定义。但可以确定的是，生态产品的生产能力是衡量生态环境“状态”的重要指标。

专栏1　生态系统服务功能

2005 年“联合国千年生态系统评估计划（MA）”国际合作项目集中了 2001～2005 年全球 95 个国家的 1360 名学者对地球各类生态系统进行的综合和多尺度评估。该研究成果把生态系统服务分为四类：第一类是直接供给物质的服务，主要是食物（农作物、家畜、捕鱼、水产养殖、野生生物等）、纤维（原木、棉花、大麻、蚕丝、薪柴等）、遗传资源、生物化学品、淡水等；第二类是调节自然要素的服务，主要是调节大气质量、调节气候（如全球尺度、区域和局地尺度的二氧化碳吸收）、抵御自然灾害（包括地

① 任耀武、袁国宝：《初论“生态产品”》，《生态学杂志》1992 年第 6 期。
② 高晓龙等：《生态产品价值实现研究进展》，《生态学报》2020 年第 1 期。

质灾害、海洋灾害等)、净化水质、控制疾病、控制病虫害、授粉作用等;第三类是提供精神、消遣等方面的文化服务,主要是提供精神与宗教价值、传统知识系统与社区联系、教育价值(如自然课堂)、艺术创造灵感、审美价值、休闲与生态旅游等;第四类是维持地球生命条件的支持服务,主要是维持养分循环、产生生物量和氧气、形成和保持土壤、维持水循环和栖息地等。①

众所周知,四川拥有丰富的土地、森林、生物、水能、旅游、矿产资源,其储蓄量在西部地区乃至全国都排前列,我们选取水资源、森林、草原、湿地、生物资源等指标来展现四川生态产品的生产能力,反映四川生态保护与建设的成效。

1. 水资源

四川水资源的总体特点是:总量丰富,人均水资源量高于全国平均水平,但时空分布不均,形成区域性缺水和季节性缺水;水资源以河川径流最为丰富,但径流量的季节分布不均,大多集中在6~10月,洪旱灾害时有发生;河道迂回曲折,利于农业灌溉;天然水质良好,但部分地区也有污染。

全省多年平均降水量约4889.75亿立方米,水资源以河川径流最为丰富,河网密布,号称“千河之省”,有长江水系和黄河水系支流1400余条,流域面积在500平方千米以上的有343条。全省水资源总量共约3489.7亿立方米,2019年全国水资源总量约为29041亿立方米,四川省水资源总量占全国水资源总量的12%。其中,多年平均天然河川径流量2547.5亿立方米,占全省水资源总量的73%;上游入境水942.2亿立方米,占全省水资源总量的27%。地下水资源量约546.9亿立方米,可开采量为115亿立方米。境内有湖泊1000余个、冰川200余条,在川西北和川西南地区分布有一定面积的沼泽,湖泊总蓄水量约15亿立方米,加上沼泽蓄水量共约35亿

① 赵士洞、张永民:《生态系统与人类福祉——千年生态系统评估的成就、贡献和展望》,《地球科学进展》2006年第9期。

立方米。

根据《2019 年四川省生态环境统计公报》，四川省共六大水系，其中长江干流（四川段）、黄河干流（四川段）、金沙江、嘉陵江水系优良比例100%，岷江和沱江水系优良水质断面占比分别为 84.2%、77.8%。四川省六大水系 2018 ~ 2019 年优良比例及变化情况如图 1 所示。

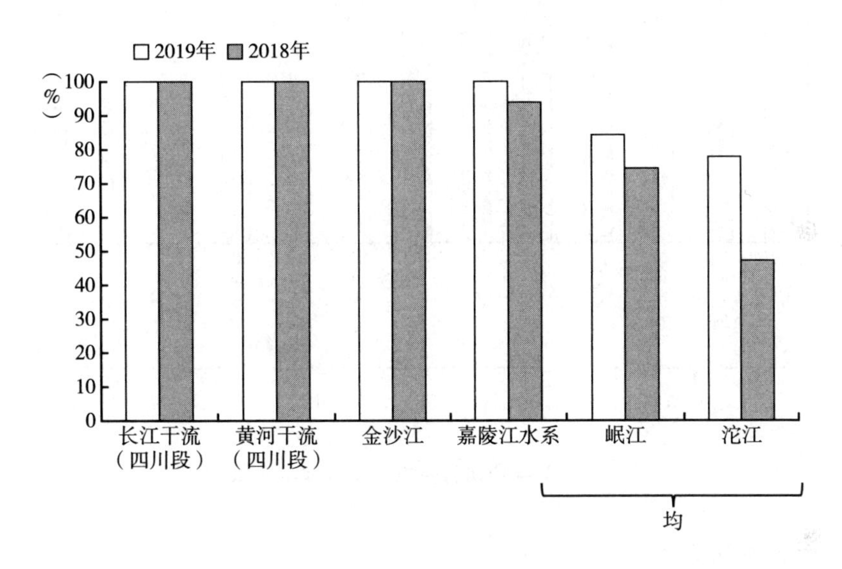

图 1　2018 ~ 2019 年四川省六大水系优良比例状况

资料来源：《2019 年四川省生态环境统计公报》，下同。

（1）江河水质

在 152 个监测断面中有 138 个达到优良水质标准，占 90.8%，而 2018 年，优良水质标准占比仅为 79.1%，2019 年水质有大幅度的改善；Ⅳ类水质断面 10 个，占 6.6%；Ⅴ类水质断面 4 个，占 2.6%；无劣Ⅴ类水质断面。主要污染指标为总磷、化学需氧量、氨氮、五日生化需氧量和石油类①。

（2）湖泊水库

四川省考核的湖泊水库共 13 个，水质状况分为Ⅰ类、Ⅱ类（水质优）、

① 资料来源：《2019 年四川省生态环境统计公报》。

Ⅲ类（水质良好）、Ⅳ类（污染），仅有大洪湖为Ⅳ类，主要污染指标为总磷。各大湖泊水库水质状况如图2所示。

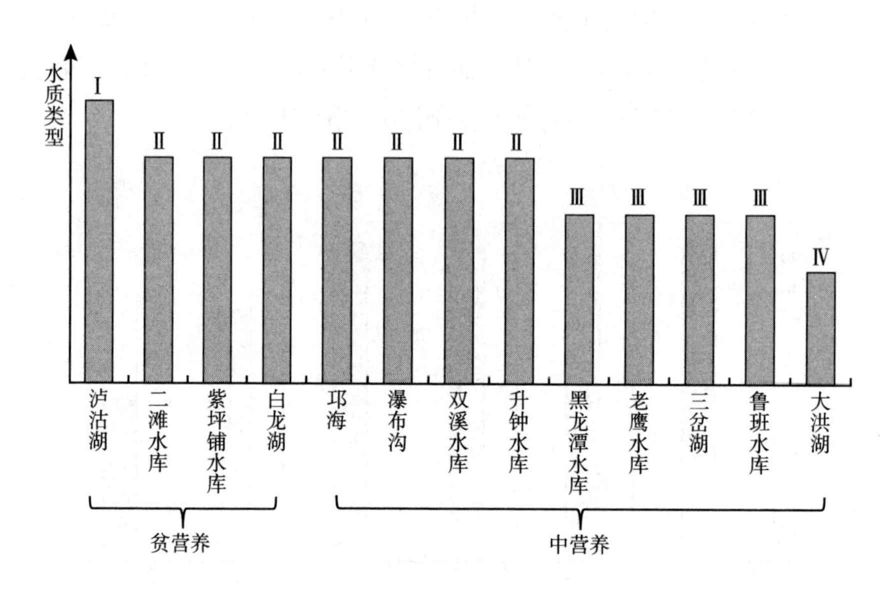

图2　2019年四川省各大湖泊水库水质状况

（3）水功能区

四川省纳入达标评价的全国重要水功能区共267个，与2018年相比减少了3个。水功能区评价方式包括依据全因子评价与依据高锰酸盐和氨氮双指标评价两种，分别按照达标水功能区个数、达标水功能区区长、湖泊水面积三个维度进行评价，评价结果如表1所示，水功能区达标率在不同维度上均有所上升。

表1　2018～2019年水功能区达标状况

单位：%

水功能区		2019年	2018年	变化
全因子评价	个数	89.14	84.76	↑
	区长	92.62	92.08	↑
	湖泊水面积	100.00	100.00	—

续表

水功能区		2019 年	2018 年	变化
双指标评价	个数	95.13	93.31	↑
	区长	96.06	95.61	↑
	湖泊水面积	100.00	100.00	—

2019 年纳入国家考核的 33 个地下水检测点（原 34 个国家考核点中有 1 个于 2019 年初因城市建设被毁）中，水质优良点 3 个，水质良好点 14 个，水质较差点 15 个，水质极差点 1 个。2019 年四川省 33 个地下水考核点水质整体趋好，其中 8 个水质变好，20 个水质保持不变，5 个水质变差。

（4）饮用水

2019 年，全省 21 个市（州）政府所在地 49 个集中式饮用水水源地共计 48 个断面（点位）中有 47 个断面（点位）所测项目全部达标（达到或优于Ⅲ类标准），达标率 97.92%，德阳西郊水厂地下水未达标（锰本底超标）。全年取水总量 206404.9 万吨，达标水量 206364.2 万吨，水质达标率 99.98%。其中，成都、绵阳、自贡、攀枝花、泸州、广元、内江、乐山、遂宁、南充、广安、达州、巴中、宜宾、眉山、资阳及西昌、康定、马尔康在用饮用水水源地水质均达标，德阳市水质达标率为 99.3%。全省 21 个市（州）144 个县 212 个县级集中式饮用水水源地共计 216 个（地表水型 181 个，地下水型 35 个）监测断面（点位）所测项目全部达标（达到或优于Ⅲ类标准），达标断面所占比例 100%；取水总量 122920.57 万吨，达标水量 122920.57 万吨，水质达标 100%。全省乡镇集中式饮用水水源地断面达标率 89.1%。

全省监测的 4411 份城市饮用水水样中，31 项指标合格率为 91.25%。枯水期市政供水出厂水和末梢水合格率略高于丰水期，丰水期自建供水 31 项指标合格率高于枯水期。18480 份农村饮用水水样中，31 项指标合格率为 65.69%。农村集中式供水 31 项指标合格率高于分散式供水；枯水期集中式和分散式供水 31 项指标合格率均高于丰水期。各层级饮用水检测达标状况如表2所示，表中“2020年目标”为《四川省“十三五”环境保护规划》（2017）中制定的需要在2020年前达到的目标，除乡镇集中式饮用水外，其余项目均已提前达标。

表2 2019年四川省饮用水检测达标状况

单位：%

饮用水类型	水源断面达标率	2020年目标
市(州)集中式饮用水	97.92	90
县级集中式饮用水	100.00	90
乡镇集中式饮用水	89.10	90(暂未达标)
城市饮用水	91.25	90
农村饮用水	65.69	—

2. 森林

四川是森林资源大省，森林覆盖率达39.6%，相较上年提高了0.8个百分点，四川森林总面积为4860万公顷，占全国森林总面积的8.2%，仅次于内蒙古的11.98%、黑龙江的9.45%、云南的9.22%，森林总面积居全国第四位。森林蓄积量[①]18.97亿立方米，相较上年增加1806万立方米，居全国第三位[②]，因此四川也是我国西南地区的主要林区。四川的森林资源主要集中在川西地区。

全省共有自然保护区166个，面积8.3万平方公里，占全省土地面积的17.1%，其中国家级自然保护区32个；全省有湿地公园64个，其中国家级湿地公园（含试点）29个、省级湿地公园35个；建立国家级风景名胜区15处、省级风景名胜区79处；全省森林公园有137处，总面积232.48万公顷，占全省土地面积的4.78%，其中国家级森林公园44处，森林公园总数位列全国前十。

① 森林蓄积量是指森林面积上生长着的林木树干材积总量，是反映一个国家或地区森林资源总水平与规模的重要指标。

② 数据来源：《四川年鉴（2020）》。

根据四川省林业和草原局资料，2019 年全省共实现林草产业产值 3966 亿元，比上年增长 6%。其中，林业产业总产值 3984 亿元，草原产业总产值 18 亿元。从结构来看，林业产业第一、二、三产业产值分别为 1425 亿元、1011 亿元、1512 亿元。三次产业结构从 2018 年的 39∶26∶35 调整为 36∶26∶38，随着绿色产业转型，林业旅游与休闲服务加速发展，第三产业产值增长较快，同比增加 16%。

第一产业方面，实现林木育种和育苗产值 56 亿元，同比增长 9.8%；实现营造林产值 79 亿元，同比减少 14%；木材和竹材采运产值为 79 亿元，同比增长 8%；包括水果及坚果、茶、中药材、森林食品在内的经济林产品种植与采集业产值为 899 亿元，同比减少 0.6%；花卉及其他观赏植物种植产值为 174 亿元，同比减少 4.9%；陆生野生动物繁殖与利用产值为 35 亿元，同比增长 12%。

第二产业方面，实现木材加工和木、竹、藤、棕、苇制品制造产值 269 亿元，同比增长 7.6%；木、竹、藤家具制造产值 296 亿元，同比减少 7.2%。第二产业发展总体保持了持续增长的态势。

第三产业方面，实现林业旅游与休闲服务产值 1262 亿元，同比增长 14%，占总产值的 31.8%；实现林业生产服务产值 34.1 亿元、林业生态服务产值 44 亿元、林业专业技术服务产值 11 亿元、林业公共管理及其他组织服务产值 6.1 亿元，较上年均有所增长。第三产业迎来了发展的快速增长期，有力地支持了四川省的林业发展。

3. 草原

草原是中国面积最大的陆地生态系统，是重要的水源涵养区、生物基因库和储碳库。2019 年四川省草原综合植被覆盖度①相较 2018 年提高了 0.5 个百分点，达到 85.6%。四川、内蒙古、西藏、甘肃、青海和新疆为我国的六大牧区，六大牧区的草原面积占全国草原总面积的 75%。

① 草原综合植被覆盖度是指某一区域各主要草地类型的植被覆盖度与其所占面积比重的加权平均值。它是用来反映大尺度范围内草原覆盖状况的一个综合量化指标，直观来说是指面积较大的区域内草原植被的疏密程度和生态状况。

四川省农业厅发布的全省草原监测报告显示，近年来，全省稳步推进草原生态保护补助奖励等强牧惠牧政策和退牧还草等草原生态保护建设工程，集中治理生态脆弱和严重退化草原，草原生态退化趋势得到有效遏制，草原生态状况逐渐向好。

2017 年全省各类饲草产量 2725.3 亿公斤，折合干草 788.0 亿公斤，载畜能力 8556.5 万羊单位。全省有效推行草原禁牧、草畜平衡两项制度，规范、有序发放各项资金 8.8 亿元，人工草地保留面积 1486.0 万亩，当年新增人工草地面积 915.9 万亩，完成减畜任务 33.2091 万羊单位。全省天然草原综合植被覆盖度 84.8%。全省牧区牲畜超载率 9.23%，较上年下降 0.34 个百分点。其中，甘孜州超载率 10.87%，阿坝州超载率 8.50%，凉山州超载率 8.48%。

截至 2017 年底，全省共完成天然草原退牧还草工程围栏封育建设任务 13698 万亩，占川西北牧区天然草原可利用面积的 64.6%，工程区植被恢复良好，生态效益显著。对 2015 年度实施的退牧还草工程进行监测，结果显示：工程区内植被覆盖度平均 89.3%，比工程区外高 12.4 个百分点；工程区内植被高度平均 23.4 厘米，比工程区外高 46.3%；工程区内鲜草生物产量平均 372.1 公斤/亩，比工程区外高 17%，比全省天然草原平均产量高 13.6%。

全省稳步推进草原生态保护补助奖励等强牧惠牧政策和退牧还草等草原生态保护建设工程，集中治理生态脆弱和严重退化草原，草原生态退化趋势得到有效遏制，草原生态状况逐渐向好。与 2011 年相比，全省天然草原综合植被覆盖度平均提高了 4.1 个百分点，全省牧区牲畜超载率下降了 36.58 个百分点，基本达到草畜平衡。但全省草原生态保护建设仍然面临一些突出矛盾和问题，加上草原生态环境先天脆弱，巩固草原生态建设成果的压力很大，全面恢复草原生态环境仍然面临诸多困难和挑战，草原生态保护建设任重道远。

2017 年，全省退化草原总面积 15082.1 万亩，占全省可利用草原面积的 56.9%，较上年下降 1.2 个百分点。其中，草原鼠虫害面积 5266 万亩（其中鼠害4074万亩，虫害1192万亩），鼠荒地面积1201.1万亩，毒害草面积5073.9万亩（其中紫茎泽兰面积1205.31万亩），草原板结化面积5010.43万亩，牧草病害分布面积285.9万亩，草原沙化面积337.4万亩。2017年全省共治理草原退化面积1076万亩，其中围栏封育面积235万亩。

4. 湿地

湿地是指地表过湿或经常积水，生长湿地生物的地区，通常为未开发利用土地（自然湿地）。湿地被誉为"地球之肾"，具有蓄洪抗旱、净化水质等功能，对维护全球生态动态平衡具有重要的意义。目前，四川拥有沿海滩涂以外几乎所有湿地类型。全省建立湿地自然保护区52个、湿地公园54个，纳入国际重要湿地名录2处、国家重要湿地名录2处、省重要湿地名录7处，探索设立湿地保护小区1个，不断建立和完善现有湿地保护管理体系。

经监测，全省湿地每年涵养了长江流域入海口30%的水量，补给了黄河上游13%的水量，2020年湿地生态价值已超过2100亿元，较2012年提升15%以上，36种国家Ⅰ、Ⅱ级重点保护野生动物和7种国家Ⅰ、Ⅱ级重点保护野生植物栖息地得以恢复并扩大。湿地保护和修复项目的实施不仅提升了湿地生态功能，还使当地牧民改变了生产方式，生活品质得以提高，湿地保护意识也不断增强。

5. 生物资源

四川省植物资源种类繁多，有高等植物1万余种，占全国总数的1/3，仅次于云南。松、杉、柏类植物87种，居全国之首，被列入国家珍稀濒危保护植物的有84种，占全国的21.6%。有各类野生经济植物5500余种。其中，药用植物4600余种，全省所产中药材占全国药材总产量的1/3，是全国最大的中药材基地；芳香及芳香类植物300余种，是全国最大的芳香油产地；野生果类植物100余种，以猕猴桃资源最为丰富，居全国之首。野生菌类资源1291种，占全国的95%。

四川省有脊椎动物近1300种，约占全国总数的45%以上，其中兽类

217 种、鸟类 625 种、爬行类 84 种、两栖类 90 种、鱼类 145 种，占全国的 39.6%，居全国第一位。据第四次全国大熊猫调查结果，四川省大熊猫种群数量达 1387 只，占全国野生大熊猫总数的 74.4%，其中种群数量居全国第一位。全省动物中可供经济利用的种类占 50% 以上，其中，毛皮、革、羽用动物 200 余种，占全国雉科总数的 40%，素有“雉类的乐园”之称，其中有许多珍稀濒危雉类。四川省各类自然资源在全国的排名状况如表 3 所示。

表 3　四川省各类自然资源在全国的排名状况

资源类型		排名
土地资源	国土面积	全国第 5 位、西部第 4 位
	耕地面积	全国第 6 位、西部第 1 位
	林地面积	全国第 2 位、西部第 1 位
	牧草面积	全国第 5 位、西部第 4 位
森林资源	森林面积	全国第 4 位
	森林蓄积	全国第 3 位
生物资源	高等植物种类	全国第 2 位
	蕨类植物种类	全国第 2 位
	裸子植物种类	全国第 1 位
	被子植物种类	全国第 2 位
	药用植物种类	全国第 2 位
	芳香油植物	全国第 1 位
	野生果类植物	全国第 1 位
	菌类资源	全国第 1 位
	国家重点保护野生动物种类	全国第 1 位
	陆生野生动物种类	全国第 2 位
	野生大熊猫种群数量	全国第 1 位
	鸟类	全国第 2 位
水能资源	理论蕴藏量	全国第 2 位
	技术可开发量	全国第 1 位
	经济可开发量	全国第 1 位

续表

资源类型		排名
旅游资源	世界自然文化遗产数量	全国第2位
	5A级旅游景区数量	全国第4位
	地质公园数量	全国第1位
矿产资源	天然气等14种矿产查明资源储量	全国第1位
	铁矿、铂族金属等10种矿产查明资源储量	全国第2位

（二）生态系统调节

生态系统调节是指当生态系统达到动态平衡的最稳定状态时，能自我调节和维护自身的正常功能，并能在很大程度上克服和消除外来干扰，保持自身的稳定性。但这种自我调节功能是有一定限度的，当外来干扰因素的影响超过一定限度时，就会失衡，从而引起生态失调，甚至导致生态危机发生。

专栏2　四川省生态环境状况指数

生态环境质量是指生态环境的优劣程度，是根据人类的具体要求对生态环境的性质及变化状态按照生态环境状况指数（EI）标准进行评定。生态环境状况指数是国际、国内衡量环境指标的一项有效举措。

生态环境状况指数EI＝0.35×生物丰富度指数＋0.25×植被覆盖指数＋0.15×水网密度指数＋0.15×（100－土地胁迫指数）＋0.10×（100－污染负荷指数）＋环境限制指数。

根据生态环境状况指数，将生态环境分为五级，即优、良、一般、较差和差：生态环境状况指数大于或等于75为优，植被覆盖度高，生物多样性丰富，生态系统稳定；指数55～75为良，植被覆盖度较高，生物多样性较丰富，适合人类生活；指数35～55为一般，植被覆盖度中等，生物多样性一般，较适合人类生活，但有不适合人类生活的制约性因子出现；指数20～35为较差，植被覆盖度较差，严重干旱少雨，物种较少，存在明显限制人类生活的因素；指数小于20为差，条件较恶劣，人类生活受到限制。2019

年全国生态环境状况指数为51.3，生态质量一般。

2019年四川省生态环境状况指数（EI）为71.9，同比上升0.3个点，生态环境状况良好。生态环境状况二级指标生物丰富度指数、植被覆盖指数、水网密度指数、土地胁迫指数和污染负荷指数分别为63.8、87.9、34.3、83.3和99.8，同比变化-0.2个、0个、2.7个、-0.1个和0个点。

21个市（州）的生态环境质量均为“优”和“良”，生态环境状况指数（EI）介于61.5~85.1。其中，雅安市、乐山市、广元市和凉山州的生态环境状况为“优”，占全省面积的21.5%，占市域数量的19%；其余17个市（州）的生态环境状况为“良”，占全省面积的78.5%，占市域数量的81%。与2018年相比，生态环境状况“略微变好”的市（州）有7个，为成都市、泸州市、德阳市、绵阳市、乐山市、眉山市和雅安市；生态环境状况“略微变差”的市（州）有3个，为攀枝花市、广安市和达州市；其余11个市（州）生态环境状况无明显变化。

1. 空气质量

（1）城市空气

2019年，四川对全省21个市（州）政府所在地的94个城市环境空气质量监测点位开展实时监测，并按《环境空气质量标准》（GB3095-2012）进行评价，平均优良天数率为89.1%（2019年全国337个城市平均优良天数率为82%），同比上升0.7个百分点。其中优占48.7%，总体污染天数比例为10.9%，其中轻度污染为9.5%，中度污染为1.2%，重度污染为0.2%。

（2）农村空气

全省16个农村环境空气自动监测站位于成都平原及四川盆地的川西、川中和川北区域，反映了成都、德阳、绵阳、广元、南充、雅安、巴中、遂宁、眉山等9个市的农村区域环境空气质量状况，检测项目为二氧化硫、二氧化氮、可吸入颗粒物、细颗粒物、一氧化碳、臭氧，具体监测结果及其变化见表4，污染物状况均有不同程度的改善。2019年，9个市农村区域环境空气质量较好，全省总优良率为95.1%。其中优为54.5%、良为40.6%。

表4　2019年四川省主要污染物平均浓度及比较

污染物	年平均浓度	同比趋势	同比值	全国均值	较全国均值比较
SO_2	7 μg/m³	—	—	11μg/m³	↓
NO_2	28 μg/m³	—	—	27μg/m³	↑
PM_{10}	48 μg/m³	↓	-25.0%	63μg/m³	↓
细颗粒物	24 μg/m³	↓	-29.4%	—	—
CO	1 mg/m³	↓	-9.1%	1.4mg/m³	↓
O_3	105 mg/m³	↓	-9.5%	148mg/m³	↓

注："全国均值"来源于生态环境部《2019中国生态环境状况公报》。

2. 水土流失与水土保持

2019年，四川省完成新增水土流失综合治理面积5041平方千米，减少水土流失量约1150万吨。其中水土保持重点工程投资69159万元，治理水土流失面积1015平方千米，坡耕地改造6.72万亩。根据2019年水土流失动态检测结果，全省水土流失总面积为107818.32平方千米，以水力侵蚀为主。其中，轻度水土流失面积76275.26平方千米，占总水力侵蚀面积比例为70.74%；中度水土流失面积15619.86平方千米，占总水力侵蚀面积比例为14.49%；强烈水土流失面积8623.49平方千米，占总水力侵蚀面积比例为8%；极强烈水土流失面积5391.24平方千米，占总水力侵蚀面积比例为5%；剧烈水土流失面积1908.47平方千米，占总水力侵蚀面积比例为1.77%。

3. 垃圾分解

生态系统按其形成的影响力和原动力，可分为人工生态系统、半自然生态系统和自然生态系统三类。自然生态系统的物质流动量主要取决于植物、动物和细菌、微生物的种类和数量。生产者、消费者和分解者之间以食物营养为纽带形成了食物链和食物网，系统中产生的废弃物是复生细菌、真菌、某些动物的食物。人工生态系统中物质流动种类与数量以人的需要为纽带。人类在满足自己物质需要的同时，制造了大量的生产生活垃圾。地球自然生态系统已没有能力及时将这些废弃物还原为简单无机物。如果垃圾不能资源化，根据质量守恒定律，地球资源中能够为人类开采利用的资源将越来越少。解决人工生态系统中垃圾的资源化、无害化的关键是开发、创造垃圾的分解能力。①

四川扎实推进生活垃圾无害化处理，加快垃圾焚烧处理设施建设，逐步改变以填埋为主的处理方式，提高垃圾焚烧处理比例，加快城乡垃圾收集转运设施建设，加强非正规垃圾堆放点和存量垃圾治理。截至 2019 年底，成都市生活垃圾无害化处理率达到 100%，其他设市城市生活垃圾无害化处理率达到 95%，县城生活垃圾无害化处理率达到 85% 以上，镇乡生活垃圾收转运设施覆盖率达到 100%（阿坝州、甘孜州、凉山州达到 70%），存量垃圾治理任务基本全面完成。

2021 年 3 月 1 日起，四川省成都市正式实施《成都市生活垃圾管理条例》。为了加强管理条例的贯彻落实，加快构建生活垃圾分类管理体系，2021 年 3 月 8 日，成都市人民政府发布了《关于贯彻落实〈成都市生活垃圾管理条例〉推进全程分类体系建设的实施方案》，明确到 2021 年底成都全市生活垃圾分类实现“全覆盖格局基本成型、分类体系基本建成、社会氛围基本形成、回收利用率达 35% 以上”四大目标。成都还将逐步实行“不分类则不收运”制度，制定相关操作规范，率先在党政机关、企事业单位、社会团体实行，并逐步在部分物业管理水平较高的小区推广实施。届时，垃圾分类的强化管理将逐步在全省推行。

4. 洪水调节

洪水调节主要包含自然调节和人为调节两个方面。自然调节即通过自然生态系统中森林植被、湿地、草原等元素的涵养水源、保持水土、调节气候等自然修复功能进行调节；人为调节即人工生态系统中保证大坝安全及下游防洪，利用水库人为地控制下泄流量、削减洪峰的径流调节。从客观上讲，

---

① 周咏馨、苏瑛、黄国华、田鹏许：《人工生态系统垃圾分解能力研究》，《资源节约与环保》2015 年第 3 期。

洪水频发有不可抗拒的原因，但不可否认的是，洪水发生的频率和影响程度离不开人为因素。我们应减少人为因素对自然生态的破坏，做好预测监测以及灾害发生后的应急处理工作，努力将洪水带来的危害降至最低。[①]

（三）支持功能

生态系统的支持功能不易被直接感知，但它是生态系统完整性、系统性的前提。支持功能是其他服务功能产生的基础[②]，是生命环境依存、孕育与保持生物多样性的基础。

1. 固碳

固碳（carbon sequestration），也称碳封存，指的是增加除大气之外的碳库的碳含量，包括物理固碳和生物固碳。物理固碳是将二氧化碳长期储存在开采过的油气井、煤层和深海里。植物通过光合作用可以将大气中的二氧化碳转化为碳水化合物，并以有机碳的形式固定在植物体内或土壤中。生物固碳就是利用植物的光合作用，提高生态系统的碳吸收和储存能力，从而减少二氧化碳在大气中的浓度，减缓全球变暖趋势。

2. 土壤质量

土壤质量（soil quality & soil health），即土壤在生态系统界面内维持生产，保持环境质量，提升动物和人类健康行为的能力。美国土壤学会把土壤质量定义为在自然或管理的生态系统边界内，土壤具有增加动植物生产持续性，保持和提高水、气质量及人类健康与生活的能力。

土壤污染是指具有生理毒性的物质或过量的植物营养元素进入土壤，而导致土壤性质恶化和植物生理功能失调的现象。土壤污染可导致土壤组成、结构、功能发生变化，进而影响植物正常发育生长，造成有害物质在植物体内累积，并通过食物链危害人畜健康，或经地面径流、土壤风蚀，使污染物向其他地方转移。土壤有一定的自净能力，但一旦被污染，短时间内很难恢

---

① 李晟之、杜婵：《四川生态建设基本态势》，载李晟之主编《四川蓝皮书：四川生态建设报告 No. 1（2015）》，社会科学文献出版社，2015。

② 江波等：《海河流域湿地生态系统服务功能价值评价》，《生态学报》2011 年第 8 期。

复，有的甚至无法修复，特别是重金属污染。

据全国第二次土壤普查，四川省共有25个土类、63个亚类、137个土属和380个土种。自20世纪80年代中期开展第二次普查后，没有再开展土壤普查工作，故相关数据未更新。根据国务院决定，2006年8月至2013年12月，四川省开展了首次全省土壤污染状况调查，并发布了《四川省土壤污染状况调查公报》，具体信息见《四川蓝皮书：四川生态建设报告 No.2(2016)》，此后，关于土壤质量方面的数据暂未更新。

3. 生物地化循环

生物地化循环（biogeochemical cycles），是指生态系统之间各种物质或元素的输入和输出及其在大气圈、水圈、土壤圈、岩石圈之间的交换。生物地化循环还包括从一种生物体（初级生产者）到另一种生物体（消耗者）的转移或食物链的传递及效应。生物地化循环是一个动态的过程，涉及自然界的方方面面，相关的研究大多基于生物学角度且关于四川省的资料不足，但生物地化循环的重要性不容忽视。

4. 生态文明功能

生态文明功能即生态系统提供的文化服务功能，即从生态系统中获得的非物质惠益，这其中除了因生态景观而获得旅游价值之外，还有宝贵的生态文化。自然资源是文化、历史、宗教之源，特别是在少数民族地区，山、树、水都是人们崇拜的对象。① 人类从自然中获取灵感并不断加以演化，最终形成了优秀的文化遗产，这是全人类都能获益的宝贵财富。

（1）生态旅游景观价值

四川是旅游资源大省，2019年全省共接待国内游客75081.58万人次，国际游客414.78万人次，全年旅游收入11594.32亿元，占第三产业生产总值（24443.23亿元）的47.43%，占2019年四川省国民生产总值（46615.82亿元）的24.87%。四川省2012~2019年旅游总收入情况如图3所示，四川自2018年起就迈入旅游“万亿级”产业集群俱乐部，成为全国

① 甘庭宇：《自然资源产权的分析与思考》，《经济体制改革》2008年第5期。

5个旅游万亿产业省份之一。这得益于四川作为林业大省，与林业资源相结合的生态旅游快速发展，生态旅游正在成为新的经济增长点。近年来，四川省不断推进林业生态旅游产业扶贫，利用市场手段配置资源，变生态旅游资源优势为生态旅游产业发展优势。通过发挥林业生态旅游的关联带动作用，把林业生态旅游产业培育成为增收脱贫奔小康的富民产业。为扎实推进林业生态旅游的精准扶贫，全省还实施了规划引领、资金整合、节会推动、示范带动和品牌创建5项举措。

在促进生态旅游方面，四川省举办生态旅游节会，不仅改善了林业生态旅游基础设施，扩大了影响力，还促进了林业生态旅游消费，带动了地方经济发展。比如，2021年3月，由四川省林业和草原局与成都市人民政府共同主办的2021年四川花卉（果类）生态旅游节暨第四届成都天府迎春赏花节在成都市文化公园启幕，活动在全市各个公园、绿道、社区和专业花卉交易市场同步展开，辐射人数超过450万，产品销售量达30万余件，产品销售额达8000余万元。活动将花卉元素植入园艺消费场景。

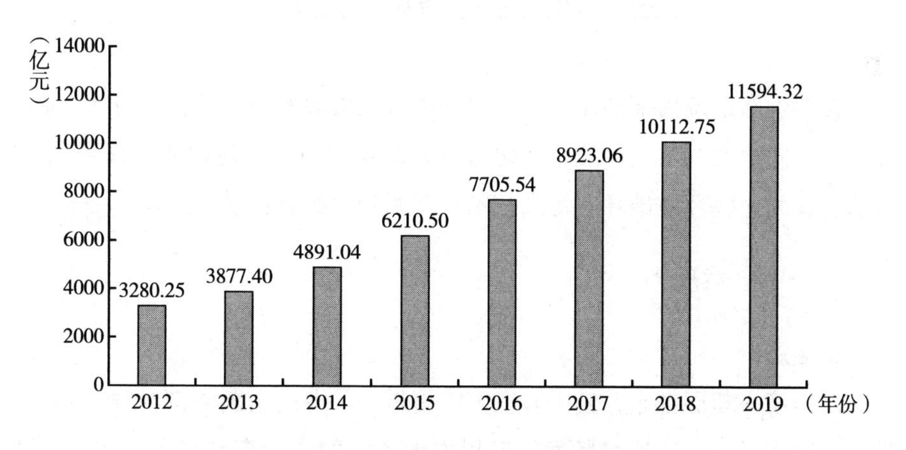

图3　2012～2019年四川省旅游总收入情况

（2）传统生态文化传承

从生态的视角看，文化是人类适应自然生态环境的特殊方式。生态文化即人们在适应、利用和改造环境及被环境所改造的过程中，在文化与自然互

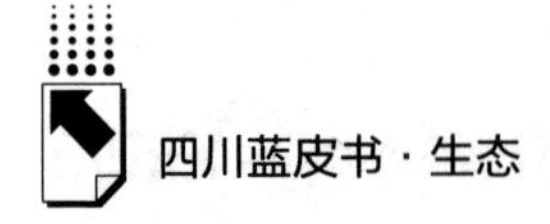

动关系的发展过程中所积累和形成的知识与经验，这些知识与经验蕴含和表现在这个民族的宇宙观、生产方式、生活方式、社会组织、宗教信仰和风俗习惯等之中。①

四川历史悠久，是中国多元一体的华夏文明的发源地之一，是长江上游文明起源和发展的中心。三星堆遗址、金沙遗址等古蜀文化光辉灿烂，武侯祠、剑门关、张飞庙等三国文化影响广泛，道教发祥地青城山、中国佛教四大名山之一峨眉山等宗教文化积淀深厚，还有雪山草地、川陕苏区等红色文化。同时，四川是一个以汉族为主的多民族省份，有彝、藏、羌等 14 个世居少数民族，由此形成了独特而丰富的地域性民族风情。民族歌舞演艺文化，如藏族的锅庄、藏戏，羌族的沙朗舞、羊皮鼓舞等；民族节庆文化，如凉山州的火把节、宜宾市的兴文苗族花山节等；民族习俗文化，如丹巴县的“抢帕子”、色达县的“祖神山祭”等；民族艺术文化，如甘孜州的“噶玛噶孜”画、彝族史诗《创世纪》等②。

三　四川生态建设“压力”

自然生态系统内部的循环、人们利用自然资源的行为都会给自然生态环境带来不同程度的改变，这些变化与行为便是四川生态建设的“压力”，压力层主要为一些环境破坏、污染控制和资源利用类指标。

（一）自然压力

1. 地震

四川境内断层密布，其中有三大断裂带——龙门山断裂带、鲜水河断裂带、安宁河断裂带，地震频发。四川省地震局的统计资料显示，2020 年四川地区共发生两次 5 级以上地震，分别为 2020 年 2 月 3 日成都市青白江区

---

① 廖国强、关磊：《文化·生态文化·民族生态文化》，《云南民族大学学报》（哲学社会科学版）2011 年第 4 期。

② 数据来源：《四川文化和旅游年鉴 2019》。

5.1级地震、2020年4月1日甘孜州石渠县5.6级地震，无6级以上地震发生。相较于2019年，地震次数明显减少，地震强度也相对减弱。

2. 气温与森林火灾

四川省气候中心发布的《2019年四川气候公报》显示，2019年四川省年平均气温15.4℃，较常年偏高0.5℃，处历史第九高位，与2018年相比气候差异变化不大。川西高原大部、凉山东北部和西北部平均气温低于15℃，阿坝西北部和甘孜北部平均气温在5℃以下，石渠县平均气温为0.3℃，为全省最低。省内其余地区平均气温高于15℃，盆南和攀西地区南部、中部平均气温在18℃以上，攀枝花平均气温22.3℃，为全省最高。全省大部分地区平均气温都较常年偏高，攀西地区大部、川西高原局部偏高1℃以上。凉山、攀枝花和甘孜共有14站年平均气温处历史第一高位。

2019年春季，攀西地区及甘孜州南部高温少雨，季节性干旱偏重，风干物燥，森林火险气象等级较高，引发多场森林火灾，其中1月上旬甘孜州发生1次较大森林火灾，2月凉山州和阿坝州发生3次较大森林火灾，3月末凉山州发生一次重大森林火灾，造成大量人员伤亡，4月凉山州发生了2次较大森林火灾。据四川省森林草原防火指挥部统计，全省年内共发生火灾135起，过火面积2500余公顷，受害面积700余公顷，全年火灾次数、过火面积、受害面积分别同比下降40.4%、31%、56.3%，因灾死亡31人。

2019年1月7日，四川省甘孜州九龙县子耳乡境内发生森林火灾，过火面积约50公顷，其中草原面积约25公顷。2月3日，凉山州喜德县西河乡书则口村发生森林火灾，过火面积约18.7公顷。2月10日，凉山州木里县三桷桠乡里铺村和高房子村交界处发生森林火灾，过火面积约20公顷。2月22日，阿坝州小金县八角乡大坪村境内发生一起森林火灾，过火面积约23公顷。3月30日，四川省凉山州木里县雅砻江镇立尔村地区发生森林火灾，3月31日下午，扑火人员在转场途中，受瞬间风力突变影响，突遇山火爆燃，31名扑火英雄牺牲。4月7日，凉山州越西县发生森林草原火灾，过火面积2.7公顷。4月21日，凉山州冕宁县出现森林草原火灾，过火面积1.5公顷。2020年4月1日，启动甘孜州九龙县上团乡森林火灾Ⅳ级响应。

3. 强降雨与地质灾害

2019 年四川省降水量 1034.4 毫米，较常年偏多 8%，列历史第 16 位。甘孜大部、阿坝东南部及攀西地区西部和南部降水量不到 800 毫米，得荣县为 324 毫米，为全省最少。省内其余地区降水量在 800 毫米以上，盆东北大部、盆西南中部降水量在 1200 毫米以上，峨眉山降水量为 2075.8 毫米，为全省最多。与常年同期相比，盆地大部、阿坝、甘孜北部降水偏多一至七成，其余地区降水偏少一至四成。四川整体降雨不均衡，其中，四川盆地的亚热带湿润气候区，雨量充沛，年降水量达 1000～1200 毫米；川西南山地亚热带半湿润气候区，降水量较少；川西北高山高原高寒气候区，年降水量 500～900 毫米。

2019 年四川暴雨、大暴雨天气多，区域性暴雨多，总体属暴雨偏多年。2019 年全省共计发生暴雨 457 站次，比常年多 50 站次，暴雨站次数约列历史第 10 位，其中大暴雨 79 站次，比常年多 16 站次。暴雨区的许多县市位于汶川、九寨沟或者雅安芦山地震灾区，地表破碎、容易发生泥石流和塌方等地质灾害。8 月 18～22 日，阿坝、雅安、成都 3 地市出现持续性暴雨天气，多处发生山体滑坡和泥石流灾害，都汶高速映秀汶川段、317 国道等多处道路受灾严重，其中汶川特大山洪泥石流灾害致 12 人遇难、25 人失联。

据自然资源厅报告，2019 年全省发生地质灾害 3223 起，是常年均值的 2 倍，19 个市（州）101 个县（市、区）321 个乡（镇）不同程度受灾，受灾人口达 12.1 万。受长宁、荣县、威远等系列地震影响，受灾次生地质灾害高发。特别是长宁地震灾区，地震诱发次生地质灾害 167 处，较往年同期灾害数量成倍增加。全省共避险转移受威胁群众 48 万余人，实现地质灾害成功避险 107 起，避免了 6042 人因灾伤亡。

4. 干旱

2019 年全省气象干旱总体为一般旱年，春旱和夏旱局地偏重，伏旱偏轻。2019 年全省共有 71 县（盆地 47 县）发生了春旱，其中轻旱 24 县（盆地 17 县），中旱 17 县（盆地 13 县），重旱 17 县（盆地 13 县），特旱 13 县

（盆地 0 县）。旱区主要分布在攀西地区南部、甘孜州西南部和盆地西北部。与常年相比，2019 年春旱范围接近于常年，部分地方旱情较重。2019 年四川春旱属于一般旱年。

2019 年全省共有 75 县（盆地 44 县）发生了夏旱，其中轻旱 39 县（盆地 30 县），中旱 11 县（盆地 4 县），重旱 8 县（盆地 2 县），特旱 17 县（盆地 8 县）。旱区主要分布在攀西地区南部、甘孜州西南部和盆地西北部。与常年相比，2019 年夏旱县数偏少，部分地方旱情较重。2019 年四川夏旱属于一般旱年。

2019 年全省共有 69 县（盆地 61 县）发生了伏旱，其中轻旱 41 县（盆地 33 县），中旱 26 县（盆地 26 县），重旱 2 县（盆地 2 县），特旱 0 县。中度以上旱区主要分布在盆地中部、盆东北局部。与常年相比，2019 年伏旱县数较常年偏多 14 县，但轻旱县居多。2019 年四川伏旱总体属于一般轻旱年。

5. 大风冰雹

2019 年大风冰雹天气较常年偏少偏轻。2019 年 4 月 9 日，广安市岳池县出现一次雷雨、大风天气过程，初步统计，32021 人受灾，农业受灾面积 6341.23 公顷，成灾面积 899.6 公顷，严重损坏房屋 310 户，直接经济损失 667.9 万元。4 月 23 日，甘孜州泸定县出现强降水天气，并伴有冰雹，农业受灾面积 162.6 公顷，成灾面积 68.67 公顷，粮食损失约 390 吨，直接经济损失 540 万元。4 月 27 日，成都市经历了强降雨及瞬时风速大于 10 米/秒的大风天气，大风造成 2 人受伤、1 人死亡。4 月 27 日，凉山州雷波县出现一次雷阵雨天气过程，并伴有冰雹、大风等灾害，最大冰雹直径为 8 毫米，造成 11541 人受灾，农作物受灾面积 699.8 公顷、成灾面积 528.51 公顷、绝收面积 127.36 公顷，直接经济损失约 2601.5 万元。

6. 雾和霾

2019 年全省平均雾日数为 31.8 天，比常年偏多 1.5 天。除 1～2 月、11～12 月雾日数较常年偏少外，其余各月雾日数均多于常年。其中，7 月、9 月全省雾日数均较常年偏多1.4天，1月、12月全省雾日数较常年分别偏少1.5天、1.9天。

盆西北、盆中大部地区全年雾日数为11～30天；盆东北、盆西南和盆南大部地区全年雾日数为30～70天，其中局部地区雾日数在100天以上。全年雾日数江安、天全、峨眉、巴中、仪陇、通江和营山7站为100～140天，宜宾、屏山、兴文和峨眉山4站超过160天，其中峨眉山站年内雾日数达322天，为全省最多。

2019年盆地区域性雾或霾天气过程（连续3天以上范围超过20站）共出现15次，其中4月、5月、7月、8月无区域性雾或霾天气过程。盆地全年共计29天出现范围超过30站的区域性雾或霾天气，主要集中在12月或1月，分别为10天和9天，其中12月9日和1月31日雾或霾天气发生范围分别达到71站和64站。

（二）人为压力

1. 经济增长

2020年四川省地区生产总值为48598.8亿元，经济总量稳居全国第六位、西部第一位，四川省主要年份地区生产总值情况如图4所示。保持经济稳定增长是我国经济发展的目标，而GDP是衡量经济增长最直接的指标。四川省作为经济大省，承担着促进经济增长的重任，即使是在2020年全球经济受新冠肺炎疫情影响的情况下，2020年全年仍实现了3.5%的经济增速。地区生产总值增加的背后不仅意味着社会经济状况稳中向好，同时也意味着资源的消耗。单位GDP能耗①可用来反映能源利用的经济性，2019年四川省万元GDP能耗相较于2018年下降2.84%，相较于2015年下降16%。全国整体单位GDP能耗水平是世界的1.5倍，因此在追求经济增长的同时，生态环境也面临不小的压力。

① 单位GDP能耗是指一定时期内能源消费总量与国内生产总值（GDP）的比值，是衡量能源消费水平和节能降耗状况的主要指标，通常反映经济结构和能源利用效率的变化。

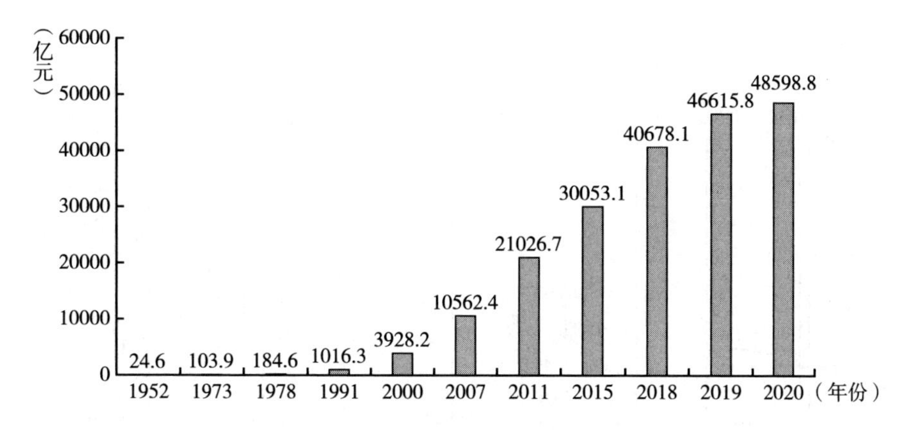

图4　四川省地区生产总值情况

2. 人口变化与城镇化

2019 年，四川省年末常住人口 8375 万人，人口总量排全国第四，占全国总人口的 6%，比上年末增加 34 万人，共增加了 333 万人，平均每年增加 37 万人。2019 年，四川省年末常住城镇人口 4504.9 万人，乡村人口 3870.1 万人。常住人口城镇化率 53.79%，比上年末提高 1.5 个百分点。四川省作为劳务输出大省，常年外出人口达 1000 万人以上①。2010 年是四川省的人口低点，随后逐年回升。随着西部大开发战略推进和东部产业加快转移，全省的常住人口呈现增长态势（见图 5）。尤其是成都，2018 年成都新增人口占全省新增人口的 75%，这反映了一个城市的吸引力。

按照传统的观点，城镇化进程的快速推进加剧了资源浪费、环境污染和生态破坏，城镇的资源环境形势日益严峻，尤其是城镇生产活动和生活空间的高度集中使得原本脆弱的生态环境受到了严重影响，生态系统退化、自然灾害频发等大大降低了生态环境承载力。② 基于规模效益和科技进步等，人们开始更好地规划城市发展，以实现与自然和谐共存，这时人口的增长对环境可以起到正向的作用，如更为集中的工业化布局有利于资源能源高效循环

① 张彧希：《全面两孩政策后四川每年多生 100000 人》，《四川日报》2020 年 11 月 2 日。

② 徐成龙：《新型城镇化下城镇可持续发展的内涵解析与差异化特征》，《生态经济》2021 年第 1 期。

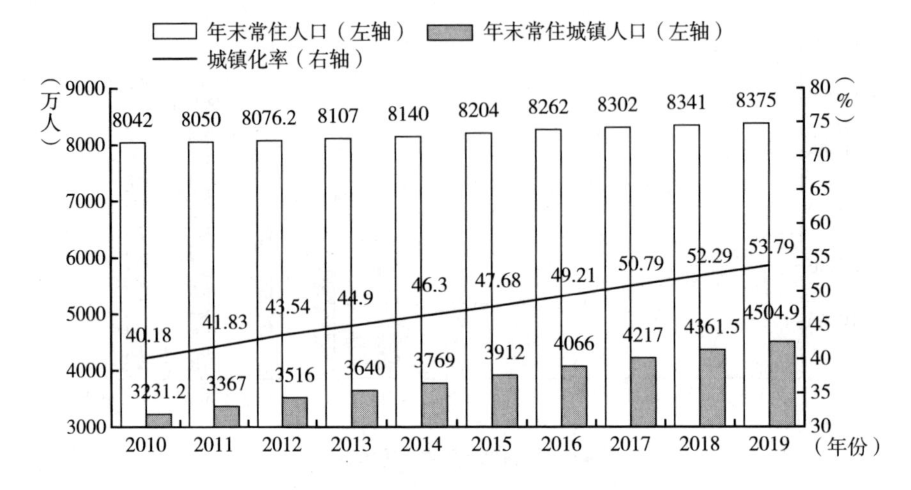

图5　2010～2019年四川省人口变化情况

利用、城镇化便于集中对污染进行治理等。[①] 现在学术界的共识是城镇化与环境污染等问题之间是一个倒“U”形的关系。[②]

因此，一方面，随着四川人口的增加，尤其是针对重要的人口密集区和产业集聚区，急需关注城镇资源承载力问题；另一方面，基于规模效应与聚集效应，利用先进的技术提高污染治理效率，促使城镇化对环境的影响向倒“U”形右半部分发展。

3. 农林牧渔生产

人类的生产生活离不开对自然资源的合理利用，四川作为人口、农业大省，农林牧渔产值也能间接反映人类向自然索取的压力。根据统计局的相关资料，2019年四川全省共实现农林牧渔增加值4937.7亿元，按可比价计算，比上年增长3%。农业支撑第一产业发展，分行业看，农业实现增加值3091.1亿元，增长5.3%，对第一产业增加值贡献了3.4个百分点；林业实现增加值203.5亿元，增长1.8%，对第一产业增加值贡献了0.1个百分点；

① 韩依洋：《新型城镇化背景下人口流动对环境污染的影响研究》，《生态经济》2021年第3期。

② 丁蕊、母彦婷、李艳波：《农村劳动力转移的生态环境影响研究进展》，《生态经济》2019年第2期。

牧业实现增加值1356.5亿元，下降3.1%，对第一产业增加值贡献-0.8个百分点；渔业实现增加值156.1亿元，增长3.9%，对第一产业增加值贡献0.1个百分点。

2019年全省粮食作物播种面积9419万亩，比上年增加20.6万亩，增长0.2%。粮食总产量3498.5万吨，比上年增加4.8万吨，增长0.1%；全省经济作物播种面积5120.8万亩，比上年增加96.2万亩，增长1.9%。2019年四川省主要作物产量如表5所示。

表5　2019年四川省主要作物产量

单位：万吨

种类	谷物	豆类	油料	蔬菜及食用菌	水果	中草药材	茶叶
产量	2825.4	129.9	367.4	4639.1	1136.7	49.0	32.6
全国位次	10	3	—	—	—	—	—

资料来源：四川省统计局。

4. 工业发展

近年来，四川省委坚持以供给侧结构性改革作为经济工作的主线，提升电子信息、装备制造、食品饮料、先进材料、能源化工及数字经济等“5+1”重点产业发展水平，优化产业结构，持续推动四川工业经济高质量发展。

2020年全年工业增加值13428.7亿元，比上年增长3.9%，对经济增长的贡献率为36.3%。年末规模以上工业企业14843户，全年规模以上工业增加值增长4.5%。

在规模以上工业中，分轻重工业看，轻工业增加值同比增长1.1%，重工业增加值同比增长6.2%，轻重工业增加值之比为1∶2；分经济类型看，国有企业增长2.4%，集体企业下降17.9%，股份制企业增长4.3%，外商及港澳台商投资企业增长7.7%。

分行业看，规模以上工业41个行业大类中有25个行业实现增加值增长。其中，计算机、通信和其他电子设备制造业增加值同比增长17.9%，石油和天然气开采业增加值同比增长12.2%，非金属矿物制品业增加值同比增长6.3%，电力、热力生产和供应业增加值同比增长6.3%，黑色金属冶炼和压延加工业增加值同比增长4.9%，化学原料和化学制品制造业增加值同比增长4.5%，汽车制造业增加值同比增长3.5%，酒、饮料和精制茶制造业增加值同比增长2.9%，医药制造业增加值同比下降2.1%，金属制品业增加值同比下降3.9%。高技术制造业增加值同比增长11.7%，占规模以上工业增加值比重为15.5%；五大现代产业增加值同比增长5.1%；六大高耗能行业增加值同比增长5.9%。[①]

5. 能源建设

四川省能源资源丰富，以水能、煤炭和天然气为主，水能资源占75%，煤炭资源占23.5%，天然气及石油资源占1.5%。[②] 全省水能资源理论蕴藏量达1.43亿千瓦，占全国的21.2%，仅次于西藏。其中，技术可开发量1.03亿千瓦，占全国的27.2%；经济可开发量7611.2万千瓦，占全国的31.9%，均居全国首位。四川省是全国最大的水电开发和西电东送基地。全省现保有煤炭资源量122.7亿吨，主要分布在川南，位于泸州市和宜宾市的川南煤田探明储量占全省的70%以上。四川盆地天然气资源丰富，是国内主要的含油气盆地之一，已发现天然气资源储量7万余立方米，约占全国天然气资源总储量的19%。

2020年，四川省能源建设的重点项目为：①水电项目方面，重点建设金沙江白鹤滩、叶巴滩、雅砻江两河口、大渡河双江口等重大和有调节性能的水库电站；②风电光伏项目方面，有序推进凉山风电基地规划建设，开展风电、光伏竞争性配置，开展低价上网光伏基地项目试点示范，结合水库建设推进风光水互补开发规划编制及项目开发；③天然气项目方面，启动实施“气庆大”工程，促进天然气增储上产，大力提升油气勘探开发力度，扩大天然气利用规模。

① 数据来源：《2020年四川省国民经济和社会发展统计公报》。

② 数据来源：四川省发展和改革委员会。

四川省能源种类多、储量大，同时不断探索循环经济、清洁生产和节能减排等，2018 年全年单位 GDP 能耗比 2017 年下降 4.06%；加快利用新能源，如鉴于四川省处于西风带、东南季风及西南季风带的结合处，推进风能集中的凉山、攀枝花地区的风能发电；四川是农业大省，生物质资源丰富，为保护生态环境，发展循环经济，促进综合利用，每年可利用秸秆约 47.2 万吨、畜禽粪污类原料 200 万吨。

6. 交通网络建设

2020 年全年通过公路、铁路、民航和水路等运输方式完成货物周转量 2735.4 亿吨公里，同比增长 6.3%；完成旅客周转量 1203.0 亿人公里，同比下降 38.3%。年末高速公路建成里程 8140 公里，内河港口年集装箱吞吐能力 250 万标箱。

2020 年全年完成公路水路建设投资 1918 亿元，连续 10 年投资超千亿元。高速公路成功招商 9 个项目、609 公里，新开工 10 个项目、597 公里，建成 10 个项目、620 公里，通车总里程达到 8140 公里。国省干线新改建 2355 公里，实施大中修工程 1824 公里，圆满完成“十三五”时期末干线公路迎部检工作，路面使用性能指数（PQI）接近 90，达到历史最高水平。内河水运新增高等级航道 116 公里，四级以上高等级航道达到 1648 公里。岷江犍为枢纽完成一期蓄水并网发电，龙溪口枢纽等项目加快建设，老木孔和渠江风洞子枢纽开工建设。综合枢纽建设提速，建成攀枝花客运南站等 4 个综合客运枢纽，全省建成和在建综合客运枢纽达 52 个，覆盖 95% 的高铁站。建成宜宾传化公路港等 3 个公路货运枢纽，实现 70% 以上市（州）建有公路货运枢纽（物流园区）。①

四　四川生态建设“响应”

生态建设“响应”即四川省面对以上生态环境的状态、压力所采取的

① 《2020 年全省公路水路交通运输工作成绩》，四川省交通运输厅网站，2021 年 2 月 25 日。

治理措施。目前，我国的生态环境治理模式主要是以行政干预为内在逻辑的政府管制型模式和以“平等—互利”为主要特征的市场调控型模式，社区参与制及公众参与机制仍在探索之中。①

（一）政策、制度与监督

1. 政策制定

2021 年 2 月 22 日，四川省自然资源厅印发《四川省市级国土空间生态修复规划编制指南》（以下简称《指南》）。《指南》是全国首个市级国土空间生态修复规划编制指南，在充分衔接省级国土空间生态修复规划编制指南基础上，创新性地增加规划编制技术路线，并以自然地理单元为基础，确定修复分区，构建省—市（州）—县（区）生态修复规划三级纵向传导体系，逐级分解落实目标任务，科学指导市（州）开展规划编制。

《指南》明确，市级国土空间生态修复规划范围包括市级行政辖区内全部区域。规划期限为 2021～2035 年，近期至 2025 年，中期至 2030 年，远期展望至 2035 年。基准年为 2020 年。市级国土空间生态修复规划应落实省级国土空间生态修复规划的目标任务和要求，在全省国土空间生态修复规划体系中发挥承上启下的作用，突出规划的实施性和可操作性。

《指南》要求，市级国土空间生态修复规划主要内容应包括：衔接区域发展战略，落实全国重要生态系统保护和修复重大工程总体规划及省级国土空间生态修复规划明确的生态修复任务。基于生态系统演替规律和内在机理，结合气候变化和人类活动影响，识别区域生态问题，预判重大生态风险。谋划市域国土空间生态修复总体布局，实行国土空间整体保护、系统修复、综合治理，逐步推进山水林田湖草一体化保护修复。明确市域国土空间生态修复目标任务，确定生态修复重点区域、重点工程和重点项目，推进解决生态、农业、城镇空间突出生态问题，严守生态保护红线，筑牢生态安全

---

① 张英男等：《城乡关系研究进展及其对乡村振兴的启示》，《地理研究》2019 年第 3 期。

屏障，提供优质生态产品，助力国土空间格局优化。[①]

2. 制度建设

为切实推动解决突出生态环境问题，四川省于2021年3月印发《关于常态化开展生态环境突出问题排查整改工作的通知》（以下简称《通知》），推动建立生态环境突出问题常态化排查整改机制。

《通知》明确，四川省将构建生态环境突出问题排查整改“大格局”——建立省级有关部门生态环境突出问题线索会商和移送机制，以中央和省级生态环境保护督察反馈意见、国家移交长江经济带生态环境问题和群众信访举报问题为重点，结合各地区域特征，系统梳理排查全省生态环境保护领域的突出短板、薄弱环节和典型问题。

《通知》要求，各地各部门要严格按照“清单制＋责任制＋销号制”要求，通过领导包片、调度通报、抽查回访、约谈曝光、追责问责等有效举措，落实生态环境问题“发现—移交—整改—销号—巩固”闭环管理，切实推动突出生态环境问题整改到位。

3. 环境保护督察

2018年11月3日至12月3日，中央第五生态环境保护督察组对四川省开展了中央生态环境保护督察“回头看”及沱江流域水污染防治专项督察，并于2019年5月9日向四川省反馈了督察意见。自中央督察组反馈意见后，四川省积极行动，将督察意见分解为66项整改任务，截至2020年底，66项整改任务已整改完成62项，其余4项整改任务正在积极推进中。

为抓好整改工作，四川省按照“清单制＋责任制＋销号制”要求，制定了《四川省贯彻落实中央生态环境保护督察“回头看”及沱江流域水污染防治专项督察反馈意见整改方案》。各地各部门严格按照整改方案深入推进问题整改工作，截至2020年底，66项整改任务已整改完成62项，整改完成率93.9%。其中，自贡、攀枝花、广元、内江、乐山、南充、宜宾、眉山、资阳、甘孜10个市（州）已全部完成整改任务，整改完成率100%。

① 数据来源于四川省人民政府网，2021年3月1日。

（二）生态建设与保护

1. 营造林生产情况

2019 年，四川完成营造林总面积 608426 公顷（912.6 万亩），其中造林面积 400370 公顷（600.5 万亩），营林面积 208056 公顷（312.1 万亩）。造林面积中，实现人工造林 136609 公顷，飞播造林 79 公顷，封山育林 126563 公顷，退化林修复 129833 公顷，人工更新面积 7286 公顷。营林面积 208056 公顷，均为中、幼龄林森林抚育面积。在营造林面积中，完成中央预算内基本建设资金投资面积 68205 公顷，占整个面积的 17%；完成中央财政资金投资面积 48014 公顷，占整个面积的 12%。中央投资是当前重要造林组成部分，引导着社会资金开展生态建设和林业产业发展。

2. 天然林保护工程

四川天然林保护工程全年实现营造林面积 105436 公顷，其中公益林建设人工造林面积 7123 公顷，无林地和疏林地新封山育林面积 31996 公顷，国有林森林抚育面积 66317 公顷。全年实现天保工程投资 43541 万元，其中中央预算内基本建设资金 29030 万元，重要财政资金 10761 万元，地方财政资金 2337 万元。

3. 退耕还林工程

2019 年，四川省完成新一轮退耕还林造林面积 10746 公顷。全年完成退耕还林工程投资 12279 万元，其中，中央预算内基本建设资金 9615 万元，中央财政资金 1873 万元，地方财政资金 71 万元。自 2014 年四川启动新一轮退耕还林工程以来，全省退耕还林的落地难、补助低的问题日益凸显，各地新一轮退耕还林工程的需求逐年降低，建设任务申报逐年减少。

4. 石漠化综合治理工程

2019 年共完成荒漠化综合治理工程投资 5052 万元，其中中央预算内基本建设资金 5041 万元，地方财政资金 11 万元。四川省生态环境厅编制了川西北地区沙化土地改良、沙棘栽培、封禁管护等技术规程，治理沙化土地 11.3 万亩，实施省级沙化土地封育保护试点 1 万亩。治理岩溶区 400 平方公里，综合治理长江上游干旱河谷生态 4.5 万亩。

5. 草原保护修复情况

2019 年四川省共实施草原生态修复治理 1646 万亩、投资 16177 万元，在 14 个县实施天然草原退牧还草工程；种草面积 159716 公顷，其中，建设人工草地面积 21384 公顷、补播种草面积 138332 公顷、草原改良面积 61200 公顷、草原管护面积 14647547 公顷，其中禁牧面积 5298888 公顷、草畜平衡面积 9348659 公顷。

6. 湿地保护

2019 年四川省共修复川西北高原退化湿地 4.5 万亩，实施退牧还湿 11 万亩，管护湿地 482 万亩。四川省生态环境厅印发了《四川省重要湿地认定办法》，推荐理塘无量河申报国际重要湿地、阆中创建国际湿地城市，5 个国家级湿地公园（试点）通过验收并授牌。

为了提高全省湿地保护和利用水平，建立湿地保护管理科学决策咨询机制，根据《四川省湿地保护条例》《四川省湿地保护修复制度实施方案》的要求，四川省林业和草原局于 2020 年 5 月下发通知，成立了四川省湿地保护专家委员会。专家委员会将根据国家有关湿地保护、修复与合理利用的方针、政策和重大规划，发挥各类专家、学者的专业优势，为四川省湿地保护和利用决策提供意见建议，包括重要湿地名录拟定及范围认定、湿地公园建设与管理、湿地保护小区设立、小微湿地建设、湿地资源评估与利用、湿地生态补偿、湿地生态修复、湿地科研成果转化等。

（三）环保基础设施建设

环保基础设施是城市建设和管理的重要组成部分，也是污染防治、改善环境质量不可或缺的基础。狭义上讲，环保基础设施主要包括污水处理、垃圾处理、危险废物处理等。截至 2019 年 12 月，26 个城镇污水处理设施提标改造项目在建、108 个完工（规模 159.8 万吨/日）；7 个污泥无害化处置设施在建、15 个完工（规模 864 吨/日）；计划实施城镇污水项目 1376 个并已基本完成开工任务，累计完成投资 514.4 亿元。2019 年四川省所有城市

（县城）实现污水处理能力全覆盖（除阿坝州理县外），城市（县城）污水处理规模达901.9万吨/日，全年处理污水约26.8亿吨；全省建制镇污水处理设施覆盖率78.2%，建制污水处理率达50%。

（四）环境教育

2019年四川省为进一步推进全民全域环境教育，持续开展环保宣讲进机关、进高校、进大型国企项目，全年共举办宣讲会27场；利用现代信息技术，深入打造环境教育资源共享库，夯实在线教育共享资源，开发微信小程序，目的是加强生态文化公共服务建设。2021年1月17日，省委办公厅、省政府办公厅印发了《关于构建现代环境治理体系的实施意见》，明确指出将环境保护纳入国民教育体系和党政领导干部培训体系，修订生态环境保护有关教材，丰富生态文明教育内容。引导公民自觉履行环境保护责任，开展四川省公民生态环境行为调查、居民环境与健康素养监测，研究制定四川省公众绿色生活创建行动方案。

五　四川生态建设“压力—状态—响应”系统分析及未来趋势展望

（一）“压力—状态—响应”系统分析

本部分根据以上四川生态建设的“状态”、“压力”以及“响应”，对四川生态建设中存在的突出问题进行分析。

1. 资源总量丰富，局部生态脆弱

生态脆弱区①也称生态交错区（Ecotone），是指两种不同类型生态系统交界过渡区域②。四川省生态资源无论是从种类还是从总量来说都位居全国

① 赵瑜、陈超、胡振琪：《中国西部生态脆弱区生态系统服务价值评估研究进展》，《林业经济问题》2018年第4期。

② 《环境保护部关于印发〈全国生态脆弱区保护规划纲要〉的通知》，2008年9月27日。

前列，从生态产品供给、生态系统调节与支持、生态文明服务等方面都给四川省带来了巨大的价值支持。但是不均衡是四川省的自然生态资源分布的特征。首先，森林等资源主要集中分布在川西地区，成都平原地区自然生态系统相对脆弱。而从经济发展的角度来说，四川省存在“东强西弱”的布局，即所谓的生态资源富集区、脆弱生态集中区与深度贫困地区高度重叠的问题。尤其是成都平原向西部高原地区过渡的中间地带，土地石漠化、沙化问题严重，局部地区生态状况相对脆弱。其次，自然资源富集的西部地区又易遭受火灾、地震等自然灾害的袭击，其集中破坏性使得西部地区生态环境的抵抗性和稳定性减弱。

2. 自然灾害频发，发展与压力并存

四川省处于三大地震带上，地震灾害频发；处于季风气候带，川西地区气候干燥，森林火灾风险等级高，2019～2020 年四川省凉山州连续两年森林遭遇火灾的肆虐，损失惨重；夏季区域性暴雨频发等极端自然事件给四川省生态环境带来巨大的影响。极端自然事件无法阻止，但如何在最大限度内减轻极端自然事件给人们、自然环境带来的伤害是需要在生态建设中考虑的问题。生态保护与经济发展之间的矛盾似乎一直以来都是难以解决的。四川省作为经济大省，需要在保持经济持续稳定增长的同时保护生态环境。固然社会发展需要不停地生产、消费，但生产要素归根到底都来源于自然环境。只有保持生态环境优良，才能使经济发展有持续的最根本的生产动力。

3. 治理成果总体向好，生态短板待攻克

总体来说，四川省在生态治理方面投入了大量的人力、物力和财力，从指标来看也取得了一定的成效，就水质、森林覆盖率、草原修复情况等而言，每一年都在稳步改善。但是在生态环境总体向好的情况下，依然存在一些短板仍未补齐。比如，四川作为中国六大牧区之一，牧区仍然存在不同程度的放牧超载现象；空气质量较往年有大幅改善，但城市仍然时有重度污染天气出现；石漠化、沙化土地问题依然存在；等等。农村生态环境优化是四川生态建设中的重点。在水资源方面，农村分散式饮用水质量合格率低，农村生活污水问题有待治理。农村生活污水治理是优化农村人居环境中最关键的，面临着人们思想认识和资金投入不到位、工作进展不均衡、管护机制不健全等问题。

4. 政府主导生态保护，市场参与有限

从四川省的生态保护措施来看，无论是通过制定政策、规章制度来要求各经济单位的生态保护行为，还是实施各种生态保护工程，生态保护行为几乎都是由政府主导，市场主体与民众的参与度不高。一方面，由于生态保护的外部性特征，各种生态保护工程是政府应当提供的公共服务。另一方面，国家整体上生态环境治理逻辑开始转变，提倡区域之间、市场之间进行一部分生态相关的交易，例如2021年2月起，生态环境部发布《碳排放交易管理办法（试行））》，标志着酝酿10年之久的全国碳市场终于开启，此前已在7个省市试点运行，涉及20多个行业、3000多家企业。在四川省联合环境交易所的官网上可以看到除了碳排放权交易之外，还有用能权、排污权等相关交易，包括各地级市之间签署的生态补偿协议也是对生态保护市场化的探索。不过基于生态保护本身的性质，这些市场模式仍处在探索之中，但可以确定的是，合理的市场化途径能够促进生态资源更高效的利用与保护。

（二）四川生态建设未来趋势展望

1. 严守“三线一单”

2017年12月，国家环境保护部印发《“生态保护红线、环境质量底线、资源利用上线和环境准入负面清单”编制技术指南（试行）》，即在全国范围内提出“三线一单”的目标。而四川省的主要工作目标如下。

到2020年，全省生态环境质量总体改善，主要污染物总量大幅减少，环境风险得到有效管控，生态环境保护水平同全面建成小康社会目标相适应。初步建立以“三线一单”为核心的生态环境分区管控体系，建成省级“三线一单”生态环境分区管控数据应用系统。

到2025年，全省生态环境持续改善，污染物排放总量持续降低，水和大气环境质量持续改善，土壤生态系统功能初步恢复，长江、黄河上游生态屏障和美丽四川建设取得新的成效。建立较为完善的生态环境分区管控体系、政策管理体系、数据应用机制和共享系统。

到2035年，全省生态环境质量实现根本好转，水、大气、土壤环境质量全面改善，节约资源和保护生态环境的空间格局、产业结构、生产方式、生活方式总体形成，美丽四川目标基本实现。建成完善的生态环境分区管控制度。

2. 调整能源结构，提高资源转化质量

在发展经济的同时，不能以牺牲生态环境为代价，而在保护生态环境的同时，也不能放弃经济的发展，生态保护与经济发展并非是此消彼长的关系。首先，调整能源结构就是一个很好的也非常重要的平衡生态与经济之间关系的措施，四川省是全国重要的优质清洁能源基地，有序推进水电发电、天然气、风电、光伏等清洁能源的使用，未来需要进一步优化调整能源结构，节约煤炭等化石能源，从而减少二氧化碳、二氧化硫的排放。其次，进一步降低GDP能耗，提高资源转化水平。四川省在“十三五”期末GDP能耗较“十二五”期末累计下降18%左右，提前一年并超额完成国家下达的目标。通过累积的丰富的降低GDP能耗的经验，未来要在追求经济增长的同时保存生态资源实力。

3. 健全环境治理与生态保护市场体系

健全环境治理与生态保护市场体系，是指在政府宏观调控下，通过培育、建立和规范生态环保产品、技术和服务的交易市场，引导社会各方力量进入生态环保领域，以更有效地实现生态环保目标。[①] 而在健全环境治理与生态保护市场体系方面，要逐渐改变过去以政府为主导所进行的要素组织以及资源投入，而是要充分利用价格的杠杆作用以及市场的竞争机制，最大限度地调动微观经济主体的积极性、主动性和创造性，使要素和资源按照均衡、最优的方式投入生态环保领域。

生态治理领域要素市场化的难点在于资源要素的外部性，而明确产权是解决外部性的最佳办法，因此要继续实施用能权、用水权、排污权、碳排放

① 孙涵、胡雪原：《健全环境治理和生态保护市场体系》，《中国环境监察》2019年第10期。

权交易制度。完善的交易制度能够将外部性内化于资源开发利用的成本之中，是建立秩序良好、运行有效的环境治理与生态保护市场体系的重要步骤。

4. 提高公众生态环保意识，加强环境教育

整体来说，公众的环保意识较以往有所提高，比较关注他们生活周围的大气、水、垃圾等污染状况，但是其对生态环境问题仍认知不足，对环境问题与人类之间的关系、如何应对环境风险以及改善环境等的认知更是缺乏。一方面，公众深层次的环境理念、意识的养成方面还存在明显的漏洞。例如，公众没有从人—环境—社会相关的角度认识人的行为如何影响生态和环境，以及环境问题如何影响人们的生存和福利，更没有从根本上认识到环境问题解决的方式之一就是每一个公民的参与和行动。另一方面，公众还缺乏参与环境保护应具备的环境科学知识、科学素养和态度，包括独立的、理性的思考和判断。许多环境群体事件的出现，不仅说明环境管理不到位，更是反映公众对环境问题缺乏科学的理解和认识。因此，四川省在开展相关的环境教育时，不仅要倡导保护环境，更是要在理念、科学知识等方面做更多的工作。

另外，应提高公众参与环境决策的程度。虽然公众有机会参与法律法规及规划政策的制定和修改，但多为间接、滞后的参与，往往是在决策基本完成后提出意见和建议，或者通过调查问卷、写书面意见和建议等方式向相关主管部门表达看法。公众的意见被采纳多少、如何被采纳或者为什么没有被采纳等情况未得到全面反馈。很多情况下，参与决策过程的各方利益集团和群体都没有机会通过达成共识或者协议的方式来反映参与者的意愿和价值观。提高公众参与环境保护的决策程度，有利于从根本上提高公众的环保意识。

参考文献

高珊、黄贤金：《基于PSR框架的1953～2008年中国生态建设成效评价》，《自然资源学报》2010年第2期。

任耀武、袁国宝:《初论“生态产品”》,《生态学杂志》1992 年第 6 期。

高晓龙等:《生态产品价值实现研究进展》,《生态学报》2020 年第 1 期。

赵士洞、张永民:《生态系统与人类福祉——千年生态系统评估的成就、贡献和展望》,《地球科学进展》2006 年第 9 期。

周咏馨、苏瑛、黄国华、田鹏许:《人工生态系统垃圾分解能力研究》,《资源节约与环保》2015 年第 3 期。

江波等:《海河流域湿地生态系统服务功能价值评价》,《生态学报》2011 年第 8 期。

甘庭宇:《自然资源产权的分析与思考》,《经济体制改革》2008 年第 5 期。

廖国强、关磊:《文化·生态文化·民族生态文化》,《云南民族大学学报》(哲学社会科学版)2011 年第 4 期。

徐成龙:《新型城镇化下城镇可持续发展的内涵解析与差异化特征》,《生态经济》2021 年第 1 期。

韩依洋:《新型城镇化背景下人口流动对环境污染的影响研究》,《生态经济》2021 年第 3 期。

丁蕊、母彦婷、李艳波:《农村劳动力转移的生态环境影响研究进展》,《生态经济》2019 年第 2 期。

张英男等:《城乡关系研究进展及其对乡村振兴的启示》,《地理研究》2019 年第 3 期。

赵瑜、陈超、胡振琪:《中国西部生态脆弱区生态系统服务价值评估研究进展》,《林业经济问题》2018 年第 4 期。

自然保护地管理篇

Management of Nature Reserves

B.2

凉山山系自然保护区建设有效评估及其发展研究

赖艺丹　冯　杰*

摘　要：　大熊猫国家公园成立后，凉山山系大熊猫保护区在四川省的重要性日益凸显。四川凉山山系自然保护区联盟已经运行了五年，在保护区有效管理、巡护监测、科学研究、环境教育、社区共管等方面较好地发挥了保护区网络的功能，捍卫了凉山山系生态安全，提高了凉山山系自然保护区知名度。本报告通过对凉山山系自然保护区联盟与各自然保护区建设进行评估，分析保护区建设方面的优缺点，并对凉山山系自然保护区联盟建设提出以加强景观尺度保护和增进集体行动为导向、以提高生态监测及其成果在自然保护区管理中转化为抓手、创新性推进大熊猫与四川山鹧鸪旗舰物保护、提高

* 赖艺丹，四川省社会科学院农村发展研究所研究生，主要研究方向为生态经济；冯杰，北京山水自然保护中心项目主任，主要研究方向为自然资源管理与社区可持续发展。

联盟内各保护区之间管理能力的均衡性等建议。

关键词： 凉山山系自然保护区 大熊猫国家公园 联盟

一 凉山山系自然保护区联盟基本情况

（一）总体概况

1. 自然地理

四川凉山山系包括大小凉山，横跨宜宾、乐山和凉山三个市州，位于横断山东北缘，四川盆地与云贵高原之间。该地区地势复杂，海拔相差大，河流众多，包括金沙江、雅砻江、大渡河。大小凉山习惯上以凉山州美姑县境内的黄茅埂为界，以东为小凉山，以西为大凉山。小凉山由锦屏山、分水岭、茶条山和五指山等组成，大凉山由螺髻山、碧鸡山、马鞍山、大风顶、黄茅埂、狮子山等组成，最高峰为马鞍山，海拔4288米。由于金沙江、马边河的切割，峡谷高差达500～1000米，故有"大凉山不高，小凉山不矮"之说。

大凉山地表由砂泥岩、石灰岩等组成，经长期侵蚀剥蚀，山脊舒缓宽阔，地理学上将其称为凉山山原。在山顶上，多数区域为高山草甸，是天然的牧场，未成立保护区前，许多牧民将牛羊赶至高山草甸。这些高山草甸也连接了凉山山系的各个保护区，保护区之间紧紧相连，没有天然的阻隔。

凉山山系在气候上属于西南季风与东南季风过渡地带区，局部差异较大。东部地处东南季风迎风面，降雨丰富，降雨量多的地区可达2000毫米，气候温和湿润，植被以这一带最茂密，但在河谷地区因高山夹峙，焚风效应显著，热量高，气候干热；西部北有小相岭、菩萨岗为屏障，阻挡了寒潮进入，气候温和，但山脉走向南北，印度大陆西北部干燥气流长驱直入，冬半年天气干燥晴朗，而夏半年受季风影响，湿度较大，降水较多，从而形成了明显的干湿交替现象。

2. 野生动植物

整个凉山山系多为中山和山原地貌，气候四季不明显，干湿季分明，土壤和植被类型多样，从而孕育了种类繁多的野生动植物资源，成为野生动植物的乐土，是世界生物多样性的热点地区，也是2011年发布的《中国生物多样性保护战略和行动计划》中的中国32个内陆生物多样性保护优先区之一，有3000余种高等植物、530种鸟兽以及几十种两栖爬行类和鱼类。

全国第四次大熊猫调查结果显示，凉山山系大熊猫分为勒乌、大风顶、拉咪、锦屏山、五指山5个局域种群，共生存124只野生大熊猫。以大熊猫等珍稀野生动物及其栖息环境为主要保护对象的保护区共有7个，面积2211.775平方公里，占凉山山系自然保护区面积的73.8%。以美姑大风顶为中心的凉山山系保护地及其周边地区，是大小凉山的交汇地带，是凉山山系大熊猫的集中分布区和核心分布区，拥有90%的凉山山系大熊猫种群数量，在四川乃至全国大熊猫保护中具有重要地位，也是大熊猫分布的最南端。

据最新统计资料，凉山山系分布的陆生野生动物物种已知的共有4纲27目79科212属357种（两栖纲2目9科14属23种、爬行纲2目7科15属17种、鸟纲16目41科133属254种、兽纲7目22科50属63种），其中，属国家Ⅰ级重点保护的陆生野生动物6种，属国家Ⅱ级重点保护的陆生野生动物31种，有40种为我国特有物种，如小麂、四川山鹧鸪、美姑脊蛇、大凉疣螈等。凉山山系还是黑鹳、黑颈鹤等珍稀鸟类的重要越冬地。四川山鹧鸪是我国西南山地特有鸟种，属国家Ⅰ级重点保护野生动物，IUCN将其列为全球性濒危（EN）物种，被誉为鸟类中的“大熊猫”。山鹧鸪仅分布于四川省中南部及云南省东北部的少数山区森林中。山鹧鸪典型的栖息地为天然阔叶林。据最新调查结果估算，四川山鹧鸪种群总数量约2053只。凉山山系的四川老君山国家级自然保护区，是目前国内唯一以四川山鹧鸪为主要保护对象的国家级自然保护区。自该保护区成立以来，四川山鹧鸪的种群数量从200多只增长至约400只，成为当前最大的野生种群。

凉山山系自然保护区的植被属山地植被类型，垂直分布比较明显，垂直

带谱结构较完整，保护区内有国家重点保护植物，包括连香树、水青树、油樟、润楠、楠木、厚朴、西康玉兰、峨眉含笑、喜树、金毛狗和桫椤等。

3. 社会经济

凉山山系自然保护区处于少数民族聚集区域。美姑县下辖 1 镇 35 乡，全县总人口 27.9 万人，其中少数民族人口为 27.67 万人，占总人口的 99.2%；彝族人口 27.65 万人，占总人口的 99.1%。雷波县总人口为 27.6 万人，其中，非农业人口 2.76 万人，农业人口 24.84 万人。全县有 28 个民族，其中，少数民族 27 个，人口为 16.10 万人。具体来说，有汉、彝、回、苗、藏等 23 个民族，彝族 15.89 万人，占总人口的 56.95%；苗族 1625 人，占总人口的 0.58%。凉山山系自然保护区周边涉及 40 个乡镇，乡镇多数为纯彝族乡。

2013 年，凉山山系自然保护区所处县域经济发展水平不高，基础设施薄弱，交通不便，人口增长率高，GDP 增长缓慢，人均收入、消费水平和受教育程度较低，是国家重点扶贫区域。据 2020 年的相关统计年鉴，四川省 183 个市县中，峨边县人均 GDP 为 36835 元，排名第 98 位；屏山县人均 GDP 为 29445 元，排名第 146 位；甘洛县人均 GDP 为 18419 元，排名第 175 位，凉山山系自然保护区所处县域的经济发展滞后（见表 1）。由于地处偏远山区，交通不便，信息闭塞，人们思想观念和生产生活方式落后，经济发展缓慢，促进自然保护与经济协调发展的难度较大。

表 1　凉山山系自然保护区基本情况

序号	县域	保护区	人口	彝族人口	彝族人口占比（%）	2020 年人均 GDP(元)
1	金口河	八月林	48694	6628	13.61	71333
2	峨边县	黑竹沟	148391	48296	32.55	36835
3	沐川县	芹菜坪	205000	0	0	34585
4	屏山县	老君山	311500	11424	3.67	29455
5	雷波县	嘛咪泽	275900	158853	57.58	28381
6	马边县	马边大风顶	221868	112490	50.70	25211

续表

序号	县域	保护区	人口	彝族人口	彝族人口占比(%)	2020 年人均 GDP(元)
7	金阳县	百草坡	212709	177816	83.60	21189
8	普格县	螺髻山	169000	102270	60.51	19006
9	甘洛县	马鞍山	235047	182600	77.69	18419
10	布拖县	乐安湿地	189000	177660	94.00	17660
11	越西县	申果庄	374193	298797	79.85	16752
12	美姑县	美姑大风顶	278872	276500	99.15	16544

资料来源：《四川统计年鉴 2020》，红黑人口库（https：//www. hongheiku. com/）。

2020 年 11 月 17 日，四川省政府批准凉山彝族自治州普格县、布拖县、金阳县、昭觉县、喜德县、越西县、美姑县 7 个国家级贫困县摘帽脱贫。至此，全省贫困县全部“清零”，实现脱贫目标。

彝族是我国第六大少数民族，是一个历史悠久而古老的民族，拥有自己独特的民族语言文字，传承了别具一格的民族生态文化。不管是人们的衣、食、住还是传统节日都反映了彝族文化的灵魂和精神——对自然的崇拜，如天、地、水、火、山等，彝族人民认为万物有灵，尊重自然、崇拜自然。彝族人民主要经济来源依靠种、养殖业，副业以采摘野生菌类、鲜笋为主。彝族世世代代“靠山吃山”，有捕猎、放牧、挖药、打笋等利用自然资源的习惯。长期以来人们主要依靠自然资源获得经济收入，特别是在天然林停止采伐后，这种依赖性明显增强。受周边人口快速增长以及无序放牧、无序采集等的影响，保护区面临的压力越来越大，局部地区的大熊猫栖息地受到严重的人为干扰，部分大熊猫栖息地质量下降，大熊猫的生存受到潜在威胁。在自然保护区的管理工作中，应充分弘扬彝族传统文化。

4. 自然保护地

1978 年 12 月，中央在凉山山系率先建立美姑大风顶和马边大风顶自然保护区。截至 2020 年，凉山山系区域内已建立由林业系统管理的森林、湿地类型自然保护区 12 个，包括 4 个国家级自然保护区、6 个省级自然保护

区、1个州级湿地保护区、1个县级自然保护区，总面积299658.8公顷，基本涵盖了大小凉山山系生物多样性最关键的地带。

2014年10月，在四川省林业厅及凉山州、乐山市、宜宾市林业局及世界自然基金成都办公室的支持下，凉山山系自然保护区联盟在西昌正式成立。凉山山系自然保护区联盟为各保护区进行管理经验交流、协调与周边社区居民的关系、提升保护区管理成效提供了平台。2020年，四川省林业和草原局批复四川省野生动物保护协会，同意成立凉山山系自然保护区专业委员会，标志着凉山山系各个自然保护区围绕加强保护区有效管理的自发性集体行动得到了省级相关行政主管部门的认可和支持。

（二）成员单位概况

四川省凉山山系自然保护区联盟涉及12个自然保护区（包括4个国家级自然保护区、6个省级自然保护区、1个州级湿地保护区、1个县级自然保护区），分布于凉山州、乐山市、宜宾市三个市州，分别是位于凉山州的四川美姑大风顶国家级自然保护区、四川螺髻山省级自然保护区、四川嘛咪泽省级自然保护区、四川马鞍山省级自然保护区、四川申果庄省级大熊猫自然保护区、四川百草坡省级自然保护区、四川乐安湿地州级保护区；位于乐山市的四川马边大风顶国家级自然保护区、四川黑竹沟国家级自然保护区、四川芹菜坪山鹧鸪省级自然保护区、四川八月林县级自然保护区；位于宜宾市的四川老君山国家级自然保护区。各保护区基本情况具体如表2所示。

表2　凉山山系自然保护区联盟基本情况

单位：公顷，%

保护区	成立年份	保护区总面积	核心区面积	占比	缓冲区面积	占比	实验区面积	占比
美姑大风顶	1979	50655.00	31087.50	61.39	16185.00	33.93	2372.50	4.68
马边大风顶	1978	30164.00	20110.00	66.70	5180.00	17.20	4874.00	16.10
黑竹沟	1997	29643.00	16745.90	56.49	3336.70	11.26	9560.50	32.25
老君山	2000	3500.00	2092.87	59.80	442.79	12.65	964.34	27.55
芹菜坪	2005	3662.00	1959.60	53.50	1061.80	29.00	640.60	17.50

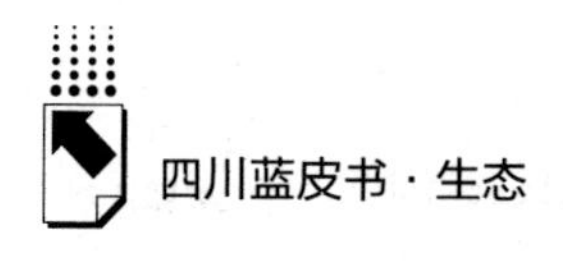

续表

保护区	成立年份	保护区总面积	核心区面积	占比	缓冲区面积	占比	实验区面积	占比
嘛咪泽	2001	38800. 00	21034. 70	54. 29	4293. 60	11. 08	13471. 70	34. 62
马鞍山	2001	27981. 00	11878. 00	42. 45	3738. 00	13. 36	12365. 00	44. 19
申果庄	2002	33700. 00	19268. 56	57. 18	7151. 92	21. 22	7279. 52	21. 60
螺髻山	1986	21900. 00	9658. 00	44. 10	2766. 00	12. 63	9476. 00	43. 27
百草坡	1999	25597. 40	12681. 10	49. 54	6047. 60	23. 63	6868. 70	26. 83
乐安湿地	2001	22754. 30	12960. 30	56. 96	5034. 00	22. 12	4760. 00	20. 82
八月林	2006	10234. 50	4763. 43	46. 50	2005. 15	19. 60	3465. 92	33. 90

资料来源：《美姑大风顶保护区总体规划》《马边大风顶保护区总体规划》《四川黑竹沟国家级保护区总体规划》《四川老君山国家级保护区总体规划》等相关规划。

二　凉山山系自然保护区联盟发展历史与时代意义

（一）发展历史

凉山山系自然保护区一直尝试开展多方合作，加强保护区间的交流。凉山山系自然保护区联盟的成立，是各保护区交流互助延伸的成果，经历了从保护区早期单一的项目合作到凉山山系各保护区的联合行动。在此期间，联盟成员在保护区管理、科研监测、社区协调发展方面进行了大量的研究。追溯缘起，2000 年，世界雉类协会（WPA）到凉山山系进行考察，准备开展科研项目，使凉山山系各自然保护区通过项目联合起来。

2004 年，WPA 及英国切斯特动物园的资金援助主要是用于保护区开展对雉类的固定样线调查，项目名为“四川森林生物多样性保护项目”。在四川师范大学与北京师范大学课题组的指导下，由老君山保护区与嘛咪泽保护区共同开展对雉类的固定样线调查，开启凉山山系自然保护区的合作。

2007 年，WPA 决定扩大项目援助范围，经过多方考察后，通知黑竹沟保护区正式加入“四川森林生物多样性保护项目”。

2013 年，美姑大风顶保护区与峨边黑竹沟自然保护区联合启动“椅子垭口大熊猫关键走廊到大熊猫迁徙调查监测项目”，进一步加强工作交流、相互学习以提高检测工作技能，共同促进区域内大熊猫保护管理工作。

2014 年，沐川芹菜坪保护区加入“四川森林生物多样性保护项目”。

2014 年 10 月 23 ~ 25 日，“凉山山系自然保护区联盟成立暨保护区管理经验交流会议”在西昌市召开。会议由美姑大风顶国家级自然保护区主办，凉山山系 12 个自然保护区负责人，四川省林业厅以及凉山州、乐山市、宜宾市林业局和世界自然基金会成都项目办公室派员参会。凉山州政府副秘书长谢立出席会议并致辞。

2014 年 11 月 10 ~ 12 日，“四川森林生物多样性保护项目”2014 年联席会议在甘洛马鞍山召开，四川老君山、嘛咪泽、黑竹沟、芹菜坪保护区代表参会。

2015 年 11 月 16 ~ 19 日，凉山山系自然保护区联盟成员在四川老君山自然保护区召开“四川省凉山山系自然保护区联盟成员单位联席会议”。凉山山系 8 个自然保护区主要领导、业务负责人参会，学习分享了老君山自然保护区的工作经验，组织观摩了老君山自然保护区信息化试点建设。

2017 年 6 月，在乐山召开“四川凉山山系自然保护区联盟第二届工作总结暨经验交流会”，凉山山系自然保护区联盟各成员单位参加，对保护区管理工作进行了交流总结，并对先进工作人员进行了表彰。

2018 年 12 月，在屏山县召开“四川凉山山系自然保护区联盟第三届工作总结暨经验交流会”。凉山山系自然保护区联盟各成员单位参加此次会议，各单位负责人总结保护区本年工作开展情况。会议还邀请了专家莅临指导，以便更好地推进凉山联盟工作。

2019 年 11 月 15 日，在马边彝族自治县召开“四川省凉山山系自然保护区联盟第四届联盟大会”，来自乐山、宜宾、凉山三个市州的自然保护区联盟成员单位参加了大会。省林草局、乐山市林业和园林局、宜宾市林业和竹业局、省社会科学院、世界自然基金会等有关部门和组织的代表参加了大

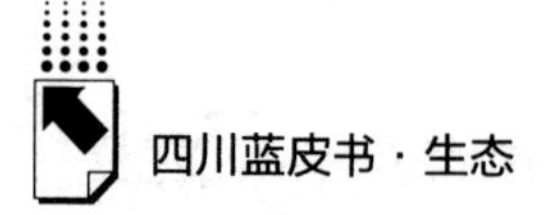

会。各保护区结合自身情况进行积极讨论、增进了解，会议对在自然保护区联盟工作中表现突出的8名先进工作者和7名优秀巡护员给予通报表扬，并且举行联盟大会联盟旗帜交接仪式。

2020年12月25日，由乐山师范学院和四川省屏山县老君山国家级自然保护中心在屏山县联合举办“四川山鹧鸪种群保护与管理对策研讨会”，马边大风顶、美姑大风顶、黑竹沟、马鞍山、龙居山、嘛咪泽、八月林、老君山、芹菜坪、云南乌龙山自然保护区代表参加，同时四川省动物协会、四川省社会科学院、四川大学、四川师范大学相关专家予以现场指导。

2021年3月7日，由四川省野生动植物保护协会、四川省社会科学院资源与环境中心和四川美姑大风顶国家级自然保护区管理局联合主办，在成都召开了凉山山系自然保护区联盟管理工作研讨会，联盟成员、省级主管部门、科研院所、社会组织欢聚一堂，围绕凉山联盟管理与发展进行了研讨交流，并通过投票选出未来联盟工作的优先行动方案。

近年来，凉山山系自然保护区联盟进行跨区域的科研交流活动，围绕保护区的能力建设方面进行学习探讨，表扬先进，互通有无，增进友谊。尽管属于自发的组织，但联盟有着良好的组织性和持续性，是区域协调治理发展中的典范。

（二）时代意义

四川凉山山系自然保护区联盟已经运行了五年，在保护区有效管理、巡护监测、科学研究、环境教育、社区共管等方面较好地发挥了保护区网络的功能，捍卫了凉山山系生态安全，提高了凉山山系自然保护区知名度。在新的时代背景下，凉山山系自然保护区联盟需要进一步凝聚凉山山系自然保护区的力量，在自下而上的景观尺度保护、自然保护地协同治理、生态文明体制改革三个层面进行探索，树立典范，谱写中国自然保护地管理历史新篇章，对构建有中国特色的自然保护地体系具有重要的时代意义。

1. 凉山山系自然保护区联盟是自下而上景观尺度保护典范

中共中央办公厅、国务院办公厅印发了《关于建立以国家公园为主体的自然保护地体系的指导意见》，提出建立以国家公园为主体的自然保护地体系，是贯彻习近平生态文明思想的重大举措，是党的十九大提出的重大改革任务。以国家公园为主体的自然保护地体系建立后，旨在打破各类保护地和周边同质区域的地域界限和行政管理边界，充实保护地地域间的管理空缺，融合部门管理为统一管理，面积要尽可能地大，以现有和潜在栖息地和景观为基本范围，尽可能地保证目标物种的栖息地或景观能连在一起，维持一个或几个最小有效繁殖群体，实现目标种群的健康繁衍和种群自我维持，同时也要提高满足娱乐压力下的系统恢复能力。

大熊猫国家公园成立后，凉山山系大熊猫保护区在四川省的重要性凸显，尤其是以建区历史最长且综合实力较强的美姑大风顶保护区、马边大风顶保护区、黑竹沟保护区、老君山保护区为核心形成的凉山山系自然保护区联盟，有利于形成一个景观尺度的保护格局。这个联盟不是各个自然保护区的简单叠加，而是实现了整体的组成结构与关系，有管理章程、有交流合作、有联合行动等。有机整合形成的景观，有助于减少生境中的斑块隔离影响，增强物种在景观尺度中运动从而避免物种的衰落，实现生态保护的完整性和连通性。

如果说建立国家公园是自上而下的景观尺度保护手段，建立凉山山系自然保护区联盟则是自下而上的景观尺度保护手段，是基于凉山山系地区生态保护和可持续发展现实需求的主动作为，具有内生性和强大生命力，是非常有益的探索并具有推广价值，是建立自然生态系统保护的新体制、新机制、新模式，符合我国自然保护地体系建设的总体目标。凉山山系自然保护区联盟践行的非国家公园的景观保护道路，有望成为自下而上的景观保护典范。

2. 凉山山系自然保护区联盟是自然保护区协同发展典范

党的十九大提出打造共建共治共享的社会治理格局，党的十九届四中全会提出坚持和完善共建共治共享的社会治理制度。“十四五”时期推进经济社会发展，迫切需要通过共建共治共享拓展社会发展新局面，以更加多元的方式实现社会治理，并且更加公平地享受社会治理成果。凉山山系自然保护区联盟是贯彻创新、协调、绿色、开放、共享的发展理念，落实共建共治共享的社会治理制度的有益尝试，是一种跨行政区域不同类型、不同层级自然保护地的合作。从早期的国家级自然保护区轮流坐庄走向联盟成员共同协商，这样的方式有利于健全区域联动、部门协作机制，资源信息共享机制，互利互助合作机制，增强生态保护的整体性、协同性、精准性，福泽凉山山系生态系统和原住居民。

3. 凉山山系自然保护区联盟是生态文明体制改革试验田

党的十八大以来，以习近平同志为核心的党中央高度重视生态文明体制改革，坚持问题与目标导向，勇于实践，敢于创新，推动生态文明改革和建设重大实践。凉山山系自然保护区联盟发展需要坚持问题导向，从本地实际出发，以解决联盟面临的共同生态保护和可持续发展问题为重点，发挥主动性，积极探索和推动生态文明体制改革，凝聚资源、交流信息和经验。生态文明体制改革需要政府、企业和其他社会力量等多元资源投入，通过联盟有利于争取外部资源，凝聚和整合内部资源，集中力量攻克面临的共同问题和开展联合行动。生态文明体制改革需要充分交流信息形成共识，分享经验少走弯路，通过年会、培训交流会和联合行动有利于联盟成员之间相互学习借鉴，提高自然保护地的管理水平，增强改革的信心和动力。

三　凉山山系自然保护区联盟管理现状与建设成效

（一）管理现状

凉山山系各自然保护区由最初的项目间合作交流，到成立凉山山系自然保护区联盟，并在实践中探索制定联盟的管理制度，为联盟更好地发展奠定了基础。

1. 组织架构

根据《四川省凉山山系自然保护区联盟章程》，四川省凉山山系自然保护区联盟下设联盟委员会，联盟委员会设主任一名、副主任若干名，并成立信息联络小组。凉山联盟组织机构如图1所示。

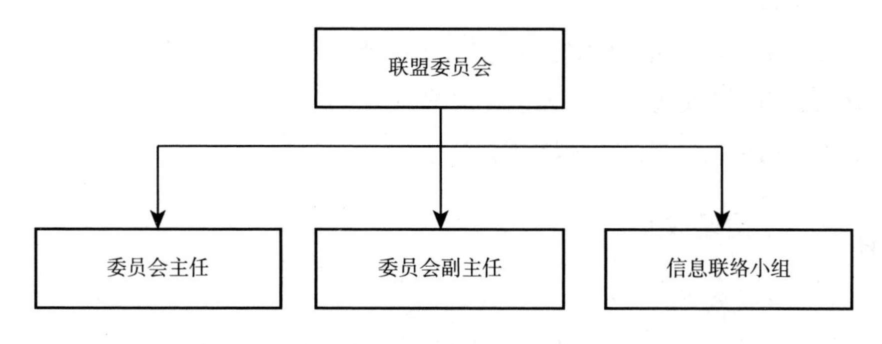

图1　凉山联盟组织机构示意

联盟委员会由各联盟成员单位推荐的主要负责人和保护管理业务负责人共同组成。联盟委员会是联盟的决策机构和管理机构，负责联盟成员的组织和协调工作，为联盟建设和服务提供指导。联盟委员会负责维持联盟正常运行，及时制定联盟年度工作计划，协调处理联盟各项工作，根据实际工作需要提出联盟章程的修改建议。

联盟委员会设主任一名、副主任若干名。联盟委员会主任由参加联盟的国家级自然保护区管理局按美姑大风顶、黑竹沟、老君山、马边大风顶保护区的顺序轮流担任，依次主持工作；副主任由各联盟成员单位推荐一人参加。

联盟委员会设立信息联络小组，由各成员单位确定一名信息联络人员组成。信息联络小组由主持工作的成员单位联络人员担任执事。

2. 运行机制

联盟委员会主任由参加联盟的国家级自然保护区管理局按美姑大风顶、黑竹沟、老君山、马边大风顶保护区的顺序轮流担任，依次主持工作；副主任由各联盟成员单位推荐一人担任。每届任期一年，从当年的1月1日起至

12 月 31 日止。联盟委员会主任主持工作期间，负责落实相关工作以及委员会日常具体事务。

联盟不收取任何形式的会费。联盟年会由本届主持单位主持召开，参加人员一般不得超过 4 人。会议经费由主持单位筹集，参会单位人员往返路费由各单位自行负责。

凉山山系自然保护区联盟还建有凉山联盟工作微信群以便于交流。各保护区在工作群中传递信息，分享日常护林防火、科研监测、工作学习等资料，使凉山山系自然保护区紧密连接。

（二）建设成效

1. 总体成效

自四川凉山山系自然保护区联盟成立以来，在四川省林业和草原局及乐山、宜宾、凉山市州自然保护地行政主管部门的指导和各联盟成员单位的配合支持下，建立了凉山山系自然保护区联盟交流群，并开展了一系列的联盟活动，在生物多样性保护方面产生了良好的影响。

一是联盟每年度由联盟委员会主任主持召开一次年会，讨论修改联盟章程，通报联盟委员会工作情况，总结交流各成员单位保护管理工作经验，研讨解决自然保护区建设、管理、发展过程中出现的问题，研究制定下一年度工作计划。自 2014 年四川凉山山系自然保护区联盟成立以来，联盟已召开四次经验交流年会，各保护区总结每年的工作进展，分享经验，讨论在保护管理中遇到的问题，大家共同商量解决方案。并且在此期间，保护区间的合作也从未间断，作为自发成立的组织，一直坚持成立时的初衷，提高凉山山系各自然保护区的管理水平。

二是开展自然保护区交流与合作，建立信息资源共享机制，为各成员单位随时提供保护管理、科研监测、社区建设、科普宣传等信息共享渠道，共同促进区域自然保护区发展。2016 年 5 月，美姑、马边大风顶及嘛咪泽保护区在龙窝乡召开资源保护联合整治会议，并开展联合巡护。2017 年 6 月，美姑周边保护区资源保护交流会议召开，分享与 WWF 合作的阶段性成果。

2019 年 6 月美姑、马边大风顶保护区在马边县召开资源保护联席会议。越来越多的学者专家和社会组织为凉山山系自然保护区提供支持，促进了保护区间的学习交流，提高了保护区的管理能力。

三是协调组织各保护区开展关键物种监测，并根据实际，协调组织在毗邻自然保护区或具有共同保护对象的自然保护区开展资源保护、科研监测、科普宣传、信息化建设等方面的合作，提高管理水平。2015 年，联盟组织凉山山系相邻的 6 个大熊猫自然保护区召开资源联合整治会议，交流资源保护经验，讨论加强边界区域资源保护管理的措施，并签订了加强边界区域资源保护的联合整治倡议书。2004 年，在世界雉类协会的支持下，由最初的两个保护区开展对四川山鹧鸪的监测，到后来由四个保护区开展对四川山鹧鸪的联合监测，并且在此期间四川山鹧鸪的数量有所增加。2016 年，尽管外援资金援助停止，保护区却依然坚持与乐山师范大学等高校合作对四川山鹧鸪进行监测。

联盟成立以来，各保护区积极开展联合行动，如联防巡护、经验交流、共同学习等。但是在各项活动中，联盟成员覆盖率较低，并且多数活动都在几个国家级保护区与省级保护区之间进行，对于较弱的省级保护区、州级与县级保护区的带动作用还不够。联盟开展的相关活动的力度与深度还不够，主要围绕联防巡护展开，如监测数据等信息未能实现共享。

2. 管理有效性

2020 年 7 月，凉山山系自然保护区的主要负责人与科研人员依据《四川凉山山系自然保护区管理有效性评估表》进行自评，评估结果如下。

评估表总分为 100 分，保护区（老君山保护区）得分最高为 87.5 分，（乐安湿地保护）得分最低为 29 分。得分在 70 ~ 100 分的保护区共有 5 个，得分在 50 ~ 69 分的保护区共有 4 个，得分在 50 分以下的保护区有 2 个。

从表 3、图 2 可见，4 个国家级自然保护区的平均分为 75.125 分，5 个省级自然保护区（螺髻山保护区未提供评估表）的平均分为 56.3 分，2 个县（州）级自然保护区的平均分为 53.5 分。国家级自然保护区得分明显高于省级、县（州）级保护区。得益于国家资金的援助，以及政府的支持力度较大，保护区的各项工作开展较为顺利，建设成效良好。

表 3　凉山山系自然保护区管理有效性评估得分

单位：分

保护区	成立年份	级别	范围和权属	管理能力			资源保护		科研监测	宣传教育	行业和社会影响力		区域性协调发展	社区发展	总分
			规划设计	管理体系	管理制度	管理经费	保护管理设施	资源管护工作	科研监测工作	宣教工作	获奖情况	社会组织合作	联盟工作	社区协调性	
老君山	2000	国家级	8.0	13.5	5.5	8.5	5.0	7.5	12	7.5	3.5	3.0	7.5	6	87.5
马边大风顶	1978	国家级	6.0	14.0	6.0	8.0	5.0	8.0	12	6.0	3.0	1.0	7.0	4	80.0
美姑大风顶	1979	国家级	8.5	9.5	5.0	8.0	4.0	7.0	11	5.5	2.5	2.5	9.5	5	78.0
黑竹沟	1997	国家级	9.0	9.0	5.0	8.0	3.0	3.0	7	3.0	1.0	1.0	6.0	0	55.0
嘛咪泽	2001	省级	8.0	12.0	5.0	7.5	4.0	7.0	8	2.0	1.0	3.0	8.0	7	72.5
百草坡	1999	省级	8.0	11.5	4.0	6.5	4.0	7.0	4	4.0	0	2.0	1.0	6	58.0
马鞍山	2001	省级	7.0	10.0	5.0	7.5	3.5	6.0	5	3.0	1.0	1.0	1.0	6	56.0
申果庄	2002	省级	9.0	12.0	3.0	7.0	1.0	6.0	5	2.0	0	3.0	1.0	6	55.0
芹菜坪	2005	省级	6.0	6.0	2.5	7.0	2.5	7.0	5	1.0	0	0	2.0	1	40.0
八月林	2006	县级	6.0	15.0	6.0	1.0	6.0	9.0	11	7.0	0	2.0	7.0	8	78.0
乐安湿地	2001	州级	6.0	5.0	0	4.0	1.0	4.0	3	2.0	0	0	2.0	2	29.0

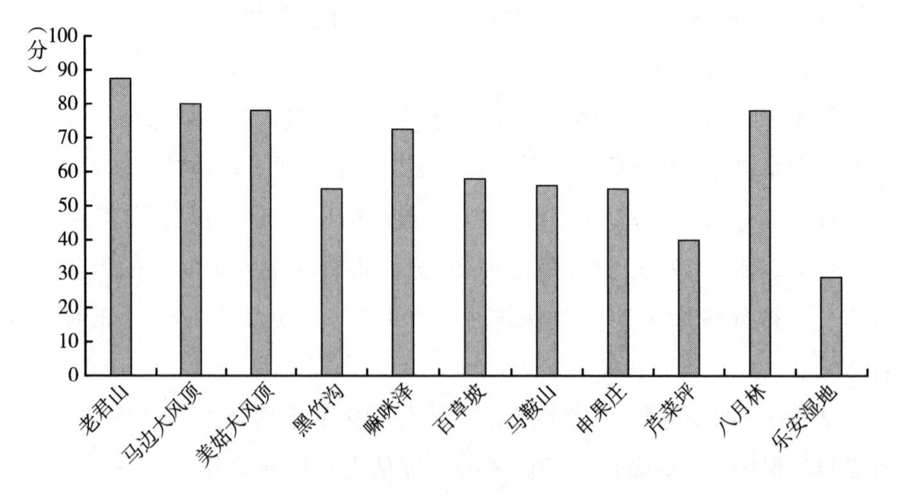

图 2　凉山山系自然保护区管理有效性评估得分

州级与县级保护区平均分相近，两个保护区中，八月林保护区得分较高。八月林保护区从委托管理开始的6年时间内，在努力提升保护区管理能力的同时，积极开展各项科研工作，并取得了明显的成效。

各项分数由保护区自评而得，各保护区的标准不一，为此，将保护区的每项得分除以各项指标的满分，得到本项指标的完成度，反映了保护区工作的成果（见表4）。

表4　凉山山系自然保护区管理有效性评估得分完成度

单位：%，分

保护区	级别	范围和权属	管理能力			资源保护		科研监测	宣传教育	行业和社会影响力		区域性协调发展	社区发展	总分
		规划设计	管理体系	管理制度	管理经费	保护管理设施	资源管护工作	科研监测工作	宣教工作	获奖情况	社会组织合作	联盟工作	社区协调性	
老君山	国家级	88.9	90.0	91.7	94.4	83.3	83.3	100.0	83.3	87.5	100.0	75.0	75.0	87.5
马边大风顶	国家级	66.7	93.3	100.0	88.9	83.3	88.9	100.0	66.7	75.0	33.3	70.0	50.0	80.0
美姑大风顶	国家级	94.4	63.3	83.3	88.9	66.7	77.8	91.7	61.1	62.5	83.3	95.0	62.5	78.0
黑竹沟	国家级	100.0	60.0	83.3	88.9	50.0	33.3	58.3	33.3	25.0	33.3	60.0	0.0	55.0
嘛咪泽	省级	88.9	80.0	83.3	83.3	66.7	77.8	66.7	22.2	25.0	100.0	80.0	87.5	72.5
百草坡	省级	88.9	76.7	66.7	72.2	66.7	77.8	33.3	44.4	0.0	66.7	10.0	75.0	58.0
马鞍山	省级	77.8	66.7	83.3	83.3	58.3	66.7	41.7	33.3	25.0	33.3	10.0	75.0	56.0
申果庄	省级	100.0	80.0	50.0	77.8	16.7	66.7	41.7	22.2	0.0	100.0	10.0	75.0	55.0
芹菜坪	省级	66.7	40.0	41.7	77.8	41.7	77.8	41.7	11.1	0.0	0.0	20.0	12.5	40.0
八月林	县级	66.7	100.0	100.0	11.1	100.0	100.0	91.7	77.8	0.0	66.7	70.0	100.0	78.0
乐安湿地	州级	66.7	33.3	0.0	44.4	16.7	44.4	25.0	22.2	0.0	0.0	20.0	25.0	29.0
平均数		82.3	71.2	71.2	73.7	59.0	72.2	62.8	43.4	27.2	56.0	47.2	57.9	57.18

根据表4的数据我们有如下发现。

第一，凉山山系各保护区管理范围与权属明晰，保护区编制且批复了可行的总体规划，保护地范围的划定满足主要保护对象的要求，有利于保护对象的生存和保护，有利于实现保护地的管理目标。

第二，国家级保护区管理体系完善，工作管理计划制定细致，保护区经费侧重用于实施保护。省级保护区管理能力建设中所存在的短板不同，在管理体系的建设方面，芹菜坪保护区完成度相对较低。保护区都存在实际在岗人员不足、保护站点少、管理站与保护点人员缺少、在职工作人员参加职业培训频率低等问题。而芹菜坪保护区与申果庄保护区在管理制度方面存在不足，主要是未制定工作计划与管理计划。八月林保护区是委托管理，因此在管理经费方面，无政府拨款，可用经费较少。乐安湿地保护区在管理能力方面各项指标得分最低，管理能力有待提升。

第三，凉山山系各保护区在现有条件下，全力进行资源管护工作并取得了较好成效。国家级保护区的管理设备完善，能得到较好的维护，资源管护工作稳定开展。黑竹沟保护区在保护区设施方面，其设备量低于《自然保护地工程项目建设标准》中相应规定的下限，由于保护中心依靠林场进行巡护，巡护力度不够。省级保护区中，嘛咪泽保护区与百草坡保护区的资源保护工作完成度好，与国家级保护区接近。虽然申果庄保护区与芹菜坪保护区保护管理设施少，但是依靠巡护工作，对保护区内的资源进行了较好的管护。依赖于良好的设备与星级巡护员，八月林保护区资源保护能力强。

第四，保护区之间科研监测能力差距较大。国家级保护区中，老君山、马边大风顶保护区与美姑大风顶保护区都建立了良好的数据库，开展多项科研活动，与许多科研院所进行合作。黑竹沟保护区开展科研活动较少，科研监测工作完成度低。省级保护区中，嘛咪泽保护区科研监测工作开展得最好，其余省级保护区只进行了少量科研活动，并且数据库不够完善。八月林县级保护区在委托管理后，聘请当地社区居民为巡护员并对其进行培训，频繁开展科研监测工作，取得了良好的成果。

各保护区都开展了宣传活动，省级保护区开展的宣教工作存在不足。国家级保护区中，老君山保护区配有宣教设施设备，取得了较好的宣传效果；马边大风顶保护区宣教设施完善，并且依靠新闻媒体进行宣传，取得了良好的成效；美姑大风顶保护区在周边社区开展了相关项目，依托项目进行了宣传活动；黑竹沟保护区开展宣教次数少，成效不明显。省级保护区进行宣教

活动较少，并且新闻媒体报道不足，未取得明显的效果。

第五，由于国家级保护区在资金上得到了支持，开展项目多，获奖次数多。而省级保护区的获奖次数少，受到的关注度不高，即使做了大量保护工作，也并未有获奖情况出现。社会组织的关注度不够，与省级保护区的合作较少。

第六，在联盟的发展中，国家级保护区参与度高，一般联盟的活动都是由国家级保护区发起，并且参与的保护区多为国家级保护区。省级保护区中，嘛咪泽保护区参与联盟工作的程度高，八月林县级保护区也积极参与联盟的工作，这得益于两个保护区紧邻国家级保护区。其余省级保护区参与联盟活动少。

第七，八月林县级保护区依靠社区进行巡护，与社区联系较多，社区协调性较高。而国家级保护区中，黑竹沟保护区未开展社区工作，马边大风顶保护区虽未开展社区共管活动，但是招聘社区居民参与保护工作，并征求社区居民意见。省级保护区的社区工作开展情况较好，但芹菜坪保护区弱于其余保护区，社区居民参与保护区的决策较少。

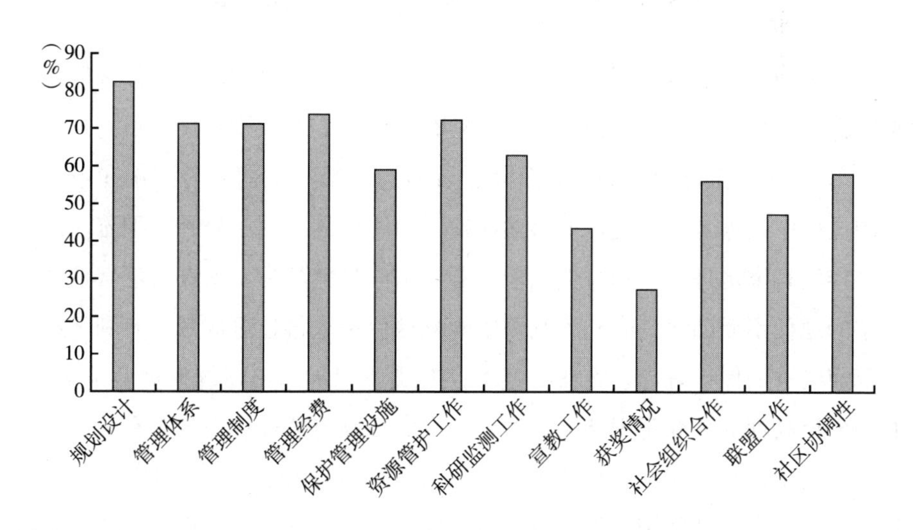

图3　凉山山系自然保护区管理有效性评估得分完成度平均值

由图3可见，在所有的指标中，规划设计、管理经费、资源管护工作是各保护区完成度最高的三项指标。保护区制定了管理规划，且执行情况良好。保护区的管理经费主要依靠政府拨款，且资金都用于保护地管理，基本能满足保护区的需求。各保护区的资源管护工作也颇有成效。在社区发展方面，各保护区与社区联系不够紧密，社区的共管活动不够，这是多数保护区包括国家级保护区在内都有待加强的工作。总体来说，各保护区获奖情况较少，为此，联盟应加强表彰评优力度，争取更多的社会认可。国家级保护区开展了多项科研监测，省级保护区与县（州）级保护区的科研活动不多。国家级保护区可以带动省级、县（州）级保护区，通过联盟加强合作、优势互补，更好地发挥协调性，让省级、县（州）级保护区加强与外界的科研合作，更好地促进保护工作开展。

四 凉山山系自然保护区联盟发展战略

（一）以加强景观尺度保护和增进集体行动为导向

凉山山系自然保护区实质上已经构成了一个景观尺度的自然保护群。从景观保护角度看，与大熊猫国家公园具有同样重要的实践意义。目前全国已经有10个正式批准成立的国家公园，若尔盖等新一批国家公园正在申请成立的过程中，大量集中连片的自然保护区纷纷被纳入国家公园，随着凉山联盟这样具有大地理尺度的自然保护区群在国内日益减少，其在自然保护地体系中的地位不断凸显：有利于联盟旗舰物种保护取得显著成效，有利于试点示范前沿性的保护理念、方法与技术，有利于保护与可持续发展政策实施，有利于提高社会公众意识和关注度，有利于提高自然保护地管理有效性。

凉山山系自然保护区从2015年开始，在没有上级主管部门组织和外部机构专门资金支持的情况下，自发地开展共同协商和相互合作，这是非常典型的集体行动。如果说国家公园是自上而下的，基于集体行动的凉山联盟则是自下而上的，两者是对景观尺度保护的不同形式的探索。相比于国家公

园，基于集体行动的自然保护区联盟更具有优势：与保护区管理具有强相关性、具有归属感强的自然保护区作为领军者、尽可能多的自然保护区都能参与、信息交流的便利性、有利于缩小各保护区之间管理能力的差距。

（二）以提高生态监测及其成果在自然保护区管理中转化为抓手

自然保护区有效管理必须要基于对自然资源动态变化的精准掌握，同时只有信息共享才能促成保护区之间集体行动的发生，进而形成合力。因此，联盟把“构建凉山山系巡护与监测体系”列为 18 项专家推荐行动中排第一的行动，而排第二的“建立凉山山系自然保护区红外相机数据库，系统分析反馈保护区有效管理”也与生态监测具有密切的关系。

目前凉山山系各个自然保护区之间生态监测水平参差不齐，虽然都是基于 2003 年全省统一构建的监测体系，但相互之间依然是各自开展，缺乏协调性。

未来 3 年将在四川省自然保护地管理总站的统一协调与指导下，系统评估凉山山系各自然保护区生态监测开展状况，构建统一的监测体系，包括如下考虑：基本监测内容应该简单且便于持续性开展、各个保护区可以在基本监测内容基础上自由添加新的监测内容、把外部科研纳入监测体系、监测线路可以跨越保护区、所有的监测数据可以由部分保护区进行分析、联盟定期发布监测报告。

（三）创新性推进大熊猫与四川山鹧鸪旗舰物种保护

大熊猫是凉山山系典型的旗舰物种，但需要建立包括大熊猫在内的双旗舰物种，原因为：联盟内部分自然保护区大熊猫分布较少；在大熊猫国家公园建立后，仅仅把大熊猫作为旗舰物种，不能凸显联盟在珍稀物种保护方面的重要地位。四川山鹧鸪是国家 I 级重点保护动物，从其分布地区的海拔来看与大熊猫栖息地重叠程度低。联盟保护区从 2004 年就开展四川山鹧鸪保护工作，至今已有 8 个保护区在积极参与四川山鹧鸪相关保护工作，在联盟内具有广泛的保护基础。凉山联盟构建以大熊猫—四川山鹧鸪为核心的双旗

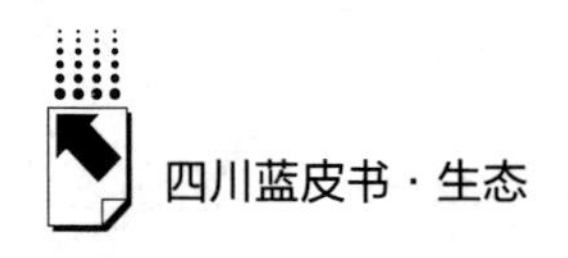

舰物种，有利于更好地保护保护区生态系统完整性，同时充分调动联盟各个保护区的积极性。

（四）提高联盟内各保护区之间管理能力的均衡性

如前文所述，联盟内各保护区之间管理能力非常不均衡，主要体现在资金、人员、基础设施、外部支持等方面，尤其是4个国家级保护区和省级保护区之间有较大的差距。这种差距的存在导致联盟内的省级保护区有心无力，难以承担更多的责任，影响了联盟的工作效率和持续性。

提高联盟内各保护区之间管理能力的均衡性刻不容缓。虽然各保护区之间的差距更多的是源自保护区级别、管理体制等因素，但联盟的一个重要任务是缩小各保护区之间的差距，至少应该是抑制差距的进一步扩大。因此，一方面未来联盟所有的优先行动都应该尽可能把每个保护区吸纳进来，充分考虑到一些能力相对较弱的保护区的参与度并借此提高其管理能力；另一方面应加强国家级保护区对省级保护区的支持，努力帮助省级保护区从所在县政府、省级行政主管部门和社会获得更多的支持，以提高其管理能力。

B.3

大熊猫—雪豹双旗舰物种保护新模式探索

——基于四川省大熊猫保护工作的经验总结

杨金鼎　何 欣*

摘　要：四川省大熊猫保护工作经过几十年的探索和发展，取得了多方面、多层次、多样化的成绩，大熊猫数量显著增长，栖息地面积和质量不断扩大和提升。大熊猫保护工作不仅通过产生“伞护效应”对生物多样性做出了不可替代的贡献，而且对整个生态系统及服务功能产生了促进作用，并完善了中国野生动物的保护体制机制。在推进大熊猫保护工作的过程中，四川省总结出了一套包括开展科学研究、进行在地实践、制订保护政策和提升公众认知在内的“四位一体”的保护机制。雪豹作为一种在中国分布数量占全球总量比重高达60%的旗舰物种，面临着自然界和社会领域的一些显现或者潜在的生存威胁。而作为雪豹的主要栖息地之一以及在大熊猫保护工作方面已经取得世人瞩目成绩的四川省，有必要将其在大熊猫保护工作中取得的经验应用在雪豹的保护工作中，通过实施大熊猫—雪豹双旗舰保护战略，以精准掌握种群动态变化为切入点，持续推动大熊猫友好型产品认证、生态廊道建设和自然保护区管理有效性评价等在地实践，提高

* 杨金鼎，四川省社会科学院硕士研究生，主要研究方向为生态保护和社区发展；何欣，世界自然基金会（瑞士）北京代表处西部区域项目官员。

农牧民的保护意识和参与积极性并借此建立利益联结机制，加强反盗猎执法力度和开展非法贸易源头治理，创新保护体制机制等，更好地推动四川省大熊猫—雪豹双旗舰物种保护工作开展。

关键词： 大熊猫保护 雪豹保护 双旗舰物种保护

大熊猫—雪豹双旗舰物种保护模式是在新时代背景下和习近平生态文明思想的指导下催生出来的符合包括四川在内的雪豹主要栖息地实际客观情况的战略构思，有着切实的指导性和建设性。本报告首先着重介绍了大熊猫保护取得的成效和“四位一体”的经验，其次着重介绍了雪豹的生存状况、面临的主要威胁和已经开展的保护行动，再次介绍了大熊猫保护战略及其重要意义，最后介绍了在双旗舰物种保护战略下针对雪豹保护工作的建议。大熊猫—雪豹双旗舰物种保护的创新模式在全国乃至世界可谓独树一帜，没有可供借鉴的经验，但相信基于过去几十年大熊猫保护工作取得的经验，以及在政府的带领下积极引入社会多元主体参与，雪豹保护工作一定能够像大熊猫保护工作一样取得世人瞩目的成绩。

一 四川省大熊猫保护取得的成效与经验

大熊猫，一般被公众爱称为“熊猫”，是世界上最珍贵的动物之一，由于数量十分稀少，被中国政府列为国家一级重点保护野生动物，被誉为“中国国宝”，也被世界自然保护联盟（IUCN）列为世界易危动物。

四川省是大熊猫及其他珍稀野生动物的重要栖息地，在过去几十年的大熊猫保护工作中，通过加强立法制定保护政策、改善提升栖息地质量、增加科研力量投入、就地和迁地保护机制相融合、提高公众保护意识和参与度等，积极创新大熊猫保护体制。2016 年 8 月，由四川牵头会同陕西、甘肃两省编制完成《大熊猫国家公园体制试点方案（送审稿）》，并联合上报国家发展改革委，力图实现大熊猫跨行政区域协同保护机制创新。四川省在大熊猫保护工作中取得了十足的成效，积累了大量值得借鉴的经验，这些经验也有必要被推广应用到对其他珍稀旗舰物种的协同保护工作中。

（一）大熊猫保护取得的成效

1. 大熊猫数量与栖息地面积不断增长，栖息地质量有所改善

（1）大熊猫野外种群数量稳步增加

自从1974年开展第一次全国大熊猫野外调查以来，四次大熊猫调查得到的野生大熊猫数量分别为2459只（调查时间为1974～1977年，下同）、1114只（1985～1988年）、1596只（1999～2003年）、1864只（2010～2014年），可以明显看到大熊猫野外种群从80年代第二次大熊猫调查至今呈现上升趋势，第三次和第四次的调查数据相比，数量增长268只，增幅达到16.7%（见图1）。

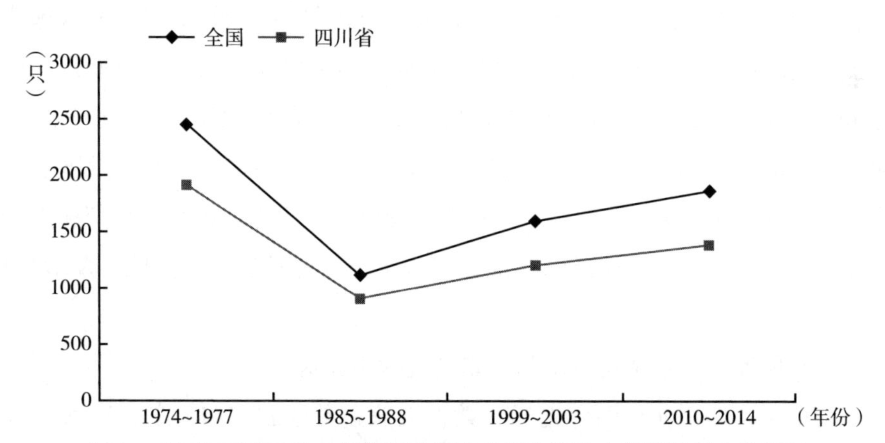

图1　全国和四川四次大熊猫野外调查发现的野生大熊猫数量变化情况

资料来源：根据大熊猫调查公开数据绘制而成。

根据第一次全国大熊猫野外调查结果，共有野生大熊猫2459只，仅四川就有1915只，占到全国的77.88%，居全国第一位。第四次全国大熊猫野外调查数据显示，四川省野生大熊猫数量为1387只，居全国之首，占全

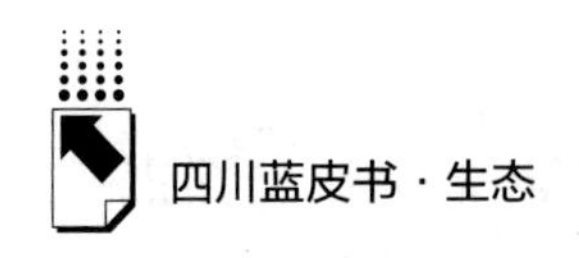

国总数的74.4%，较第三次全国大熊猫野外调查结果增长15.0%，较20世纪80年代第二次全国大熊猫野外调查结果增长52.6%。

（2）大熊猫栖息地面积持续增长，栖息地质量有所改善

第四次大熊猫野外调查数据显示，四川省大熊猫栖息地面积202.7万公顷，占全国总面积的78.7%，较第三次大熊猫野外调查结果增长14.3%。除现有栖息地外，四川还有潜在栖息地面积41万公顷，占全国总面积的45.05%。此外，四川省近年来结合灾后重建、植被恢复、栖息地恢复等项目，持续开展泥巴山、黄土梁、土地岭、拖乌山等大熊猫走廊带建设，提高了大熊猫廊道的连通性，对解决大熊猫及其他珍稀野生动物栖息地破碎化、孤岛化问题起到了一定的作用。

（3）自然保护地的数量和覆盖区域范围不断增长

截至2017年，全国共建成67个大熊猫保护区，覆盖53.8%的大熊猫栖息地，并保护了66.8%的野生大熊猫种群。截至2019年，四川累计设立各类保护地519处，总面积11.35万平方公里，占全省总面积的23.3%，涵盖自然保护区、森林公园、湿地公园、风景名胜区等多个类型，其中在大熊猫分布区建成各类保护地95个，其中以大熊猫为主要保护对象的自然保护区有46个，超过70%的野生大熊猫和60%的大熊猫栖息地被各类保护区保护起来。① 2017年中国开启大熊猫国家公园建设试点，2018年大熊猫国家公园管理机构正式挂牌，覆盖秦岭、岷山、邛崃山、大相岭山系的全部大熊猫保护区以及小相岭大熊猫野外数量最多的栗子坪保护区②，总面积达27134平方公里。

（4）圈养种群数量持续增长，繁殖技术不断提高

2005年，四川在全国率先开展救护大熊猫易地放归和人工繁育大熊猫野化培训放归，建成石棉小相岭大熊猫放归自然基地和荥经大相岭野化放归基地，截至2019年先后放归大熊猫13只。③ 大熊猫迁地保护方面也同样取

---

① 王成栋：《保护大熊猫　四川70年建了95个保护地》，《四川日报》2019年9月10日。

② 苑坚、李姝莛：《大熊猫将回归自然》，《侨园》2003年第3期。

③ 王成栋：《保护大熊猫　四川70年建了95个保护地》，《四川日报》2019年9月10日。

得了长足的进步，截至2016年5月，四川人工圈养大熊猫364只，占全国总数的86.3%。2020年全国繁育成活大熊猫幼崽44只，其中，四川占比超过88%，至此，全球大熊猫圈养总数达到633只。

2. 伞护物种生存环境改善，生物多样性有效提升

1984年Wilcox等人把伞护物种概念引入保护领域，大熊猫栖息地对于中国60%以上的特有物种都起到了保护作用。2016年，Li和Pimm的研究系统比较了中国大陆所有已知的森林生境下的特有物种的分布范围，发现在所有的中国大陆森林特有物种中，70%的哺乳动物物种、70%的鸟类物种和30%的两栖动物物种的分布范围与大熊猫栖息地重合，说明保护大熊猫及其生境，对于大多数的中国特有森林脊椎动物来说都起到了伞护的作用。

2017年大熊猫国家公园建设试点开启以来，大熊猫国家公园四川片区通过发挥大熊猫作为旗舰物种的“伞护效应”，协同保护其他8000多种伴生动植物，在野外巡护中已发现其他同域珍稀动物1600余次。在多种保护措施综合作用下，大熊猫国家公园四川片区部分种群实现恢复性增长，野生动物活动区域范围呈现扩大趋势。

3. 生态系统调节服务功能有效发挥

为了保护大熊猫，中国已经建立了67个大熊猫保护区，这些保护区除了能够庇护区内的保护物种以外还发挥着重要的生态服务功能。有数据表明，2010年，全部大熊猫保护区的生态服务价值高达26亿~69亿美元，这个价值是大熊猫保护投入的10~27倍。杨渺、肖燚、欧阳志云等在2019年对四川省GEP进行了估算，结果表明：四川省GEP[①]为83064.61亿元，其中水源涵养价值占12.75%，土壤保持价值占4.6%，洪水调蓄价值占1.67%，固碳释氧价值占23.75%，气候调节价值占57.23%。[②]

① GEP，生态系统生产总值的简称，是指生态系统为人类福祉和经济社会可持续发展提供的各种最终物质产品与服务（简称“生态产品”）价值的总和，主要包括生态系统提供的物质产品、调节服务和文化服务的价值。

② 杨渺、肖燚、欧阳志云、叶宏、邓懋涛、艾蕾：《四川省生态系统生产总值（GEP）的调节服务价值核算》，《西南民族大学学报》（自然科学版）2019年第3期。

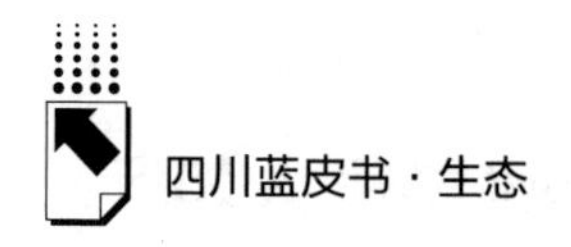

4. 保护体制机制不断创新

大熊猫保护为中国保护事业的体制机制革新也做出了贡献。这种贡献突出表现在五个方面：推动制定了最早的有关野生动物禁猎的地方条例和国家律令；针对单一物种每十年一次的全国性调查带来了基于科学指导的保护管理体制机制创新；产生了以单一物种保护为目的而建立的国家层面的大熊猫保护工程办公室；推动了保护地建设机制的创新；长期深度的国际合作不断把新的保护理念带给中国保护事业，包括从保护管理规划到社区保护、适应性保护管理等。

（二）大熊猫保护开展取得的“四位一体”经验

在大熊猫保护工作开展的几十年进程中，社会多元主体积极投身于保护工作及与之密切相关的领域，其中不乏中央及地方政府职能部门、科研机构人员、社会公众、NGO等，这些多元保护力量在不同的历史时期发挥着不同的作用，或某一个保护主体在特定的历史时期起到引领推动作用，或多个保护主体相互配合、相互促进，逐渐形成社会多元一体协同保护的良性循环，在推进科学研究、开展在地实践、制订保护政策、提升公众认知四个方面协同发挥作用，共同推进对大熊猫的保护。

1. 四项驱动力

推进科学研究主要包括科学研究和资源调查活动，如对大熊猫种群数量和栖息地的调查、大熊猫的行为学研究、大熊猫基因的研究、大熊猫与伴生动物关系、大熊猫栖息地社会经济发展调查等。①

开展在地实践，在大熊猫栖息地或动物园等繁殖基地开展与大熊猫保护相关的具体行动，如建立和有效管理自然保护地、开展栖息地修复与建设、开展走廊带建设、大熊猫栖息地替代生计发展、自然体验与环境教育等。迁地保护与就地保护两个方面的活动都属于在地的保护实践活动。

制订保护政策主要指自然保护地和大熊猫行政主管部门制订的有关大熊

① 尹鸿伟：《逐步成熟的大熊猫保护工程》，《中国社会导刊》2005年第15期。

猫和栖息地保护的部门政策。

提升公众认知是指针对非自然保护专业性人士，包括城镇居民和农村居民，所采取的旨在增进他们对大熊猫的了解、提高他们对大熊猫保护工作的参与度的相关措施（见图2）。

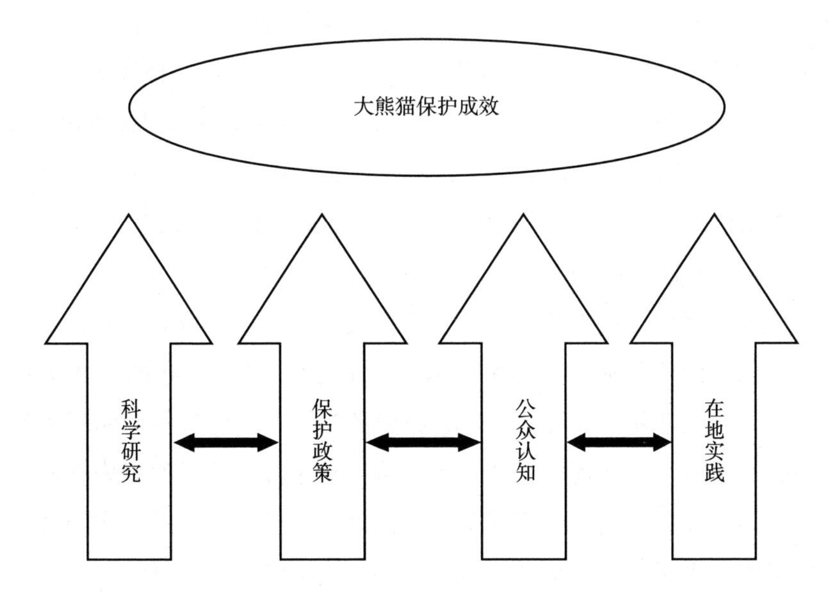

图2　大熊猫保护的四项驱动力

上述四项驱动力紧密融合、相互推动、“四位一体”，每个时期最少有一个驱动力在发力，从而使大熊猫保护工作能够得以不间断地推进。当地政府在整合四项驱动力的相关活动中起到了关键作用。

2. 四项驱动力在不同的历史阶段发挥的作用不同

从过去的保护历史来看，科学研究、在地实践、保护政策和公众认知四项驱动力并非都能同步推进，反而是在不同历史时期往往都有1~2个驱动力更突出，并影响其他驱动力，最终使大熊猫保护工作能够得以全面推进。

科学研究和在地实践往往领先于其他驱动力，如1974~1977年开展了第一次全国性大熊猫调查，四川的调查结果显示岷山山系的大熊猫栖息地面积因森工过度采伐而有所缩减，且因大熊猫主食竹子开花而面临栖息地质量下降的威胁，同期调查发现仅岷山山系东部因主食竹子大面积开花而死亡的大熊猫就有 138 只。1983 年，保护区工作人员和科研人员发现分布在邛崃山系和岷山山系的大熊猫栖息地再次出现竹子大面积开花现象，并经媒体宣传报道引起了政府和社会大众的广泛关注，继而政府出台了相应的拯救大熊猫的紧急措施和政策，社会公众也被广泛地动员起来捐款捐物以救助大熊猫。20 世纪 70、80 年代，对大熊猫及其栖息地生存质量的科学研究极大地推动了社会力量加入保护大熊猫的行列，提高了社会公众的保护意识和参与积极性，社会认知形成之后，进一步紧密结合针对大熊猫的科学研究推动了各级政府出台相应的保护政策和法律法规，大熊猫保护工作得以全方位、综合性、稳步性地推进。

在大熊猫保护的历史长河中，多次出现了保护政策领先于其他驱动力的情况。例如国家林业和草原局（国家公园管理局）发布的《大熊猫国家公园规划（送审稿）》明确“核心保护区根据保护对象不同实行差别化管控措施：暂时不能搬迁的原住居民，可以有过渡期。过渡期内在不扩大现有建设用地和耕地面积的情况下，允许修缮生产生活以及供水设施，保留生活必需的少量种植、放牧、捕捞、养殖等活动”。这项政策为当地社区居民利用大熊猫栖息地自然资源提供了空间，但无论是科研人员还是自然保护地管理人员都没有做好如何管控的相关准备，需要努力适应政策的调整变化。

综观全球物种保护历史，在亚洲象、非洲犀牛、美洲豹、非洲大猩猩、孟加拉虎等很多物种保护工作中，科学研究、在地实践、保护政策与公众认知四项驱动力的相关活动都不可缺少，但四者紧密联系、相互促进与融合的物种保护案例并不多见，大熊猫保护或许是少之又少的例子，这在很大程度源于中国政府的投入和整合。

二　四川省雪豹保护现状分析

作为继大熊猫之后的又一旗舰物种，雪豹在四川的栖息地生存环境、分布区域等自然条件与大熊猫保护工作有着天然的耦合性，但在公众认知、科学研究等社会多元保护主体参与方面与大熊猫保护工作还存在不同程度的差别，为了有效推广大熊猫保护工作的经验，有必要具体分析雪豹的自然生存条件以及社会多元保护主体对其的认知态度。

（一）雪豹生存状况

1. 基本特征与分布

雪豹是猫科、豹亚科动物。雪豹的捕食对象主要有北山羊、捻角山羊等各种野山羊和野绵羊等。雪豹主要生活在林线以上的高山带和亚高山带，它们一般出现在海拔 3000 ~ 4500 米范围内，但是在分布区北部和戈壁沙漠中则出现在较低海拔处（900 ~ 1500 米），在喜马拉雅和青藏高原区域分布海拔上限达 5800 米。

雪豹目前的分布区南起喜马拉雅，穿越青藏高原和中亚山地，北达南西伯利亚。它们出现在阿尔泰山脉、萨彦岭山脉、天山山脉、昆仑山脉、帕米尔高原、兴都库什山、喀喇昆仑山脉、喜马拉雅山脉以及戈壁地区许多更小的丛山。

从雪豹的分布情况和数量来看，中国的雪豹数量位居全球第一，约占总数的 60%，主要分布在青海、新疆、甘肃等地，四川西北部是其主要活动区域之一。雪豹在四川的分布以各山脉为主，从川西南的贡嘎山延伸至甘孜州中部的新龙再到川西北的洛须，在大渡河以东、岷江以西的这一片生态环境中，雪豹曾与大熊猫和平共处生活了数百万年。1998 年 3 月，在甘孜州林业局野生动物保护专家彭基泰的陪同下，乔治·夏勒在甘孜开展了为期一个月的野生动物调查，考察洛须、察青松多、竹巴龙和贡嘎山保护区，这时就了解到洛须有雪豹分布。2015 年 3 月，在北京山水自然保护中心和贡嘎山保护区管理局的陪同下，乔治·夏勒再次对甘孜州 7 个县境内 9 个自然保护区的雪豹及其栖息地状况进行了考察，考察队在多处发现雪豹的痕迹，并了解到在石渠洛须和雅江神仙山，金钱豹的栖息地可能和雪豹重叠。2015 年 2 ~ 3 月，四川有史以来第一次对雪豹进行摸底调查，发现甘孜州存在数量可观的雪豹种群，由于没有基础材料，加上川内雪豹研究相对滞后，此次调查没有形成一张完整的雪豹活动图。

2. 种群数量

雪豹行踪隐秘，种群密度普遍较低，分布极为分散、探测率低，这些因素限制了对其种群数量的可靠估计。2020 年世界自然保护联盟（IUCN）统计结果显示，全球野外雪豹种群数量为 7446 ~ 7996 只，成熟个体的种群数量为 2710 ~ 3386 只。

国家林业和草原局的报告显示，中国雪豹种群数量为 2000 ~ 2500 只，潜在栖息地面积约 182 万平方公里，分布区面积和数量均列全球第一。1999 年，四川省林业厅曾尝试对雪豹种群、活动区域进行摸底，但由于技术力量缺乏等因素，计划随之夭折。2009 年，彭基泰基于在甘孜地区工作近 40 年的经历和从事野生动物保护调查研究所获得的资料估算，在甘孜地区所辖石渠、德格、白玉、新龙、甘孜、理塘等 6 县的 9 个自然保护区有雪豹 51 ~ 78 只，全地区有雪豹 400 ~ 500 只。2017 年 4 月，由多方专家组成的调查小组进入邛崃、卧龙等地的深山之中，首次开展雪豹成都分布状况的专项调查，专家认定成都至少有 2 ~ 5 只雪豹。包括四川在内的全国雪豹数量调查具有滞后性，调查力量和技术难以触及雪豹分布的每一块地方，《中国雪豹调查与保护报告 2018》指出，全球 60% 的雪豹栖息地位于中国，而全国的雪豹数量调查覆盖面积仅占雪豹栖息地面积的 1.7%。

（二）雪豹面临的主要威胁

雪豹面临的威胁包括个体面临的威胁、栖息地退化或丧失、政策与认知相关威胁、潜在威胁四种类型，前面三种类型的威胁与大熊猫保护工作的四项驱动力直接呼应，而潜在威胁也有较强的关联性。

1. 个体面临的威胁

首先，雪豹容易受到报复性猎杀，雪豹及同域分布的捕食者时常猎杀家畜，造成较大损失，这可能导致当地群众怨恨雪豹、狼等大型食肉动物，群众容忍度降低，认为消灭食肉动物是解决冲突的唯一措施。根据 2018 年雪

豹保护网络发布的报告来看，在全国5个有雪豹分布的省份中分布区域在四川的雪豹面临的报复性猎杀的威胁最大（见表1）。其次，雪豹面临非法贸易导致的盗猎威胁。雪豹因其毛皮和肉而遭到猎杀，并被买卖。雪豹所有分布国均通过立法对其予以保护，并且从1975年起雪豹就被列入CITES附录一①，然而各分布国的非法贸易仍然是雪豹面临的威胁。再次，动物园和博物馆的活体收集需求较大，当地群众遇到误闯人类领地、生病的或者落单的雪豹时，往往不知如何处理，可能会通过林业系统联系动物园。这种处理方式可能使这些雪豹丧失了潜在的野外放归的机会。最后，雪豹受到传染病的威胁，雪豹栖息地太过险峻，研究人员很难发现或调查其死亡事件。

2. 栖息地退化或丧失

首先，雪豹面临着栖息地退化的威胁，雪豹栖息地与畜牧业分布区高度重叠，因为气候变化和不合理利用等因素，中国雪豹分布区也面临着草地沙漠化和草场退化的威胁，这直接影响到雪豹的野生猎物种群，从而限制雪豹种群的健康发展。其次，雪豹栖息地破碎化，在部分雪豹分布区，地形本身就会导致栖息地的破碎化，如川西、疆北等被人类聚居地包围的孤立山峰。但围栏和道路等线性障碍会加剧破碎化，导致各地雪豹及猎物种群被隔离，遗传多样性下降，加大孤立小种群的灭绝风险。再次，盗猎和误杀导致的猎物种群减少，由于缺少法律保护，岩羊曾被大量猎杀，供当地牧民食用以及出口，在部分区域仍存在当地群众或外来人员设置的猎套，有些是针对岩羊，更多的是针对鹿和麝。又次，家畜竞争导致的猎物种群减少，国内外大量研究表明：重度放牧的草场地上生物量低，岩羊密度和冬季前后的幼母比显著降低；在家畜密度较高的地区，岩羊冬季被迫改变食性，吃更多的双子叶植物，而且春季幼母比大为降低；过度放牧对当地野生有蹄类动物造成了威胁，进而可能威胁到当地的雪豹种群。最后，疾病导致的猎物种群减少，

---

① CITES，濒危野生动植物种国际贸易公约的简称，其目的在于管制而非完全禁止野生物种的国际贸易，其用物种分级与许可证的方式，以达成野生物种市场的永续利用性。该公约管制国际贸易的物种，可归类成三项附录，附录一的物种为若再进行国际贸易会导致灭绝的动植物，明确规定禁止其国际性的交易。

且疾病容易传播至栖息地，家畜侵占野生动物栖息地的情况很普遍。家畜很可能是野生有蹄类动物疾病蔓延的源头，应成为疾病监测的首要目标。另外，家畜还会迫使野生有蹄类动物向山上迁移，进入生存压力更大的次优栖息地，进而导致疾病造成的影响更为恶劣。

3. 政策与认知相关威胁

首先，由于对雪豹普遍认知缺乏导致政策不当，在雪豹分布国，无论是与雪豹比邻的当地人、城市中的公众，还是政府部门，普遍都不了解雪豹生存面临的困境，也不清楚雪豹保护的价值。其次，雪豹保护政策实施不力，雪豹分布区大都地处偏远、交通不便，且分布区人口相对比较贫困。即使有合适的政策，由于资金、人力、交通等限制，依然可能存在政策实施不力甚至根本无法实施的情况。再次，雪豹保护缺乏跨境合作，雪豹栖息地沿各大山系分布，不以行政单元为边界。然而各地建立保护区、实施保护政策时却都以行政单元为界，开展跨保护区、跨行政边界的合作较为困难。另外，基层保护部门能力不足，雪豹栖息地所在的保护区往往面临资金、人力的限制，也缺乏系统、有针对性的员工技能培训，不利于雪豹及伴生物种的调查、监测与保护工作的开展。最后，当地社区对雪豹缺乏足够的认知，在生计压力和现行保护管理体制下，部分群众没有机会深度参与保护工作，对野生动物持负面态度，基层内生的保护力量极其缺乏。在监管或补偿措施不到位的情况下，负面态度有可能快速转化为报复性猎杀或其他破坏自然栖息地的行为，对雪豹保护造成重大威胁。

4. 潜在威胁

首先，雪豹栖息地气候变暖，亚洲山区受到气候变化的影响比较突出，随着气候变暖，雪豹栖息地向更高纬度和海拔变迁；横断山和喜马拉雅的很多区域将可能不再适宜雪豹生存，全球雪豹栖息地破碎化进一步加剧。其次，雪豹分布区人口增长与贫困问题突出，在雪豹分布区内，人口增长与贫困问题会导致其对草场的过度利用、野生有蹄类减少、人兽冲突激化等一系列问题，尤其是在四川，雪豹主要的栖息地在岷山山系、邛崃山系和凉山山系，这个区域恰恰是少数民族聚集生活区域，少数民族同胞为了脱贫致富面

临的保护和发展之间的矛盾更加突出，据2018年雪豹保护网络发布的报告，四川区域的雪豹面临的由人口增长与贫困问题引发的威胁在全国来说尤为突出。再次，流浪狗容易袭击雪豹及其猎物，自由放养、无主流浪狗及野狗，繁殖力旺盛、适应能力强。如果没有妥善管理，当狗进入野地、与野生动物的接触逐渐增多，它们可能成为捕食者、猎物以及资源竞争者。又次，虫草采挖对雪豹生存造成干扰，在虫草产区，虫草采挖季节大量外来人员聚集雪豹栖息地。除了直接干扰雪豹及其猎物种群外，外来人员还可能盗猎野生动物。最后，交通、矿产与水电开发项目容易对雪豹栖息地造成破坏，在雪豹分布区，基础设施建设普遍加快，尤其在印度、中国、俄罗斯和哈萨克斯坦等经济高速发展的国家。在新疆，一些大型交通建设项目阻隔雪豹栖息地，干扰效应明显。

表1　中国部分省份雪豹面临的威胁分析

单位：%

威胁类别1—个体面临的威胁	青海	西藏	四川	新疆	甘肃	全国
报复性猎杀	4.7	3	6.5	6	6.3	26.4
非法贸易导致的盗猎	5.0	0	3.5	5	9.0	22.5
动物园和博物馆的活体收集	1.0	0	0	1	1.8	3.8
针对其他物种下毒、下套等导致的误杀	4.7	0	5.0	5	12.3	26.9
雪豹疾病	3.0	0	3.0	3	4.5	13.5
威胁类别2—栖息地退化或丧失	青海	成都	四川	新疆	甘肃	全国
栖息地退化	6.7	4	7.0	6.5	10.8	34.9
栖息地破碎化	8.0	3	8.5	6.0	14.8	40.3
盗猎和误杀导致的猎物种群减少	4.3	0	8.0	7.5	9.5	29.3
家畜竞争导致的猎物种群减少	5.3	5	10.0	7.0	11.3	38.6
疾病导致的猎物种群减少	3.0	0	3.0	12.0	5.5	23.5
威胁类别3—政策与认知相关威胁	青海	成都	四川	新疆	甘肃	全国
政策不当	7.0	0	7.0	8.5	8.3	30.8
政策实施不力	7.7	0	9.0	10.0	8.0	34.7
缺乏跨境合作	0.7	0	11.0	13.5	0.8	25.9
基层保护部门能力不足	9.3	6	13.5	13.5	11.5	53.8
当地社区认知缺乏	7.0	4	7.5	10.5	5.8	34.8

续表

威胁类别4—潜在威胁	青海	成都	四川	新疆	甘肃	全国
气候变化	7.3	8	6.0	10.0	6.5	37.8
人口增长和贫困	7.3	4	13.5	7.0	5.5	37.3
流浪狗袭击雪豹及其猎物	8.3	3	5.0	1.5	4.3	22.1
虫草采挖造成的干扰	4.7	0	7.0	0	2.0	13.7
大规模发展项目	3.3	3	6.0	7.0	11.0	30.3
矿产与水电开发造成的影响	6.3	1	4.5	5.0	13.0	29.8

资料来源：《中国雪豹调查与保护报告2018》。

（三）已开展的雪豹保护行动

1. 科学研究

《聚焦中国雪豹保护》（A Spot Light on Snow Leopard Conservation in China）[①] 回顾了1980～2014年中国雪豹保护领域的相关文献。最早的雪豹研究文献来自廖炎发[②]及乔治·夏勒等[③]，覆盖了新疆、青海和甘肃的多处雪豹栖息地。19世纪90年代直到2000年，都没有以雪豹为主要研究对象的文献。2000～2014年出现了相关文献，其中21篇主要分析了雪豹的栖息地利用、数量和分布情况，6篇关注人与雪豹的冲突或猎物，王彦等比较了中外学者对雪豹的研究成果。2014年前，没有评价雪豹保护政策的文章。

2015～2018年，雪豹相关研究文献的数量急剧上升，占全部发表量的42%。这些研究多数是关于雪豹的栖息地利用、数量和分布情况（21篇），有5篇研究涉及人与雪豹的冲突，3篇有关遗传学，1篇有关猎物，1篇有关非法野生动物贸易，1篇有关气候变化。此外，还有2篇有关雪豹研究的综述性文章，总结中国的雪豹保护情况。针对内蒙古的雪豹，尚未找到任何

① Alexander J. S., Zhang C., Shi K., Riordan P., "A Spot Light on Snow Leopard Conservation in China," *Integrative Zoology* 2016b (11).

② 廖炎发：《青海雪豹地理分布的初步调查》，《兽类学报》1985年第3期。

③ George B. Schaller, Li Hong, Talipu, Ren Junrang and Qiu Mingjiang, "The Snow Leopard in Xinjiang, China," *Oryx* 1988a (22).

具体研究。2018 年 10 月，北京大学、北京山水自然保护中心等 19 家科研和自然保护机构联合发布《中国雪豹调查与保护报告2018》，总结了自 1980 年以来的研究和保护成果，同时提出了面向未来的五年计划。

2. 在地实践

早在十几年前，中国在有雪豹分布的区域就已经开展了相关调查研究，2004 年，新疆启动雪豹调查，2005 年 10 ~ 12 月，中国科学家首次在新疆天山托木尔峰拍摄到野生雪豹。2005 年，与甘孜州一江之隔的青海省玉树州开展雪豹相关调查。相比于临近有雪豹分布的省份，2014 年 10 月，由四川省林业厅、北京山水自然保护中心联合举办了四川省雪豹调查监测培训班，2015 年 2 ~ 3 月，四川有史以来第一次对雪豹进行摸底调查，在甘孜州石渠县洛须保护区发现疑似雪豹啃食留下的岩羊骸骨。调查显示，该区域共发现雪豹粪便、刨坑等痕迹达 43 处。

有雪豹分布的自然保护区也在不断地提高监测水平和反盗猎巡护能力，近年来，相继捕捉和拍摄到有关雪豹活动的照片和视频。2012 年 2 月，贡嘎山保护区第一次在贡嘎山区域成功拍摄到雪豹全身照片和高清录像；2013 年 6 月 16 日，崇州鞍子河自然保护区海拔 3782 米的地方，红外线相机也拍到了雪豹的身影；2013 年，石渠境内的洛须自然保护区拍摄到雪豹出没的照片；2013 ~ 2014 年，在岷山雪宝顶保护区开展了一轮高山专项调查，以寻找雪豹分布证据为主要目标，但是没有发现雪豹；2014 ~ 2016 年，王朗在完成林线下的 10 年重复调查后，开展了一轮高山专项调查，也没有发现雪豹；2014 年 4 月 30 日，大邑县的四川黑水河自然保护区内，首次拍下“雪山之王”正脸照；2019 年 11 月，四川四姑娘山保护区管理局与“西南山地”组成的拍摄团队利用红外触发自动相机在四姑娘山保护区与卧龙保护区交界处的山梁多次拍摄到雪豹的照片与视频；2020 年 11 月，四川省甘孜藏族自治州新龙县开展第三次猫科动物调查，在收回的红外相机里发现了金钱豹、雪豹、猞猁等保护动物的珍贵影像；2020 年 11 月，四川甘孜州理塘县境内的格聂景区首次拍到雪豹活动画面。

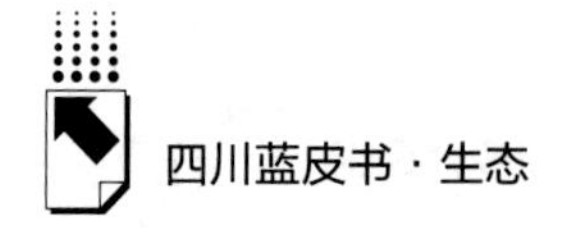

专栏1　近年来四川省雪豹的主要监测记录

2007年10月，石渠县林业干部黄勇在甘孜州石渠县拍摄到雪豹先是趴在水沟边，继而起身，后遭三头牦牛围攻，最后因寡不敌众而离开的视频。该视频拍摄时间正处于周正龙“华南虎”事件社会舆论愈演愈烈之时，四川林业部门的视频鉴定工作在没有对外公开的情况下进行。2008年3月，野生动物保护专家彭基泰在北京召开的国际雪豹生存策略研讨会上，首次展示了该段视频，研讨会上15个国家的上百位专家一致认定它是真实的野生雪豹录像，这是中国第一次在野外拍到的雪豹录像。

2015年11月，石渠县真达乡干部村民救治了一只受伤的雪豹，2017年9月该县再次在真达乡当地一个小隧洞里发现三只雪豹幼崽，两次近距离和雪豹“亲密接触”。2019年11月，四川省石渠县真达乡普马村村民再次救治了受伤的雪豹，两只雪豹因争抢一只岩羊发生争斗，其中一只雪豹较为“年迈”不敌对手被咬伤，争斗中的雪豹因发现护林员们靠近而停止打斗匆匆离去。

四川的邛崃山系自然保护区，尤其是卧龙保护区等，在科研机构支持下，在邛崃山中部合作建成区域性红外相机监测网络。自2009年首次在梯子沟拍摄到雪豹至2019年上半年，十年来卧龙雪豹监测统计，红外相机野外总有效工作日为16884天，共计拍摄各种野生动物影像达22464份，雪豹监测获取资料数达4000余份，野外采集雪豹等食肉动物粪便达200多份，积累了大量保护研究的一手资料。2019年10月23日，国际雪豹日，四川卧龙国家级自然保护区管理局发布十年来雪豹监测统计工作报告，监测数据显示，保护区8片雪豹栖息地200多平方公里的范围内，近百台红外线相机，共获取影像数据1072份、视频约2980秒，雪豹有效探测次数为286次。2019年12月，雪豹现身卧龙大熊猫栖息地，这是全球范围内首次确认雪豹出没大熊猫栖息地。

3. 保护政策

随着2013年《比什凯克宣言》的签署和“全球雪豹及其生态系统保护计划”的启动，有雪豹分布的国家开始集中优势力量开展雪豹保护工作。

2013 年，国家林业和草原局委托北京林业大学制定了《中国雪豹保护行动计划（内部审议稿）》；2020 年 10 月，青海省林业和草原局与中国林业科学研究院森林生态环境与保护研究所联合编制完成了《青海雪豹保护规划（2021—2030）》，而甘肃省的雪豹保护规划由世界自然基金会（WWF）协助制定。在地方层面，2014 年 5 月，玉树州杂多县委托北京山水自然保护中心在完成了全县 20% 的抽样面积调查的基础上，制定了县级雪豹保护规划。2016 年 8 月，中共杂多县委才旦周书记在昂赛通过视频连线向习近平总书记汇报了昂赛的国家公园试点工作，并着重介绍了当地雪豹研究和保护进展，得到总书记的肯定和赞许。

四川省在雪豹保护工作方面制定了比较完善的政策法规，早在 2004 年，由四川省人民政府第 89 次常务会议审议通过，四川省环境保护厅、四川省林业厅授权发布《四川省生物多样性保护战略与行动计划》，雪豹被确立为主要保护对象。2011 年 12 月，经四川省政府常务会审议通过《四川省生物多样性保护战略与行动计划（2011—2020 年）》，省环境保护厅、省林业厅等联合通报行动计划，雪豹被确立为优先保护对象。2017 年 4 月，《四川省“十三五”生态保护与建设规划》发布，确定通过采取建设保护小区、改良生境、人工驯养繁殖等措施对雪豹实施抢救性保护。2020 年 6 月，大熊猫国家公园四川省管理局召开雪豹调查技术规程和雪豹保护行动计划专家咨询会，专家成员对四川省大熊猫科学研究院组织编写的《四川省雪豹调查技术规程》和《四川省雪豹保护行动计划》进行了咨询建议。

4. 公众认知

（1）自然教育

在三江源国家公园内的昂赛管护站，北京山水自然保护中心与国家公园管理局合作，基于红外相机监测以及人兽冲突的审核数据，开发了雪豹自然体验产品。通过特许经营权的运作，培训了 23 户当地牧民接待家庭，设计了 5 条雪豹自然体验路线。2019 年 10 月，西宁当地 45 名幼儿园小朋友及其家长参与了青藏高原野生动物园雪豹科普游园主题亲子活动。2020 年 6 月，青海省林业和草原局、祁连山国家公园青海省管理局主办的“祁连山国家

公园（海西片区）自然教育实践课堂”在德令哈市启动，其中涉及雪豹等野生动物监测保护情况的介绍。

（2）宣传教育

2018 年 6 月卧龙自然保护区与中央电视台科教频道联合摄制的纪录片《雪豹小分队》获评 2018 年度创优评析“十大纪录片”。

三　大熊猫—雪豹双旗舰物种保护战略

大熊猫和雪豹在四川的栖息地有重合的部分，两种旗舰物种之间有着天然的联系，生活在同一个生存空间，面临着相似的生存环境和自然条件，两者之间的生存密切相关、不可分割，绝不能孤立地、僵硬死板地看待两者之间的生存关系及保护工作，实施大熊猫—雪豹双旗舰物种保护战略是在习近平生态文明思想指导下，结合四川本地实际作出的尊重自然、顺应自然、保护自然的切实选择。

（一）大熊猫与人和谐共生的保护理念

大熊猫保护工作所产生的“伞护效应”对生存在同区域环境的野生动植物来说重要性不言而喻，甚至对整个生态系统来说不可或缺，然而对大熊猫保护的投入不单单是对生态环境产生正外部性，更是一种“风向标”“晴雨表”，在某种程度上直接体现了人类与自然界之间的关系，对大熊猫及其栖息地的有效保护未必一定促进人类生存环境的改善，但对以大熊猫为代表的珍稀野生动物及其栖息地的保护程度下降势必预示着人类将遭受自然界的惩罚。因此，以大熊猫与人和谐共生为战略指导不单单是贯彻落实、努力践行习近平生态文明思想的要求，更是从大熊猫栖息地环境与人类生存环境之间的辩证关系的现实考量出发的。

2018 年世界自然基金会中国办公室以大熊猫与人共生为主题，提出了未来 10 年的大熊猫保护战略，在大熊猫与人共生的保护战略指引下，其制定所要实现的目标如下。

目标1：应对大熊猫国家公园区域和大熊猫国家公园以外的自然保护地，在机构重组、管理规划和技术指南编制等方面贡献力量。其中在国家公园的范围以内，强调为管理部门提供规划、评估、指南方面的工作，在国家公园范围以外则主要是支持自然保护区联盟的发展。

目标2：在乡村振兴战略的背景下，遵循人与自然和谐共生的理念，以社区为主导力量来开展大熊猫保护和自然资源可持续利用尤其是大熊猫友好型农林产品认证工作，在社区的范围内为实现共生做好准备。

目标3：建立以探索大熊猫与人的和谐共生保护新范式为目标的基金，引导企业履行社会责任，加强和提升青少年的环境教育与自然体验，凝聚各界力量共同构建新保护范式研发平台，借此增加绿色金融在生物多样性保护工作中的贡献。

（二）雪豹及其栖息地社会化保护的战略构思

雪豹生存在高海拔地区，严峻的自然条件加之广阔的栖息地，决定了任何单独的保护主体都难以将自身保护力量的触角延伸至雪豹栖息地的角落末梢，如何调动社会力量共同参与其中至关重要，从长远来讲，如何建立一个多方参与、良性互动、各尽所能的多元一体的体制机制更是重中之重。“雪豹及其栖息地社会化保护战略”凸显社会化保护的作用，充分动员和整合政府、企业、环保组织、牧民、学者及公众等的力量，在政府的主导下，有效缓解雪豹调查和保护资源的不足，充分发挥政府部门的引领带动作用，为全国雪豹有效保护策略制定打下坚实的基础。在政府、企业、科研机构参与其中的同时，社会公众的力量不可或缺，提高公众的保护意识和参与度是最具有长远意义和战略性的，当公众力量独立成为一支具有社会影响力的隐性力量之时，其在必要之时发挥出来的显性力量对保护工作的影响也是最长久、最有力、最迅速的。

在“雪豹及其栖息地社会化保护战略”指引下，世界自然基金会已经联合多个民间组织、保护地和科研院所，在政府的支持下，共同建立了中国雪豹保护网络，旨在通过线上线下交流、技术培训以及论坛等方式，促进中国雪豹研究与保护领域的交流，并通过成员间互相支持、协同行动，推动中国雪豹研究和保护事业的发展。

（三）四川省实施大熊猫—雪豹双旗舰物种保护战略的现实考量和理论相契合

四川省实施大熊猫—雪豹双旗舰物种保护相对于其他单独分布有大熊猫或者雪豹的地方而言更有必要性和可操作性。首先，四川大熊猫和雪豹栖息地有相当一部分是重合的，例如，作为大熊猫主要栖息地的岷山山系和邛崃山系同时也是雪豹的主要栖息地，尽管雪豹是分布在高山雪域的野生动物，而大熊猫生活在海拔相对较低的区域，但两者生存空间的划分并非泾渭分明，相反在不同的地区和季节有所重叠，这就为实施双旗舰保护战略提供了现实依据和可能。其次，大熊猫和雪豹是当地同一生态系统中休戚与共、生存命运联系紧密的重要物种，也是整个生态链条中不可或缺的一环，雪豹作为高海拔地区食物链顶端的食肉动物，其生存状况也间接地反映了当地生态系统的好坏，起到“晴雨表”“温度计”的作用，大熊猫在整个生态系统中的作用更是不可或缺，总之，两者对整个生态系统的不管是直接作用还是间接作用都是其他动物不能替代的。如果雪豹的生存环境恶化可能驱使其向低海拔地区迁移，这就不可避免导致雪豹和相对低海拔地区同类食肉生物的生存竞争，也会导致大熊猫生存环境恶化，为此，四川省有必要在同时分布有大熊猫和雪豹的区域采取协同保护策略。最后，四川省实施双旗舰物种保护战略有利于将在大熊猫保护工作中积累的可贵经验、科研力量嫁接到雪豹保护工作中，四川省作为大熊猫保护工作的领头羊，积累了先进的经验，而且无论是自然科学领域的监测巡护技术还是社会科学领域的政策分析等都能与雪豹保护工作相衔接。

在具体的实践过程中，四川省率先在大熊猫—雪豹双旗舰物种保护联盟与合作工作中取得突破，并获得一定的阶段性成果。例如，2017 年 11 月由四川省林业厅牵头、卧龙保护区承办在都江堰召开“首届横断山雪豹保护行动研讨会”，与会专家们以联合署名的方式，发表《卧龙雪豹宣言》。

2020 年 6 月，野生大熊猫及雪豹栖息地有效保护经验交流会在卧龙召开。与此同时，2020 年 10 月 23 日是第八个“世界雪豹日”，青海省林业和草原局、三江源国家公园管理局、祁连山国家公园青海省管理局共同发起成立青藏高原雪豹保护联盟。2020 年 10 月，中国西部大熊猫与雪豹双旗舰保护联盟在成都成立，四川省林业和草原局、甘肃省林业和草原局还分别与 WWF 签署了未来 5 年战略合作框架协议。

四　实施大熊猫—雪豹双旗舰物种保护战略的重要意义

（一）雪豹与大熊猫都具有旗舰物种潜质，生态系统与地域分布具有互补性

1. 大熊猫

首先，大熊猫作为全球珍稀物种，为中国特有，在全世界范围内绝无仅有，被认为是世界生物多样性保护的旗舰物种。其次，大熊猫作为“活化石”本身就具有一定的科研价值。最后，大熊猫的形态特征深受全世界人民的喜爱，其令人易于接受的面貌特征自带“推广效应”，而四川作为大熊猫的故乡也受益于其产生的“名片效应”。

2. 雪豹

人们对于猫科动物有天然的亲近感或敬畏感，总体来看对其的喜欢程度甚至高于熊科动物。在猫科的众多动物中，一方面雪豹与高海拔的雪山在文化符号上具有紧密联系，具有神秘感和令人崇敬；另一方面种群遗传学研究发现，雪豹的遗传多样性和由此推测的种群数量自古以来就远低于其他大猫。雪豹数量相对稀少，珍稀程度较高，从物种本身而言，具有成为旗舰物种的潜质。

中国境内大型猫科动物比较少，狮子与华南虎在野外的踪迹难以寻找，东北虎与孟加拉虎虽然有发现记录但不是其主要分布区。全球 60% 的雪豹

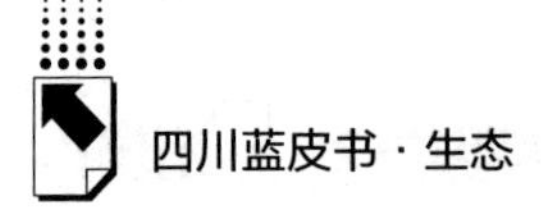

栖息地位于中国。由于栖息地地处偏远，加之近20年来我国生态保护力度逐渐加强，针对雪豹这种大猫的保护最有希望成为继大熊猫之后中国自然保护的又一成功范例。

3. 大熊猫与雪豹的互补性

大熊猫主要分布在四川西部和陕西与甘肃南部的温带森林中，海拔通常为2000～3300米；而雪豹则主要分布在青海、西藏、新疆等广大的西部高山流石滩或高山草甸生态系统，海拔通常在4000米以上。

可以看出，大熊猫与雪豹在分布区域上一方面紧密相连甚至相互重叠，如在距成都市中心车行距离不足100公里的卧龙、鞍子河和黑水河等自然保护区，大熊猫与雪豹分别是高海拔与中海拔地段的明星物种；另一方面，从中国西部的地理尺度来看，大熊猫与雪豹两个物种的栖息地几乎包含了整个中国西部主要山系和生物多样性关键区域。

（二）雪豹保护水平相当于中早期大熊猫保护水平，大熊猫保护经验对其具有重要的借鉴意义

首先，从科学研究看，科学家对雪豹的分布研究仅仅确定为某一相对广阔区域，对其具体分布区域以及种群数量还未形成科学、系统、准确的科研报告，另外，在雪豹生态学领域缺乏深入研究。雪豹保护水平仅相当于70年代末期的大熊猫保护水平，当时刚刚开展了第一次全国大熊猫调查，对大熊猫的分布状况有粗略的了解，但是基于圈养种群积累的知识，缺乏对野生大熊猫的深入了解。

其次，从在地实践看，现有的自然保护区体系覆盖了面积相当大的雪豹栖息地，但仍然有重要的雪豹分布区没有被纳入自然保护区体系，重要的雪豹基因交流廊道没有被识别，圈养雪豹的放归尚未进入操作层面，专门基于雪豹的社区发展项目也鲜有成功案例，相当于90年代末的大熊猫保护水平。

再次，从保护政策看，尚未有专门针对雪豹的保护政策出台，雪豹保护更多的是依托更加宏观的保护政策，如构建以国家公园为主体的自然保

护地体系。虽然目前国家林业和草原局正在组织编制全国性的雪豹保护规划，但离真正实施还有较多的程序需要履行，相当于80年代初的大熊猫保护水平。

最后，从公众认知看，社会公众对于雪豹的认知程度在中国的大猫中虽然高于华北豹、云豹等，但显著低于华南虎、东北虎，相当于60年代的大熊猫保护水平。

综合以上分析，雪豹保护水平相当于80年代初的大熊猫保护水平。大熊猫保护工作积累的经验，可以供雪豹保护工作借鉴。

五　双旗舰物种保护战略下对雪豹保护工作的建议

基于上述大熊猫保护工作积累的经验，在双旗舰物种保护战略下，应该积极推广和应用大熊猫保护经验。

（一）以精准掌握种群动态变化为切入点，成为应用性科学研究领域领军者

精准掌握大熊猫和雪豹种群动态变化是双旗舰物种保护中最核心和最基本的，可谓物种保护皇冠上的“明珠”，也是大熊猫保护“1+3”经验的“1”。未来四川省要在大熊猫与雪豹保护领域保持先进性，就必须在大熊猫与雪豹资源调查和生态监测领域成为领军者；将科学研究成果转化为在地实践，编制管理计划并促进自然保护地建立；将先进的保护理念和保护模式引入其中，促进保护区的管理体系更加科学合理；通过上述的基础工作推动保护政策和体制的创新，提升公众的参与度等，形成多方参与的新格局。

值得注意的是，目前大熊猫与雪豹资源调查和日常监测的领先科研机构与人员往往都是同一个团队，如北京大学、西华师范大学、四川省大熊猫研究院等，如果四川省林草部门能够统筹协调大熊猫、雪豹科研力量，整合优化相关配套资源，兼顾两个区域的应用性科学研究，有利于把大熊猫保护工作的相关经验更好地推广应用到雪豹保护工作中。

（二）持续推动三大成熟的保护品牌在地实践，有机融合四个驱动力

大熊猫友好型产品认证、生态廊道建设和自然保护区管理有效性评价是大熊猫保护“1+3”经验的“3”，这是政府主管部门、保护区管理部门、NGO、社区、科研机构等相关保护主体在长期的大熊猫保护工作中相互磨合、探索出的切实符合大熊猫保护工作自然规律、社会规律和市场规律的可操作性思路。无论是大熊猫保护还是雪豹保护以及其他物种保护，这都是能够针对存在的问题迅速采取的具有相关性和针对性的手段。

这三大品牌虽然通过在地实践的不断磨合已经相当成熟，但在双旗舰物种保护策略实施中，应与科学研究开展、保护政策制订和公众认知提升更加紧密地融合，如提升大熊猫友好型产品认证的科技含量（与科学研究结合）、加强关于自然保护区管理有效性评价结果对社会公众的宣传（与公众认知结合）、呼吁出台生态廊道建设配套政策（保护政策）等。

（三）提高农牧民的保护意识和参与积极性，建立双旗舰物种保护和农牧民的利益联结机制

四川省农牧民的生产生活区域在不同程度上与大熊猫、雪豹等珍稀野生动物栖息地相重叠，如王朗国家级自然保护区既是大熊猫等珍稀野生动物的重要栖息地，又是生活在其周边的白马藏族同胞自古以来赖以生存的“资源宝库”，白马藏族把狩猎、放牧作为主要的生活资料来源，在藏语中王朗的本意为“放牧的地方”，两者是一种休戚相关、相互依存的关系。由此可见，如何提高与大熊猫、雪豹生存密切相关的栖息地周边农牧民的保护意识和参与积极性就成为保护区不可或缺、重中之重的工作。此外，人兽冲突在具体的保护工作中是较为棘手的、难以有效杜绝的一个长期问题，尤其是雪豹偷袭牧民的家畜，牧民出于报复会对雪豹进行猎杀，一方面，政府部门、保护组织等外部支持力量可以给农牧民提供资金用于家畜围栏的加高加固工作等，依照国际惯例建立专门的“绿色赔偿”机制，对家畜受雪豹袭击的

农牧民进行赔偿；另一方面，在已经或者准备开展的自然体验、旅游活动中，培训当地农牧民作为向导带领游客游览自然风光、循迹野生动物足迹等，增加其收入，发展壮大农牧民的替代生计产业，建立农牧民与保护工作各参与主体之间的利益联结机制。

大熊猫、雪豹栖息地周边居民的保护意识提高之后，可以将威胁因素转化为有利因素，缓解保护区周边居民与保护对象的冲突，同时，可以以此作为突破口和撬动点带动提高整个社会公众的认知，进而以社会公众认知的力量推动相关保护政策、保护力量资源的投入。

（四）加强反盗猎执法力度，开展非法贸易源头治理，限制动物园等人工饲养需求

不言而喻，非法偷猎将会直接影响并危及整个雪豹种群的长期稳定发展，有关资料显示，20 世纪七八十年代，青海仅报道的偷猎的雪豹数量就达 60 只。1972～1984 年，青海省天峻县 12 名矿工，共偷猎雪豹 28 只。1983 年春，青海都兰县少数民族 8 人，2～5 月偷猎了 19 只雪豹。1990 年，青海省湟中县 5 位农民用 45 套铁踩夹，捕猎雪豹 14 只。[①] 雪豹骨可以代替虎骨入药，雪豹皮毛本身也是价值不菲的裘皮制品，偷猎者往往在巨大的金钱利益诱惑下从事违法活动。这些公开报道的偷猎活动或许只不过是整个违法偷猎活动的冰山一角，即便近些年的执法保护力度有所强化，但仍需进一步加大反盗猎执法力度，从源头上杜绝非法贸易活动。此外，通过多途径、多手段的宣传活动，提高公众认知水平和保护意识，推动政府相关立法工作，出台相应保护政策。

不可否认的是，动物园从野外捕获雪豹的需求对雪豹种群数量下降的影响也不可忽视。1968～1984 年，仅西宁市动物园在青海 5 州 11 县就收购雪豹 73 只。1982～1984 年西宁动物园从天峻县疏勒硫磺前后沟收购到的 21 只雪豹，多数是成体。然而，很少见到在动物园中成功繁殖的统计报道，但

---

① 《我们怎样保护那些濒危的雪豹》，中国历史网，2020 年 5 月 14 日。

可以肯定，繁殖的数量远远少于野外捕得的数量。[①] 雪豹作为高海拔地区生态系统的食物链顶级物种，本身就有一种神秘性，动物园等饲养机构对其的需求也是高于其他同类物种的，在一定程度上限制动物园的需求，保持雪豹种群的完整性，是雪豹保护工作的重要内容。

（五）创新保护体制机制，建立跨行政区域、跨物种的协同保护机制

目前，四川省建立的以大熊猫、雪豹等珍稀野生动物为保护对象的自然保护区主要是按照传统的行政编制模式进行管理的，受到行政区划和“属地原则”的影响，各跨行政区域的保护区管理单位往往缺乏沟通协调和统一安排，这使得原本属于整体性、连续性、呈自然状态分布的野生动物栖息地被行政区划和保护区区划人为地割裂开来，加之保护区管理单位管理能力、资金、人员配置等的不均衡，导致已经被行政区划割裂的大熊猫、雪豹栖息地再次因保护力量的分配不均而出现质量分化。尽管出现了民间自发组织和由社会力量推动形成的跨区域联合保护组织，如以凉山山系为主要区域构建的“梁山联盟”，但尚未构建深入的、联系紧密的、互相促进的联合保护机制。这就需要创新保护体制机制，大熊猫国家公园体制的建立在很大程度上缓解了上述难题，如果在作为大熊猫、雪豹重要栖息地的凉山山系构建一个跨区域、跨物种的新型自然保护地，势必对双旗舰物种协同保护产生有利影响。

参考文献

苑坚、李姝莛：《大熊猫将回归自然》，《侨园》2003 年第 3 期。

杨渺、肖燚、欧阳志云、叶宏、邓懋涛、艾蕾：《四川省生态系统生产总值（GEP）的调节服务价值核算》，《西南民族大学学报》（自然科学版）2019 年第 3 期。

尹鸿伟：《逐步成熟的大熊猫保护工程》，《中国社会导刊》2005 年第 15 期。

---

① 《我们怎样保护那些濒危的雪豹》，中国历史网，2020 年 5 月 14 日。

B.4

连接自然保护地之间的生态廊道建设

——以大熊猫国家公园黄土梁生态廊道为例

杨佳慧　蒋仕伟*

摘　要： 自然保护地是提高生态服务功能、维护自然生态系统健康稳定的核心载体。生态廊道对保护生物多样性、交换基因以及动物的迁徙和流动而言有重大意义，是自然保护地中非常重要的一个部分。《大熊猫国家公园总体规划》中黄土梁生态廊道位列需要建设的14个生态廊道之首，是明确需要建设的生态廊道，为孤立种群的熊猫提供自由迁徙和基因交流的“桥梁”。黄土梁生态廊道连接四川岷山片区和甘肃白水江片区，涉及跨地区多部门交叉管理，生态廊道建设和共同治理的工作面临着诸多挑战。如何在保护中谋求发展以及如何协同治理，成为黄土梁生态廊道建设中亟待解决的两个问题。本报告以“保护优先，协同治理”为指导思想，在修复黄土梁生态廊道的工作中充分调动各个方面力量，积极建立共管机制，开展了一系列推动黄土梁廊道建设和相关保护工作。

关键词： 黄土梁生态廊道　大熊猫国家公园　协同治理

* 杨佳慧，四川省社会科学院农村发展研究所研究生，主要研究方向为生态经济；蒋仕伟，四川省平武县林业局党委委员、副局长及工程师，主要研究方向为生物多样性保护、社区发展、生态旅游、自然教育。

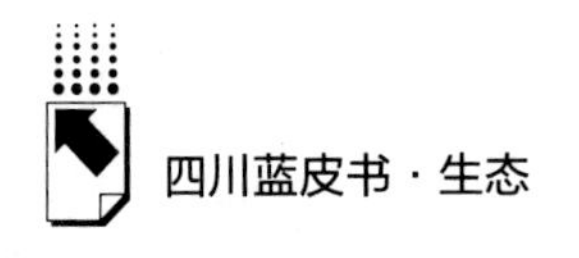

一　生态廊道概况

（一）生态廊道的概念

生态廊道是指具有保护生物多样性、过滤污染物、防止水土流失、防风固沙、调控洪水等生态功能的廊道类型，主要由植被、水体等生态性结构要素构成。生态廊道为物种在不同栖息地之间迁移提供场所，对自然界物质、能量和基因的流动意义重大，有利于保护生物多样性，维护区域生态安全。生态廊道能够减轻因城市化加快导致景观破碎化带来的危害，对生物多样性的保护具有十分重要的意义。

（二）生态廊道的基本特征

生态廊道是自然资源保护与发展之间矛盾最集中的区域。从生物多样性保护角度看，廊道内通常分布有大量的珍稀野生动植物，更是野生动物迁徙的关键通道，对于野生动植物尤其是野生动物有效保护而言具有关键的意义。国家在某些生态廊道地带建立了自然保护区、风景名胜区等不同类型的自然保护地，力图予以严格的保护；从基础设施的角度来看，很多生态廊道在历史上也是交通要道，是各种高速公路、铁路等交通设施及其配套的基础设施建设的重点区域。

生态廊道也是自然灾害频发的区域，如洪涝灾害、地震、滑坡、泥石流等。生态廊道往往是人口居住比较稠密的区域。由于交通便利，生态廊道还是不同政府部门、不同领域项目实施的重点区域。由于项目多且相互缺乏协调，生物多样性保护廊道区域情况复杂，管理多头，矛盾突出，焦点集中。

（三）生态廊道对自然保护地的建设意义

大熊猫生态廊道，是大熊猫或其他野生动物季节性、偶然性利用，在两个适宜生境中往返活动的区域。廊道是一座基因交流的“桥梁”，对大熊猫

及其他野生动物的繁衍起着非常重要的连接和交流作用。只有开展大熊猫廊道建设，这些孤立种群才有机会通过廊道这样的“桥梁”自由迁移，并跟其他种群进行基因交流，使种群得以繁衍和存续，这对生物多样性保护而言意义重大。

二　黄土梁生态廊道基本情况

（一）自然地理概况

黄土梁生态廊道北和西北与阿坝州九寨沟县、王朗自然保护区和九寨沟风景区紧紧相邻；西抵阿坝州松潘县，与黄龙风景区隔山相望；东北和东与甘肃省文县、四川省广元市青川县山水相连，有白水江国家级自然保护区、唐家河国家级自然保护区；南和西南与平武县古城镇、水晶镇接壤。黄土梁生态廊道属高山峡谷地貌，海拔高度为1100～3500米，坡度为25°～40°，有国家Ⅰ、Ⅱ级重点保护植物25种以上。生态廊道内海拔由低到高，土壤以山地棕壤、山地暗棕壤和山地黄壤土为主，土层较深厚肥沃，土壤呈微酸性反应。

生态廊道内主要有三条河流：火溪河、白马河以及汤加河。火溪河全长119公里，自王朗自然保护区沟尾雪山之巅发源，向东南纵贯整个生态廊道。白马河流域属于白水江自然保护区，发源地是海拔3543米的石垭子梁，位于甘肃省陇南市文县城西三公里处的铁楼藏族乡境内，白马河从全乡穿境而过，流程29.5公里。由于地势西高东低，气候差异很大，白马河流域附近的山体植被茂密，遍布大熊猫的主食箭竹，适宜大熊猫栖居繁衍，熊猫在此出没频繁，白马河上游建有邱家坝大熊猫饲养场。生态廊道九寨沟县一侧是汤加河，为白水江支流，于双河镇汇入白水江，流经位于九寨沟县县城正南边界勿角乡、西边马家乡和北面双河乡，与甘肃省陇南市文县交界，终年水量充沛。

（二）大熊猫及其栖息地分布

四川省第三次、第四次大熊猫普查和近期的监测结果表明，黄土梁生态廊道及周边区域大熊猫数量在 84 只以上。该生态廊道连接着大熊猫岷山北部东、西两部分栖息地，是多达 530 余只的岷山山系和摩天岭大熊猫种群的栖息地的关键连接地带，同时也是其他珍稀动物的关键廊道。

黄土梁生态廊道作为岷山地区 5 个优先工作区域之一，目前被确定为四川省开展廊道有效管理示范的廊道之一。黄土梁生态廊道被我国大熊猫栖息地保护规划列为关键生态廊道之一，《大熊猫国家公园总体规划》中明确将其列为需要建设的 14 个生态廊道的第一位。

（三）社会经济状况

黄上梁生态廊道涉及四川省平武县、九寨沟县和甘肃省文县共计 3 个县，白马乡、木座乡（平武县）、勿角乡、马家乡（九寨沟县）和铁楼乡（文县）共计 5 个乡。

1. 白马乡

白马藏族乡地处平武县西北边陲、九寨环线东段，夺补河流经全境。全乡土地面积 715 平方公里（含王朗自然保护区）。耕地面积 526.8 亩，林地总面积 70848 亩，乡内植被保持完好，动植物种类繁多。

2. 木座乡

木座乡全乡林地面积 44 万亩，森林覆盖率达 85%。因保护生态环境、促进旅游业发展的客观需要，沿河一带尚处于山清水秀的原始状态。生态旅游业是当地人们主要的收入来源，部分人从事种养殖业。

3. 勿角乡

勿角乡位于九寨沟县东南部，海拔约为 2000 米。乡域范围内森林茂密，动植物资源丰富，如贝母、天麻、虫草、大黄等野生中草药材，以及大熊猫等珍稀动物；勿角大熊猫自然保护区（以下简称“勿角保护区”）、黄土梁杜鹃山景区、甲勿池景区等均位于该乡，旅游资源丰富。勿角乡村民的主要经济活动包括外出务工、中草药种植、养殖和采集等。

4. 马家乡

马家乡位于九寨沟县西南，全乡土地面积 302.7 平方公里，森林覆盖率

在90%以上，系九寨沟县第二大森林管护区。各个行政村的土地资源禀赋差异较大。马家乡产业初步形成规模，包括虹鳟鱼养殖、养蜂、藏香猪养殖、肉牛养殖，以及种植灵芝、白及、猪苓、青脆李、核桃等经济作物。2017年全乡实现国民生产总值1164.17万元，实现全乡农民人均纯收入10267元。

5. 铁楼乡

铁楼乡是位于文县西南部，白马河流域，耕地面积16662亩，人均耕地面积1.57亩。铁楼乡由于自然灾害频繁、经济基础薄弱，曾是文县最贫困的乡之一，在国家大力扶持和白水江自然保护区管理局帮扶下，全乡群众大搞农田水利建设，开展党参、花椒等经营。

（四）黄土梁生态廊道的建设意义

1. 大熊猫及其栖息地保护关键举措

大熊猫生态廊道是大熊猫或其他野生动物季节性、偶然性利用的区域，是可以在两个适宜生境中往返的通道。生态廊道是基因交流的关键“桥梁”，对大熊猫及其他野生动物的繁衍起着非常重要的连接作用。为了大熊猫各隔离种群之间的基因交流和大熊猫种群的发展，可通过大熊猫栖息地植被恢复、改造和补栽大熊猫可食竹等大熊猫生态廊道建设，使这些孤立种群有机会通过生态廊道这样的“桥梁”自由迁移，并跟其他种群进行基因交流，使种群得以繁衍和存续，对生物多样性而言意义重大。

调查研究和多年监测结果表明，黄土梁廊道是连接大熊猫岷山北部东、西两部分栖息地的重要区域带，岷山山系大熊猫种群数量约占全国大熊猫种群总量的35%。保护好这块栖息地有助于大熊猫保护。另外，它也是其他珍稀动物的关键廊道。因此，岷山山系大熊猫及栖息地保护在我国大熊猫总体保护战略中具有不可替代的地位。黄土梁生态廊道建设，对于岷山A种群的保护而言具有重要意义。

2. 大熊猫国家公园建设管理明确要求

党中央、国务院高度重视大熊猫及其栖息地保护，《建立国家公园体制总体方案》《大熊猫国家公园体制试点方案》《关于建立以国家公园为主体的自然保护地体系的指导意见》等文件中都提及大熊猫生态廊道建设。尤其在已经通过专家评审的《大熊猫国家公园总体规划》中专门提到生态廊道建设工程，采取近自然的工程措施，建设栖息地连通廊道和生态廊道，增强栖息地的协调性和完整性，实现隔离种群之间的基因交流，从根本上降低局域小种群的灭绝风险。在该总体规划明确提出建设的 14 个栖息地连通廊道和生态廊道中，黄土梁生态廊道列首位。

3. 人与自然和谐共生试验地

从 20 世纪 90 年代开始实施平武综合保护与发展项目（ICDP）以来，围绕黄土梁区域大熊猫及其栖息地保护，不断引入新的保护理念与技术，围绕创新生态保护体制机制，与当地合作伙伴建立了长期合作关系。2019 年，大熊猫项目开始实施新的物种保护范式，既在大熊猫与人类活动空间日趋重叠且不可避免的情况下，积极响应中国政府有关人与自然和谐共生的号召，探索大熊猫与人类“共享”栖息地而不是简单地“分离”。这种新的保护范式是通过治理而不是最严格的管理，改变了过去“一刀切”的保护政策，灵活性、动态地处理大熊猫与家畜、栖息地交通管制所遇到的问题。黄土梁生态廊道建设为各个合作伙伴一起验证并不断完善新的物种保护范式提供了良好的平台。

三　黄土梁生态廊道建设历史、面临的威胁和机遇

（一）黄土梁生态廊道建设历史

天保工程开展（1998 年）以前，黄土梁生态廊道实际还处于采伐、造林等作业状态。1998 年前后，区域大熊猫活动较少。从 2006 年开始大熊猫在黄土梁至勿角公路的右侧二道坪以上山梁靠平武一侧出现。2007 年，全

国大熊猫平武监测点发现矿子沟、文县沟也开始有大熊猫的偶然活动。2008年，王朗保护区员工又在黄土梁公路左侧的矿子沟发现了大熊猫的活动痕迹，代表着该区域大熊猫活动扩散情况已经发生了较大变化。2009年，首次利用红外相机在黄土梁二道坪上一处伐桩处拍到大熊猫迁移的照片。2012年全国第四次大熊猫调查发现，该区域大熊猫活动已经扩大到黄土梁二道坪以上公路右侧沿山脊多处地方，同时被大熊猫利用的还有文县沟、矿子沟、矿子沟对沟。根据最近几年林发司管护人员在监测与巡护过程中的记载，矿子沟、文县沟及二道坪以上公路右侧靠白水江一侧大熊猫的活动较为频繁，并且部分地段大熊猫的活动时间大为增加。

目前黄土梁生态廊道二道坪以上公路的左侧还鲜有大熊猫活动被发现，该区域竹子较少，可能成为其限制性因素，而公路右侧部分竹子相对来说较多。从更大的连接区域来看，其右侧山脊与白水江保护区相连，由于该区域植被一直保持较好，未经历采伐活动，故一直有大熊猫活动。由于修电站等因素，白马沟大熊猫活动减少，彰腊加沟、梅子沟等处大熊猫活动基本稳定，王朗保护区与勿角保护区等区域大熊猫活动非常频繁。

（二）面临的威胁

1. 自然灾害

箭竹开花、洪灾、地震、泥石流、森林火灾、病虫害等对生态廊道的生物多样性有一定的威胁，虽然相对于海拔更低的区域程度较低，但是2008年地震对黄土梁生态廊道的危害不容小觑。

2. 放牧是大熊猫栖息地内最强烈的干扰因子

放牧是黄土梁生态廊道普遍存在的人为干扰活动，牛、马与大熊猫存在食物竞争关系加之可能存在的牛、马气味对大熊猫的刺激等因素，从近年来的研究来看，牛、马活动较频繁的区域大熊猫基本不再出现。在大熊猫四调中平均样线遇见率为0. 2829个/条，岷山山系放牧活动主要集中在北部区域。

3. 林副产品采集

林副产品采集是大熊猫栖息地及其周边社区原住居民的传统生产方式，是其主要的收入来源，特别是对具有较高经济价值的中药材采集活动的季节性较强，对大熊猫生存的直接影响并不大。

4. 偷猎

黄土梁生态廊道偷猎的强度不大，但还仍对大熊猫的生存构成威胁。2012 年该区域发生金丝猴被套死的案件。

5. 森工企业

薪材是大熊猫栖息地原住居民主要的能源来源。随着经济社会发展和公共服务向边远地区延伸，黄土梁生态廊道的能源结构正在发生改变，原住居民对大熊猫栖息地内柴薪的依赖逐渐减少。

6. 公路、水电设施和矿业

公路、水电和旅游等对大熊猫活动的影响较大。通过对高速路段的取样研究得出，高速公路周边直线距离 3 公里范围内，未记录到任何大熊猫痕迹点，在 6 公里处大熊猫痕迹点数量和密度有所增加，在 14 公里处大熊猫痕迹点数量和密度达到峰值。加强管控尤其是高速与普通公路的协同管控，也可能为保护工作带来新的机遇。大熊猫廊道中，干扰因子的样线遇见率最高的是黄土梁大熊猫廊道，总干扰因子的样线遇见率为 1.75 个/条，廊道内的干扰因子以放牧、交通道路、砍柴为主。

（三）面临的机遇

1. 公路建设带来的机遇

（1）省道 S205

黄土梁公路于 1979 年开通，编号为省道 S205 公路，最初用以运输木材，后因旅游发展而修建的公路，起点为九寨沟，终点为遂宁，其中穿越黄土梁廊道的九环线公路共计 28 公里，包括平武境内 16 公里，九寨沟县境内 12 公里。公路建成后，一方面由于弯多路窄，几乎每天都有交通事故发生；另一方面，游客车辆的大量进出，使得黄土梁地区森林

被人为分割成不同的斑块，造成栖息地的局部破碎化，影响着大熊猫等珍稀野生动物的迁移和基因交流。2009 年以来，借汶川地震灾后重建机遇，绵阳市交通局规划建设黄土梁隧道，并改线 30 公里，原来经过黄土梁廊道的道路在 2013 年后逐渐被废弃，为廊道的建设和功能发挥起到了极大的促进作用。

（2）绵九高速

四川省九寨沟（甘川界）至绵阳公路（以下简称“九绵高速”）经过勿角保护区、王朗保护区，穿越平武县木皮乡小河村附近出大熊猫国家公园，九绵高速公路基本按照现有的 S205 廊道布线，大部分穿越国家公园的传统利用区，部分地下隧道横穿核心区。建设形式主要是桥梁和隧道，熊猫公园内桥隧比达到 95% 以上。《四川省九寨沟（甘川界）至绵阳高速公路建设工程对大熊猫国家公园生态影响评价专题报告》建议九绵公司单独出资对大熊猫黄土梁通道进行栖息地恢复，为大熊猫营造一个更好的栖息和迁移环境，这对于当地的大熊猫保护而言意义重大。

2. 大熊猫国家公园试点带来的机遇

大熊猫国家公园建立试点，不仅有利于实现大熊猫种群稳定繁衍，保持大熊猫栖息地的连通性和完整性，还有利于促进大熊猫伞护物种的生物多样性的整体保护。所带来的机遇有助于解决好跨地区、跨部门的体制性问题，对促进生态保护区中原住居民生产生活方式转变和经济结构转型也有着重要的意义。黄土梁生态廊道是企业和公众参与大熊猫保护和国家公园建设的重点地区，根据大熊猫国家公园建设的相关文件和发展态势，黄土梁生态廊道可建设为大熊猫国家公园最佳保护地。在大熊猫国家公园，黄土梁生态廊道跨四川与甘肃两个省管理局，跨绵阳、阿坝和白水江三个管理分局，秉承国家公园建设的重点是“保护自然生态系统的原真性和完整性”和“解决好跨地区、跨部门的体制性问题”，未来可以三省联合开展的思路来设计和实施工作，从实践和微观上提供国家公园建设的示范。

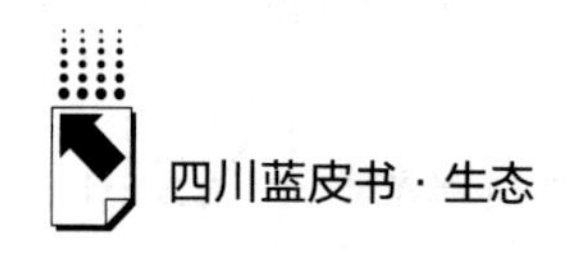

四　黄土梁生态廊道建设策略和优先行动

（一）建设策略

1. 生态廊道建设与多元协同治理

生态廊道建设有狭义与广义两种类型。狭义生态廊道建设主要针对特定的野生动物进行栖息地建设以增加连通性，而广义生态廊道建设需要协调好生态保护与资源利用的关系，处理好动物通道和交通道路"十字交叉"的相互影响，即把野生动物、交通建设与运行管理和社区发展放在一个系统中予以统筹兼顾。系统性地开展生态廊道建设，不仅仅要考虑大熊猫等野生动物基因交流的需要，还要考虑人类通行和道路交通建设的需要，更要充分考虑当地社区生产生活和全面建成小康社会的需要，即处理好多目标和多重利益主体之间的关系，使多元协同治理的理念贯穿整个生态廊道建设的全过程。多元协同治理，本质是通过在处理复杂社会公共事务过程中的相互关系协调，实现共同行动、耦合结构和资源共享，从根本上弥补政府、市场和社会单一主体治理的局限性。良好沟通与协调是多元协同治理取得成功的重要保障。

2. 构建系统化工作体系

以多元协同治理理念为指导，开展生态廊道建设，应该着力解决多元主体之间信息不对称问题，以信息流为切入点，构架生态廊道建设"四步走"活动框架。

（1）第一步：数据收集，开展多方参与的生态廊道生态监测

生态廊道建设首要的工作是数据收集，即对大熊猫及其栖息地展开生态监测。生态监测在生态廊道建设中占据关键地位。对野生动物种群而言，长期的科学监测既有助于及时掌握该种群在时间尺度上的消长起落情况，了解影响种群动态发展的各种生态因素及外来干扰因素，亦有助于评价生态廊道建设的成效和存在的问题，为制定或完善各项具体的保护管理措施提供数据

支撑。数据收集有助于及时掌握野生大熊猫种群在生态廊道的动态分布情况，生态监测数据能够及时跟踪并反映野生大熊猫种群的动态发展过程。及时了解影响种群动态的各种生态因子及外来干扰，在此基础上，通过制定或完善相应的保护管理措施，能够将影响或限制种群发展的各种生态因子的负面效应降至最低。通过加大科技对生态廊道建设的支撑力度，在未来生态监测实施的过程中，为相关部门完善管理措施提供信息支撑。

（2）第二步：数据分析，建立“黄土梁生态廊道生态监测信息平台”

随着黄土梁生态廊道生态监测工作的开展，大量的数据将会产生。在高质量数据收集的基础上，及时、科学和客观地开展分析，持续形成对生态廊道建设管理有用的信息数据，避免造成大量的“数据垃圾”。把来自不同自然保护地管理单元、不同专业技术领域、不同部门机构的数据统一纳入数据库，通过数据库开展定性与定量相结合、融合多学科知识的数据分析，从而迅速地形成分析报告和管理决策信息。通过监测信息数据库的“顶层设计”，为全国的重点生态功能区的数据收集和信息分析一体化作出示范。

（3）第三步：信息交流，加强战略合作伙伴沟通交流

多元与多样化是绿色高质量发展的主要内涵，多元治理的关键是高质量的信息供给和良好的信息披露。不同利益主体之间的冲突成因复杂，除了利益的诉求外，黄土梁生态廊道建设利益相关者多，利益诉求各不相同，分属不同行政区域，很多冲突与矛盾还因利益主体的背景不同而对同一信息的理解有较大的差异。利用大数据，对项目收集的监测信息进行交流，减少因信息不对称问题而造成的交易成本增加，使其成为提升黄土梁生态廊道治理水平的重要推动力。

（4）第四步：建设行动，精准和协同地开展生态廊道建设活动

生态廊道建设活动主要包括三个方面：主动地开展生态修复、主动地减少人为活动威胁、被动地应付可能的突发事件。这都应该建立在高质量的数据收集、客观科学的信息分析和利益相关者的共识的基础上。由于有高质量的数据收集和客观科学的信息分析，生态廊道建设各项行动的开展更加精

准，并找到最关键的短板投入项目资源，提高资源要素的投入产出效益；由于有充分的信息交流，生态廊道建设的各项行动应该更加强调协同性，政府、非政府组织、企业等都可以参与生态廊道建设。生态廊道建设也不再是单一的生物多样性命题，而是形成一种以保护环境为基础的经济绿色可持续发展的方案。

（二）利益相关者

1. 省级及县级政府

大熊猫国家公园建设是跨地区、跨部门、跨层级、跨领域的系统性工程，在黄土梁的建设中，主要省级和县级政府单位的利益相关者有大熊猫国家公园管理局、大熊猫国家公园四川管理局以及平武县林业和草原局。在地理位置上，黄土梁生态廊道横跨四川和甘肃两省，其建设工作与大熊猫国家公园管理局关系密切，一方面建设过程需要大熊猫国家公园管理局予以协调，另一方面建设成效也依赖于大熊猫国家公园“创新体制机制，解决好跨地区、跨部门的体制性问题”。黄土梁生态廊道横跨四川境内绵阳市和阿坝藏族羌族自治州两个地区，四川省管理局的主要职责是协调大熊猫国家公园绵阳分局和阿坝分局的工作。而平武县林业和草原局长期以来是黄土梁生态廊道建设最主要的推动者，尤其在督促王朗保护区和平武县林业发展总公司开展生态监测工作中，在协调平武县白马乡、木座乡等乡政府，以及科研机构、绵九高速和民间组织等外部机构方面，具有不可替代的作用。

2. 企业

在黄土梁生态廊道建设中影响最大的两个企业是四川绵九高速公路有限责任公司（以下简称“绵九高速”）以及平武县林业发展总公司（以下简称“林发司”）。绵九高速是隶属四川交投集团的二级子公司，公司的主要任务是修建绵阳到九寨沟的高速公路。绵九高速对大熊猫国家公园的建设极为重视，除在选线与设计施工过程中严格实施绿色建造外，已经与中国科学院成都生物研究所合作，协助该所完成两栖爬行动物及小型兽类监测、大熊猫等

动物通道可行性研究、生物多样性监测评估三个项目。绵九高速力争为全国高速公路的绿色建造打造样板，黄土梁生态廊道建设正好为实现该目标提供了机遇。林发司是一个有几十年发展历史的中型国有森工企业，是黄土梁生态廊道核心区域，还直接连接着勿角、王朗、唐家河、白水江等自然保护区，其生态地位十分重要。黄土梁生态廊道建设中，林发司实施天然林保护工程。林发司通过设置保护站加强了对区域内野生动物及其栖息地的保护管理，使生态环境逐渐好转、大熊猫栖息地面积逐渐增加。林发司在未来黄土梁生态廊道建设中肩负着生态监测、栖息地修复等任务。

3. 自然保护地

自然保护地有两个重要的自然保护区——王朗国家级自然保护区和白水江国家级自然保护区。王朗保护区隶属于平武县林草局。在整个黄土梁生态廊道区域，拥有技术最强的野外监测队伍，同时与大部分在该区域活跃的科研机构和团队保持了密切的合作关系。王朗保护区将继续充分发挥在生态监测方面的优势，加强对其他保护单元的带动作用。白水江自然保护区是大熊猫分布的重要区域，大熊猫数量最多，占全省野生大熊猫总数的 84.9%。白水江保护区积极配合跨四川与甘肃两省事务。白水江保护区在未来生态廊道建设中需要在监测、社区共管和栖息地恢复等方面开展工作，同时加强与合作伙伴的沟通交流。

4. 科研机构

科研机构是黄土梁生态廊道建设中的技术支撑力量，主要参与者有中国科学院成都生物研究所、四川大学、西华师范大学及四川省社会科学院。各个科研单位根据自身优势成为专长技术领域的牵头单位。中国科学院成都生物研究所在应用分子生物学和 DNA 手段识别大熊猫个体上具有非常强的技术优势，并与绵九高速合作，主要从事两栖爬行动物及小型兽类监测的相关工作，并协助绵九高速施工单位完成生态和动物保护工程的设计与施工。四川大学生命科学学院在大熊猫 DNA 采集的技术上有丰厚的经验，并与绵九高速合作，开展了高速公路沿线关于大中型珍稀兽类和鸟类监测方案的组织和实施。西华师范大学研究团队与中国科学院魏辅文院士保持了密切的合作关系，拥有雄厚的外部技术力量的支持，并与绵九高速合作，先后完成了植物多样性、大熊猫迁徙活动范围以及栖息地恢复的监测等相关工作。四川省社会科学院在社区发展的理论、规划、监测评估上具有技术优势，还参与相关的协调工作，成为规划与政策倡导和社区发展领域的技术牵头单位。

5. 民间组织

参与黄土梁生态廊道建设的 NGO 包括世界自然基金会（WWF）、桃花源生态保护基金会、桃花源生态保护基金会。WWF 是全球享有盛誉的、最大的独立性非政府环境保护组织之一，在充分了解黄土梁大熊猫栖息地的情况下，WWF 进行了车流量和大熊猫的固定监测、红外相机陷阱技术大熊猫调查、联合反偷猎等工作，同时也配合为生态廊道建设提供技术支持。北京山水自然保护中心是一家生物多样性保护民间机构。山水团队利用社区技术优势和关坝自然保护小区的示范性，推动黄土梁生态廊道社区参与发展。桃花源生态保护基金会致力于用科学的手段、商业的手法保护生物多样性和生态环境。桃花源生态保护基金会在黄土梁生态廊道内的木座乡新驿村开展社区保护与可持续发展工作，并且基于对农产品价值提升的经验，积极开展生态廊道建设中的社区工作。

（三）优先活动

1. 制订以宏基因测序方法定量分析生态廊道大熊猫个体差异、食性与活动范围的精准监测技术规程和实施方案

黄土梁生态廊道建设中的一个关键点是“精准”，准确地掌握大熊猫在生态廊道内及临近区域的活动情况，针对性地指导栖息地恢复和调整对人为活动的管控。一是，编制完成《大熊猫国家公园黄土梁生态廊道大熊猫精准监测技术规程》，由熟悉黄土梁生态廊道情况、掌握大熊猫宏基因测序技术的科研机构牵头，通过召开研讨会的形式收集多家机构的意见，形成技术性强、可操作性高的技术规程。二是，编制完成《大熊猫国家公园黄土梁生态廊道大熊猫精准监测实施方案》，并成为未来整个大熊猫国家公园生态监测尤其是生态廊道监测的试点示范。

2. 根据规程和技术方案开展跨行政区域大熊猫精准监测，探索建立长效机制，纳入国家公园管理机构试点

通过大熊猫国家管理机构的统一组织与协调，大熊猫精准监测在试点期以平武县林业发展总公司、王朗保护区、白水江保护区和勿角保护区四个保护机构为监测实施单元开展，尝试根据统一的技术规程和管理要求，组建跨区域的生态监测小组，通过王朗保护区和白水江保护区的技术引领，确保第一线收集的信息质量，也为未来大熊猫国家公园开展跨行政区域保护管理积累经验。在国家公园试点期结束后，大熊猫国家公园新的基层管理架构初步形成，生态廊道的精准监测工作则进行相应的移交，但跨四川和甘肃两个省级管理局以及在四川境内跨阿坝和绵阳两个管理分局依然是长期工作中的重点和亮点。启动大熊猫精准监测试点，对四个保护单元现有生态监测工作进行适当调整，从基层和实践的角度开展生态廊道监测。开发大熊猫精准监测数据库，力争与未来整个大熊猫国家公园的生态监测数据库统一或衔接。组织协调跨区域活动，开展相关监测培训和质量考核工作，不断提升基层保护单元和生态公益岗位人员的业务水平。

3. 定期分析监测信息，召开生态廊道建设管理工作会，动态发布生态廊道相关信息

对于生态监测中收集到的数据应及时予以分析，使其转化为生态廊道建设和管理中的信息。黄土梁生态廊道建设中应该把强化信息管理作为一个重要的突破口，以数据库为抓手，把来自不同区域、不同专业技术领域、不同部门机构的数据统一纳入数据库，通过数据库开展定性与定量相结合的多学科知识分析，从而迅速形成分析报告和管理决策信息。

基于大熊猫精准监测的信息，并结合生态廊道建设管理工作会以及联盟成员各种活动资讯，增强当地社区群众、科研机构以及社会公众的参与积极性。通过“黄土梁生态廊道”微信公众号或 App，运用新媒体手段为生态廊道建设不断培育力量。提升监测数据动态与及时分析能力，定期召开多种形式的黄土梁生态廊道建设管理工作会，设立新媒体平台，动态发布生态廊

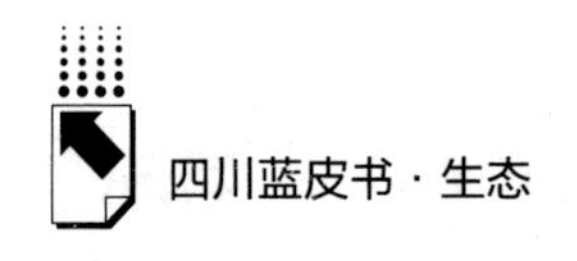

道建设信息，并及时与社区和社会公众互动。

4. 依托国家公园管理机构和企业开展实验性栖息地恢复与改造

开展栖息地恢复工作，设计生态廊道建设技术路线，前期开展的黄土梁生态廊道相关研究成果表明其与理想的大熊猫栖息地相比还存在很大的差距，必须采取的干预措施包括：一是，天然更新的无箭竹林方面，针对这类森林的改造主要分两步进行：第一，对乔木层的密度进行调控，改善林下小环境；第二，栽植箭竹，促使其形成空间结构完整的异层林，以满足栖息地的条件。二是，天然灌木的栽种方面，公路两旁50米范围建立绿廊，栽植乡土树种（如桦木、杨树、云冷杉等）以形成绿廊；清除病腐木并予以无害化处理。在人工林下补植有一定耐遮阴能力的阔叶树和箭竹以增加群落的物种多样性，促进群落结构的快速恢复和多样化。

5. 制订大熊猫友好型交通管控专项实施方案

随着绿色发展理念的普及及其深入社会经济发展各个领域，交通部门在绿色建造与全生命周期管理方面，通过S205改线及绵九高速通车增加了交通管控的可行性。

6. 建立根据大熊猫精准监测动态调整社区资源利用强度新机制

放牧与林副产品采集是整个岷山山系尤其是黄土梁生态廊道大熊猫栖息地面临的主要威胁，实施“大熊猫与人和谐共生”的新策略，最重要的就是探索大熊猫的分布能够与人类经济活动在同一时空内重叠的可行性。在黄土梁生态廊道建设中开展放牧动态管理、可持续采集与大熊猫共生试点。开展社区调查，精准量化社区对生态廊道资源的利用情况，识别试点社区。对黄土梁生态廊道设计的平武县白马乡和木座乡、九寨沟县勿角乡和马家乡、文县铁楼乡开展社会经济调查，重点调查与生态廊道接壤的行政村村民的放牧和林副产品采集情况。识别最关键的自然村，判断开展动态自然资源管理的可行性。在特定的社区，每年调整放牧与林副产品采集目标，由行政村或自然村集体组织社区成员围绕目标实施自然资源利用管理，并由国家公园管理机构进行监督评估。

五 黄土梁生态廊道建设的经验启示

黄土梁生态廊道建设在大熊猫国家公园以及生态保护地的建设中起着非常重要的作用，生态廊道建设前期积累了丰富的经验，建设经验应更深度融入大熊猫国家公园建设，使其成为国家公园管理机构关注、项目倾斜和引以为豪的展示地，把黄土梁生态廊道建设为大熊猫最佳保护地，成为企业和公众参与大熊猫保护和国家公园建设的重点地区，成为“人与自然新共识”的示范点。其管理模式、各个部门之间的协同治理、生态资源的可持续利用模式等都可以作为典型被其他保护地所借鉴。

（一）在管理模式方面

经验教训充分表明，由单一组织如王朗保护区组织其他保护区共同开展建设活动难以持续的重要原因是信息不对称。黄土梁生态廊道多元协同治理体系初步构建，“数据收集—数据分析—信息分享—建设行动”四个步骤的相关活动开展是核心，让不同的利益相关者都参与进来，抓住外部机遇优先开展栖息地恢复的框架性设计和基础性建设。

（二）在协同治理方面

协同治理体系初步建立，是对中共中央所提出的发展理念的积极响应，也是落实国家公园建设指导思想和实施原则的具体体现。成效着重于体制机制建设，如跨区域和跨部门的协作、社会广泛参与、多学科科研成果转化、大熊猫的区域活动规律等。在利益相关方参与的同时，需要把乡政府和村社代表都吸纳进来，注重机制建设，开展跨省级管理局和管理分局联合行动。

（三）对生态资源的可持续性利用方面

前期通过绵九高速绿色建造，运营期通过车辆交通管制来缓解道路与野生动物迁徙通道的冲突，从而在交通上实现人与自然和谐共生、大熊猫与家畜共享栖息地。黄土梁生态廊道可以围绕交通（绵九高速周边区域）、旅游发展和自然体验、养蜂、林副产品等进行特许经营探索。探索集体林地特许经营新机制，“国家所有、政府授权、特许经营”是未来大熊猫国家公园自然资源资产管理的主要模式。同时也与熊猫友好型产品相关联，值得在未来的生态廊道建设中予以进一步探索。尤其是平武县水晶乡南五味子可持续采集的案例充分说明了林副产品可持续采集的可行性，从而在林副产品采集上实现人与自然和谐共生。

生态产品价值实现篇

Value Realization of Ecological Products

B.5
自然保护区生态产品价值实现的评估
——基于四川省平武县5个大熊猫保护区的调研分析

蒋钰滢　刘 德　李晟之*

摘　要：　在生态产品富集的自然保护地开展生态产品价值实现的研究，是生态文明建设领域的重大创新，能为“两山理论”提供价值载体，更好地实现“绿水青山”向“金山银山”的转化。本报告通过借鉴魏辅文在67个大熊猫自然保护区进行的生态产品价值实现计算方法，将研究视角聚焦四川省平武县这一中观区域，对平武县5个大熊猫自然保护区的生态产品价值实现进行核算和对比分析，研究得出各保护区的生态产品价值实现各有特色，差异化十分明显。

* 蒋钰滢，四川省社会科学院硕士研究生，主要研究方向为农村发展；刘德，四川省社会科学院硕士研究生，主要研究方向为发展经济学；李晟之，四川省社会科学院农村发展研究所研究员，主要研究方向为农村生态。

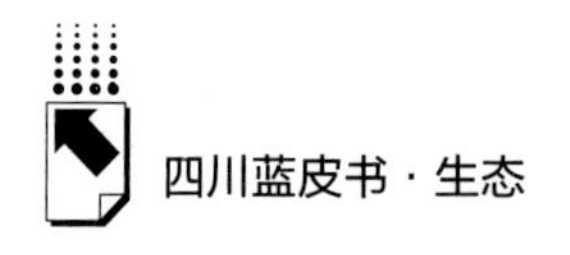

关键词： 生态产品 生态产品价值实现 大熊猫自然保护区

生态产品价值实现是极具中国特色的词语，多次在中共中央和国务院相关文件中被提及，并成为各级政府部门生态建设的重要目标。党的十八大报告提出“要增强生态产品生产能力”，党的十九大报告进一步提出“既要创造更多物质财富和精神财富以满足人民日益增长的美好生活需要，也要提供更多优质生态产品以满足人民日益增长的优美生态环境需要”。习近平总书记从2018年以来两次在公开讲话中提及生态产品价值实现，在生态产品富集的自然保护地开展生态产品价值实现的研究，是生态文明建设领域的重大创新，能够为“两山”理论提供价值载体，更好地实现“绿水青山”向“金山银山”转化。

2010年，大熊猫四调数据显示大熊猫种群数量1864只，栖息地面积达25770平方公里。2016年，世界自然保护联盟（IUCN）濒危物种委员会将大熊猫从“濒危”降为“易危”。这些都表明中国的大熊猫保护工作取得了辉煌的成绩。2017年，大熊猫国家公园开始试点，标志着大熊猫保护进入了新阶段，面临着一些新变化和新挑战。其地跨3省，涉及人口众多，距离人口超千万的特大型城市成都市中心不到60公里，正面临着保护大熊猫和社区发展、人与自然和谐共生的矛盾，面临着如何实现自然保护区生态产品价值的问题。随着大熊猫国家公园逐渐发挥功效，大熊猫保护区管理模式势必在更大的区域发挥作用，但也需要兼顾地方经济发展和乡村振兴的需要。因此，重视大熊猫保护区生态产品价值实现研究，不仅有助于在严格保护的前提下提升保护区对地方发展的贡献，同时也有助于众多的大熊猫自然保护区之间的横向交流与比较学习，凝聚多方力量支持保护区建设，不断提高保护区的管理有效性。

一 生态产品价值计算方法的选择

“生态产品”一词最早出现在2010年国务院印发的《全国主体功能

区规划》中。规划指出“生态产品是指维系生态安全、保障生态调节功能、提供良好人居环境的自然要素，包括清新的空气、清洁的水源和宜人的气候等”。学界对“生态产品”还没有统一的定义，更多地采用“生态系统服务”。在国际上，1970 年联合国大会发布的《人类对全球环境的影响报告》中首次使用生态系统服务功能一词，Daily 等人将生态系统服务定义为：“是指生态系统与生态过程所形成的、维持人类生存的自然环境条件及其效用”[①]。Costanza 等 13 位科学家同年将生态系统的服务功能分为干扰调节、授粉、生物控制、栖息地、基因资源、娱乐、文化等 17 种类型。[②] 2005 年，“联合国千年生态系统评估计划（MA）”组织全球 95 个国家的 1360 名学者通过对地球各类生态系统进行综合和多尺度评估，把生态系统服务分为 4 类：一是直接供给物质的服务，二是调节自然要素的服务，三是提供精神、消遣等方面的文化服务，四是维持地球生命条件的支持服务。

在国内，欧阳志云和谢高地等是较早将生态系统服务引入国内的学者，欧阳志云等尝试从生态系统的服务功能着手，运用影子价格和替代工程等方式计算中国陆地生态系统的间接经济价值。[③] 谢高地等参照 Costanza 等提出的方法，在对草地生态系统服务价格根据其生物量订正的基础上，逐项估计了各类草地生态系统的各项生态系统服务价值，得出中国草地生态系统资源价值。[④] 此后的研究大都集中在运用《人类对全球环境的影响报告》中的框架，针对不同的区域和不同的生态系统开展实证性研究，如魏辅文测算

① Daily, G. C. Eds., *Nature's Service: Societal Dependence on Natural Ecosystems*, Island Press, Washington, 1997.

② Robert Costanza, Ralph d' Arge, Rudolf de Groot, Stephen Farber, Monica Grasso, *The Value of the World's Ecosystem Services and Natural Capital*, Nature: International Weekly Journal of Science, 1997.

③ 欧阳志云、王如松、赵景柱：《生态系统服务功能及其生态经济价值评价》，《应用生态学报》1999 年第 5 期。

④ 谢高地、肖玉、鲁春霞：《生态系统服务研究：进展、局限和基本范式》，《植物生态学报》2006 年第 2 期。

了大熊猫栖息地67个自然保护区2010年的生态服务实现价值，[①] 中科院生态环境研究中心核算了浙江省丽水市的生态系统服务价值，云南大学对昆明市呈贡区生态系统的3大类13项指标进行了核算。在实际应用方面，李潇等以河南省南太行山区为例，探究生态系统服务评价成果在区域山水林田湖草生态保护修复中的应用[②]；刘峥延等针对三江源地区实践了以中央生态补偿和转移支付为主，发展合作社和特许经营高端畜牧业和生态体验为辅的生态产品价值实现模式；[③] 郑博福等基于江西的生态产品价值实现途径研究，提出建立生态产品质量认证体系、市场交易体系、生态资源运营管理平台、绿色金融服务体系、区域生态协作体系、生态信用制度体系六大实现机制。[④] 20世纪90年代以来，国内外学者针对森林生态服务价值开展了大量的研究，但以“大熊猫保护区”为特定研究对象的研究尚不足。

本研究采取魏辅文（2018）对大熊猫及其栖息地的生态系统服务价值进行的定量评估标准，将研究尺度降低到县域这一中观区域，选择“天下大熊猫第一县”平武来计算其5个大熊猫保护区的生态产品价值实现情况，并根据计算结果进行67个保护区与5个保护区之间以及5个保护区之间的对比分析。魏辅文应用的服务价值分为三大类：供给服务价值、调节和维护服务价值、文化服务价值。在计算过程中，将三大功能进行细化，在供给服务部分和文化服务部分进行细化计算，并对魏辅文的指标体系进行了本土化的修改，选择中值作为每项具体服务功能每年每公顷的单位价值功能可能产生的价值，魏辅文计算的三大服务具体情况如表1所示。

---

① Fuwen Wei, Robert Costanza, Qiang Dai, Natalie, “The Value of Ecosystem Services from Giant Panda Reserves,” Current Biology, 2018.

② 李潇、吴克宁、刘亚男、冯喆、谢家麟：《基于生态系统服务的山水林田湖草生态保护修复研究——以南太行地区鹤山区为例》，《生态学报》2019年第23期。

③ 刘峥延、李忠、张庆杰：《三江源国家公园生态产品价值的实现与启示》，《宏观经济管理》2019年第2期。

④ 郑博福、朱锦奇：《“两山”理论在江西的转化通道与生态产品价值实现途径研究》，《老区建设》2020年第20期。

表 1　魏辅文采用的生态系统服务价值计算指标体系

供给服务	中草药利用	0
	放牧	0
	水资源	766.9 元/公顷
调节和维护服务	对空气中有害气体的吸收	167.89 元/公顷
	碳封存	1055.09 元/公顷
	养分循环	726.17 元/公顷
	对水的净化功能	1433.7 元/公顷
	保水和防洪	70.38 元/公顷
	防治土壤侵蚀	65.69 元/公顷
	害虫和疾病	9.04 元/公顷
文化服务	旅游	每个家庭愿意支付:111.04 元
	其他收益	每个家庭收益:9.66 元

根据大熊猫四调数据，2010 年大熊猫保护区内森林面积为 3006349 公顷。根据表 1 得出 2010 年大熊猫及其栖息地生态系统的供给、调节和维护服务价值为 18.99 亿美元。2010 年大熊猫及其栖息地生态系统的文化服务价值分为两种情况：第一种，仅限于服务中国人口和经济合作与发展组织（OECD）成员国来中国旅游人群的文化服务价值为 7.09 亿美元，合计 26 亿美元；第二种，文化服务价值扩大到全球人口，则总价值可达 69 亿美元。而 2010 年对大熊猫保护区的总投入约为 2.55 亿美元，大熊猫保护的产出投入比为 10.2 ~ 27.1。最终得出大熊猫及其栖息地的生态系统服务价值远高于投入成本的结论，具体如表 2 所示。

表 2　大熊猫保护区内每公顷森林的投入及产出价值

项目	投入(元)	产出(元)	产出/投入
在文化服务价值部分仅考虑中国人口和经济合作与发展组织(OECD)成员国来中国旅游人群	576.64	5880.64	10.2
将文化服务价值扩大到全球人口	576.64	15606.68	27.1

魏辅文通过对67个大熊猫保护区生态系统服务价值的计算，得出大熊猫保护区2010年的生态系统服务价值为26亿~69亿美元，是大熊猫保护区投入成本的10~27倍。该研究不仅回答了长期以来公众对大熊猫保护投入与产出的疑问，也充分说明对大熊猫保护的投入是非常值得的，这有利于形成对大熊猫保护工作的正确认知，对大熊猫国家公园的建设及其他自然资本的投向也有重要的指导意义。

二 平武县大熊猫保护区概况

四川省绵阳市平武县位于岷山腹地、四川盆地西北部、青藏高原向四川盆地过渡的东缘地带、长江的二级支流涪江的上游地区，县境总面积5974平方公里。辖6镇14乡，全县共有常住人口175654人。县域内年均气温14.8℃，年降雨量866.5毫米，年均日照时间1376小时，年均无霜期252天。全县森林面积为43万公顷，森林覆盖率为77.46%，空气质量优良率达98.3%。全县有野生植物4100多种、野生动物1900余种，为中国野生大熊猫数量最多的县，被誉为“熊猫故乡”“天下大熊猫第一县”，有野生大熊猫335只，占全省数量的1/4，野生大熊猫栖息地面积为28.83万公顷，超过全省的1/10。此外，平武大熊猫国家公园将县境内5个自然保护区及国有、集体林区纳入大熊猫国家公园体制机制试点，规划总面积达2700平方公里，占县境总面积的45.20%。

平武县是我国自然保护区最多的县，县域面积内有5个大熊猫自然保护区。2019年统计数据显示，全国共有2740个自然保护区、2851个县级行政区，平均一个县级行政区内不足一个自然保护区，平武县已建立王朗、雪宝顶2个国家级自然保护区、小河沟省级自然保护区，余家山、老河沟2个县级保护区，保护区总面积约13万公顷，占全县总面积的25%。5个保护区的基本情况如表3所示。

表 3 平武县 5 个保护区基本情况

单位：只，公顷

保护区	当地大熊猫数量(四调)	保护区面积	保护区森林面积	保护区等级	管理机构性质
王朗国家级自然保护区	28	32297	14727	国家级	事业单位
雪宝顶国家级自然保护区	92	63615	44073	国家级	事业单位
小河沟省级自然保护区	49	28227	25893	省级	事业单位
老河沟省级自然保护区	14	11000	10450	县级	社会组织
余家山县级自然保护区	0	894	893	县级	民办公助

在这样一个生态资源富集的大熊猫第一县平武进行生态产品价值的计算与分析具有重要的理论意义和现实意义，并且极具示范效应。

三 对平武县5个大熊猫保护区生态产品价值实现的计算及分析

（一）平武县大熊猫保护区生态产品理论实现价值

魏辅文（2018）的研究中计算的 67 个大熊猫自然保护区生态系统服务价值是基于在川、甘、陕三省建立的 67 个大熊猫自然保护区，较为宏观，采用的是比较保守的计算方式。在计算供给服务、调节和维护服务价值时，采用的数据多为一般森林地区的供给服务、调节和维护服务价值，而大熊猫保护区的森林植被相对更为优渥，故低估了大熊猫保护区的生态系统服务价值。比如，在计算供给服务价值时，并未计算区域中中草药价值和放牧价值，而这两项经济活动也是保护区周边居民的主要收入来源之一，同时也未考虑养蜂价值，而在大熊猫保护区内养蜂，是当地政府鼓励、老百姓愿意从事且对大熊猫保护区内生物多样性有益的经济活动。

本研究在计算平武县保护区理论生态系统服务价值时所采用的计算标准与魏辅文（2018）计算 67 个保护区整体理论生态系统服务价值时有所

不同。

平武县大熊猫保护区理论生态系统服务价值在结合67个保护区理论值的基础上，参考了雪宝顶保护区的实际情况[①]：①供给功能。水资源理论值，我们参考魏辅文计算的水资源理论值，为766.9元/公顷。中草药利用、放牧和养蜂价值理论值方面，根据大熊猫四调的结果，雪宝顶保护区在开展这些生产活动的同时并未造成保护区内大熊猫数量的减少，因此将雪宝顶保护区作为参考标准，放牧理论值为241.04元/公顷、养蜂理论值为55.84元/公顷、中草药利用理论值为55.84元/公顷。②调节和维护功能。参考魏辅文作为平武计算标准的理论值。③文化功能，可分为两部分，第一部分为魏辅文计算时所考虑的旅游带来的价值收益以及由大熊猫自身影响力所带来的收益，直接参考理论值为11311.66元/公顷；第二部分为保护区内的科研投入，参考雪宝顶保护区的计算标准为37.23元/公顷。

根据魏辅文（2018）的相关研究理论值以及雪宝顶保护区实际生态系统服务值，可以计算出平武县的相关理论值，具体情况如表4所示。

表4　67个保护区与平武5个保护区的服务价值理论值

项目		大熊猫栖息地 67个保护区	平武县 5个保护区
基本情况	总面积(公顷)	3360000	136033
	森林面积(公顷)	3006349	96036
	大熊猫数量(只)	1864	184
供给服务	放牧(元/公顷)	0	241
	养蜂(元/公顷)	0	56
供给服务	中草药利用(元/公顷)	0	56
	水资源(元/公顷)	767	767
	小计(元/公顷)	767	1120

① 大熊猫三调和四调的数据显示，雪宝顶保护区不仅大熊猫数量增加并且是五个保护区中熊猫数量最多的地方。

续表

项目		大熊猫栖息地 67 个保护区	平武县 5 个保护区
调节和维护服务	对空气中有害气体的吸收(元/公顷)	168	168
	碳封存(元/公顷)	1055	1055
	养分循环(元/公顷)	726	726
	控制水道中的淤泥和沉积物(元/公顷)	1434	1434
	保水和防洪(元/公顷)	70	70
	防治土壤侵蚀(元/公顷)	66	66
	害虫和疾病(元/公顷)	9	9
	小计(元/公顷)	3528	3528
文化服务	旅游、其他收益(元/公顷)	11312	11312
	科研投入(元/公顷)	0	37
	小计(元/公顷)	11312	11349

（二）平武县5个保护区实际生态产品价值实现

本报告在魏辅文（2018）研究的 67 个大熊猫自然保护区基础上，将原有的宏观研究范围尺度降低到平武县这一中观区域。研究范围缩小，可以在计算具体服务功能产生的价值时，收集到更为详细的资料，所得数据能够更准确地反映大熊猫保护区生态系统服务价值。

1. 计算标准及方式

本研究根据 67 个大熊猫自然保护区生态系统服务价值计算方法，在计算平武县 5 个大熊猫保护区生态系统服务价值时，也将其分为供给服务、调节和维护服务、文化服务三大类。数据来源主要为调查组于 2010 年采集的保护区相关数据，部分数据为 2020 年补充采集，按照 2% 的折算率折算为 2010 年数据。

计算方式具体如表 5 所示。

表 5　大熊猫生态系统服务价值计算标准及方式

2010	分类	魏辅文(2018)计算方法和数据来源	平武实际生态系统服务价值计算方法	计算平武实际生态系统服务价值的数据来源
供给服务	中草药利用	0*		根据访谈得到数值
	放牧	0	$\frac{3500 \times 放牧的数量}{保护区森林面积}$	根据访谈得到养牛的数量
	养蜂	未提及**	$\frac{960 \times 养蜂盒数}{保护区森林面积}$	根据访谈得到保护区内及周边农户养蜂的盒数
	水资源	对已有文献归纳,取中值:766.9	$\frac{0.19 \times 年发电量}{保护区森林面积}$	根据访谈得到当地电价及每年利用保护区水资源的发电量
			$\frac{180 \times 人口数^{***}}{保护区森林面积}$	每人每月用水 6 立方米,根据访谈得到当地水价及使用保护区水资源的人口数
调节和维护服务	对空气中有害气体的吸收	对已有文献归纳,取中值:167.89	72.45	2010 年天保工程对保护区森林的补偿标准为:4.83 元/亩
	碳封存	对已有文献归纳,取中值:1055.29		
	养分循环	对已有文献归纳,取中值:726.17		
	控制水道中的淤泥和沉积物	对已有文献归纳,取中值:1433.71		
	保水和防洪	对已有文献归纳,取中值:70.38		
	防治土壤侵蚀	对已有文献归纳,取中值:65.69		
	害虫和疾病	对已有文献归纳,取中值:9.04		
文化服务	旅游	20 年取平均值:每个家庭愿意支付 111 元	$\frac{旅游人次 \times 人均消费}{保护区森林面积}$	根据访谈得到 2010 年旅游人次及人均消费数据
	其他收益	20 年取平均值:每个家庭收益 9.66 元	$\frac{科研活动经费}{保护区森林面积}$	根据访谈得到每年在保护区开展科研活动的经费投入数据
投入	保护区投入	调查四川 10 年花费的平均值:583 元/公顷	$\frac{对保护区总投入}{保护区森林面积}$	根据访谈得到每年对保护区投入的数据
	人员工资	20 年平均值,每人每月工资 4360.36 元		

注:“*”魏辅文在计算 67 个保护区的生态系统服务价值时，虽然考虑到中草药利用以及放牧可能带来的价值，但采用了保守估值，将其均考虑为“0”。“**”魏辅文在计算 67 个保护区的生态系统服务价值时，并未考虑到养蜂带来的价值。“***”为使用保护区内水资源的人口数。

在魏辅文（2018）的基础上，根据当地实际情况对计算标准及计算方式进行了调整。

（1）供给服务部分，增加了养蜂产生的收益。根据当地实际情况，计算了中草药利用、放牧、水资源所产生的具体价值。

①中草药利用价值：通过对保护区管理人员的访谈得到具体数值。在大熊猫保护区内“挖中草药”是违法行为，所以数据收集较为困难，但此类活动的确是存在的，且所收集到的数据低于实际中草药利用价值。同时，我们所得到的数据均为“中草药利用”的价值，而大熊猫保护区内大多数中草药的价值并没有被利用，故总体来说所得中草药利用价值远低于保护区内中草药的整体价值。

②放牧价值：据访谈计算得到的是2020年的数值，经折算后得到2010年的数值。

假设保护区内放牧对象均为肉牛，小牛来源均为种群内自我繁殖。由表6计算可知，一头牛的饲养成本共计为300元。散养牛的体重随季节变化而变化，“夏长秋肥冬瘦春死亡”，因此，散养牛相较于圈养牛从小牛到出栏所需时间更长，约为3年。散养牛出栏的体重也略低于圈养牛，约为1100斤，毛收入为10800元，净利润为10500元，年均利润为3500元。再结合通过对保护区管理人员的访谈得到的具体放牧数量而计算最终值。

表6　放牧价值

项目	类别	金额
成本（元/头）	检疫成本	200
	饲养与管理成本	0
	草料成本	0
	食盐成本	100
	合计	300
收入(元)	1100斤的牛	10800
利润(元)		10500
年均利润(元)		3500

③养蜂价值[1]：养蜂是被普遍认为对大熊猫栖息地有益的经济活动且是当地政府鼓励、老百姓愿意从事的经济活动。在大熊猫栖息地内养蜂是一种较为普遍的经济活动。蜂种不同，蜂蜜的产量不同，目前在平武普遍养殖中蜂。在计算时，考虑到气候、养蜂类型等因素，取中值，估计年产量约为13斤。根据访谈我们得到的每斤蜂蜜售价平均为80元（2020年数值），每一盒蜜蜂每年可带来收入1040元。有时，遇上天气连续不好的情况，还需要进行人工喂养，在考虑到天气、自然灾害等各种情况后，粗略估计一年投入的成本大概80元，故一盒中蜂一年所带来的利润约为960元。

④水资源价值：据访谈计算得到的是2020年的数值，经折算后得到2010年的数值。水资源的用途主要分为两大类——用于水电站发电、作为饮用水。平武县当地用电价格为0.19元/千瓦时，根据访谈得到发电站每年的发电量，从而计算得到水资源的发电价值。每人每月用水量大概为6立方米，平武当地用水价格为2.5元/立方米，根据使用保护区水资源的人口数量，计算得到水资源价值。

（2）调节和维护服务。由于调节和维护服务价值具有很强的公共属性和外部性，很难用货币衡量，这部分直接采用天保工程的补偿标准作为给当地带来的实际经济价值。

（3）文化服务。由于每年当地旅游的人均消费以及每年旅游人次数据较易获得，这部分直接使用访谈所得每年旅游人次及人均消费数据来计算旅游服务价值。在其他收益部分，重点考虑科研经费，用每年在当地开展科研活动的经费投入来进行计算。

（4）成本大致包括对保护区的投入（基础设施建设等）以及对保护区工作人员的工资支付两个方面。通过对保护区管理人员的访谈得到具体数值。

2. 各保护区实际生态产品价值实现

根据实际访谈所得数据和上述计算标准及方式可以得出平武县5个保护

① 据访谈计算得到的是2020年的数值，进行2%折算得到2010年的数值。

区的大熊猫生态系统服务价值。但由于访谈得到的某些数值为2020年的数值，采用央行最新规定的贴现率2%进行折算，最终得到2010年的数值[①]，具体情况如表7所示。①王朗保护区2010年生态系统服务价值为1120.13万元，成本为154.03万元，收益/成本为7.27；②雪宝顶保护区2010年生态系统服务价值为2171.02万元，成本为108.54万元，收益/成本为20；③小河沟保护区2010年生态系统服务价值为758.48万元，成本为77.02万元，收益/成本为9.85；④余家山保护区2010年生态系统服务价值为672.83万元，成本为35万元，收益/成本为19.22；⑤老河沟保护区2010年生态系统服务价值为709.08万元，成本为295.33万元，收益/成本为2.40。

表7　5个保护区2010年大熊猫保护区生态系统服务价值

项目		王朗保护区	雪宝顶保护区	小河沟保护区	余家山保护区	老河沟保护区
供给服务（万元）	放牧	689.09	1062.35	396.00	6.00	23.00
	养蜂(蜂蜜)	9.84	246.10	39.38	164.07	41.02
	中草药利用	205.09	246.10	53.32	53.32	17.43
	水资源	79.41	73.09	0	442.99	85.73
	木材	0	0	0	0	0
	其他	0	0	0	0	0
调节和维护服务(万元)	生物多样性、水资源涵养等	106.70	319.31	187.59	6.47	75.71
文化服务（万元）	在当地开展科研	0	164.07	82.03	0	451.19
	旅游	30	60.00	0	0	15.00
成本（万元）	保护区投入	82.03	102.54	41.02	20.00	295.33
	人员经费	72.00	6.00	36.00	15.00	
生态系统服务价值总和(万元)		1120.13	2171.02	758.48	672.83	709.08
成本总和(万元)		154.03	108.54	77.02	35.00	295.33
收益/成本		7.27	20.00	9.85	19.22	2.40

① 余家山保护区于2017年建立，理论上不存在2010年的数值。在此我们主要用于对比分析，但仍然存在一些不足。

（三）对比分析

1. 平武理论值与67个保护区理论值的对比分析

根据计算数据得出，平武理论值为 15996. 68 元/公顷，仅比大熊猫栖息地 67 个保护区理论值 15606. 73 元/公顷高 2. 5%，两者之间差距不大（见图 1 和图 2）。

（1）平武理论值略高于大熊猫栖息地 67 个保护区理论值，原因是：在供给服务部分，考虑了在计算 67 个保护区理论值时未考虑到的中药草利用、放牧和养蜂的价值；在文化服务部分，增加了保护区开展科研活动的投入（见图 3）。

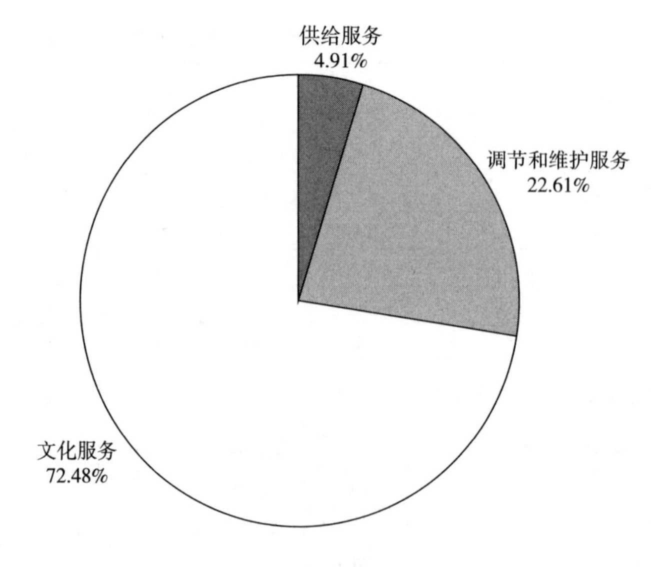

图 1　平武保护区理论值

（2）在两种理论值中，文化服务所产生的价值在三项服务中占比最大。在平武理论值的供给服务部分，饮用水的价值占比最大，放牧次之。

具体如表 8 所示。

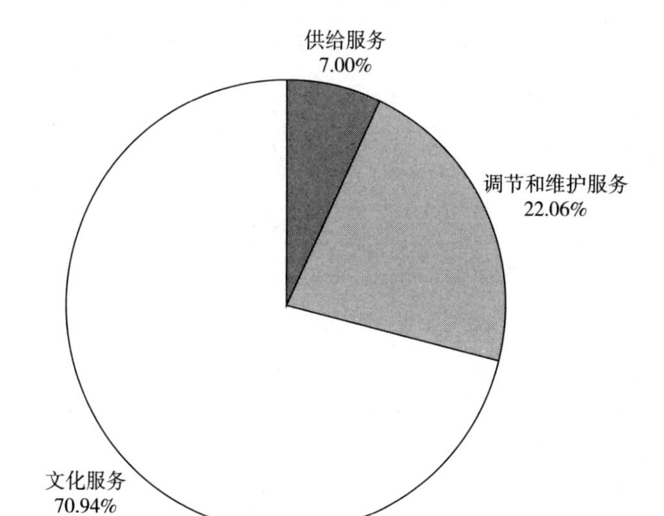

图 2　大熊猫栖息地 67 个保护区理论值

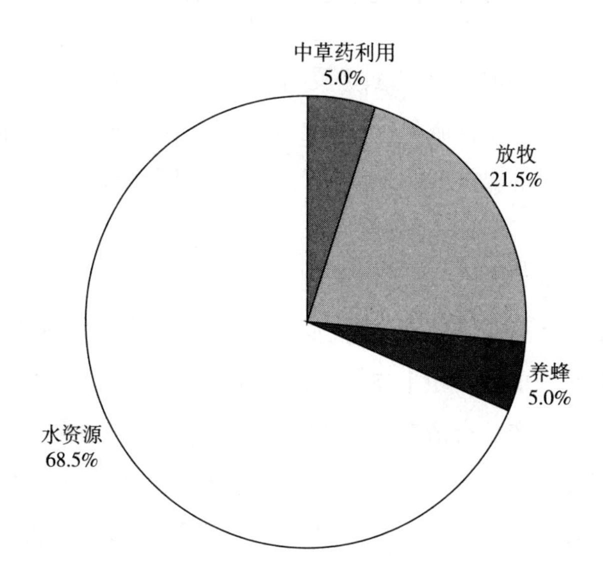

图 3　供给服务各类占比

表8 生态产品价值实现单位面积收益（理论值）

2010年	分类	大熊猫栖息地67个保护区（元/公顷）	平武（以雪宝顶保护区为例）（元/公顷）
供给服务	放牧	0	241.04
	养蜂	0	55.84
	中草药利用	0	55.84
	水资源	766.9	766.90
调节和维护服务	对空气中有害气体的吸收	3528.17	3528.17
	碳封存		
	养分循环		
	控制水道中的淤泥和沉积物		
	保水和防洪		
	防治土壤侵蚀		
	害虫和疾病		
文化服务	旅游	每个家庭愿意支付:111元	
	其他收益	每个家庭收益:9.66元	11311.66
	科研投入	0	37.23
	总和	15606.73	15997

（3）大熊猫栖息地的文化服务受益对象是全世界人民，而大熊猫栖息地生态系统的调节和维护服务受益对象主要是中国人民。大熊猫是中国的旗舰物种，对大熊猫的保护会使全世界人民受益，因此对大熊猫栖息地的投入是值得的。

2. 平武理论值与各个保护区实际值的对比分析

（1）平武县5个保护区的单位面积生态产品价值实现为15997元/公顷，王朗保护区的单位面积生态产品价值实现为877元/公顷，雪宝顶保护区的单位面积生态产品价值实现为493元/公顷，小河沟保护区的单位面积生态产品价值实现为293元/公顷，余家山保护区的单位面积生态产品价值实现为7548元/公顷，老河沟保护区的单位面积生态产品价值实现为664元/公顷。

（2）5个保护区的生态产品价值实现在我们所计算的实际生态产品价值实现中没有得到很好的体现。从表9、图4和图5可知，5个保护区实

际单位面积的生态产品价值实现最高的还不足平武理论值的 47%，最低的不足 2%。相对而言，供给服务价值得到了较好的体现。余家山保护区供给服务单位面积价值约是平武理论值的 7 倍。法律规定，在保护区禁止放牧以及采集中草药，但是对于保护区当地人而言，调节和维护服务及文化服务的价值并没有完全发挥出来，他们看到的大多数是供给服务的价值，偷偷进行放牧、挖中草药等，以增加收入，挖掘供给服务的价值。在保护区的后续投入中，应加大对当地居民的补偿力度，增加补偿款。

表 9　平武县 5 个保护区单位面积生态产品价值实现

单位：元/公顷

<table>
<tr><th colspan="2">项目</th><th>平武县 5 个保护区</th><th>王朗保护区</th><th>雪宝顶保护区</th><th>小河沟保护区</th><th>余家山保护区</th><th>老河沟保护区</th></tr>
<tr><td rowspan="5">供给服务</td><td>放牧</td><td>241</td><td>468</td><td>241</td><td>153</td><td>67</td><td>22</td></tr>
<tr><td>养蜂</td><td>56</td><td>7</td><td>56</td><td>15</td><td>1837</td><td>39</td></tr>
<tr><td>中草药利用</td><td>56</td><td>139</td><td>56</td><td>21</td><td>597</td><td>17</td></tr>
<tr><td>水资源</td><td>767</td><td>54</td><td>17</td><td>0</td><td>4961</td><td>82</td></tr>
<tr><td>小计</td><td>1120</td><td>668</td><td>370</td><td>189</td><td>7462</td><td>160</td></tr>
<tr><td rowspan="8">调节和维护服务</td><td>对空气中有害气体的吸收</td><td>168</td><td rowspan="7">72</td><td rowspan="7">72</td><td rowspan="7">72</td><td rowspan="7">72</td><td rowspan="7">72</td></tr>
<tr><td>碳封存</td><td>1055</td></tr>
<tr><td>养分循环</td><td>726</td></tr>
<tr><td>控制水道中的淤泥和沉积物</td><td>1434</td></tr>
<tr><td>保水和防洪</td><td>70</td></tr>
<tr><td>防治土壤侵蚀</td><td>66</td></tr>
<tr><td>害虫和疾病</td><td>9</td></tr>
<tr><td>小计</td><td>3528</td><td>72</td><td>72</td><td>72</td><td>72</td><td>72</td></tr>
<tr><td rowspan="4">文化服务</td><td>旅游</td><td>11312</td><td>20</td><td>14</td><td>0</td><td>14</td><td>0</td></tr>
<tr><td>其他收益</td><td></td><td></td><td></td><td></td><td></td><td></td></tr>
<tr><td>科研投入</td><td>37</td><td>117</td><td>37</td><td>32</td><td>0</td><td>432</td></tr>
<tr><td>小计</td><td>11349</td><td>137</td><td>51</td><td>32</td><td>14</td><td>432</td></tr>
<tr><td colspan="2">总计</td><td>15997</td><td>877</td><td>493</td><td>293</td><td>7548</td><td>664</td></tr>
</table>

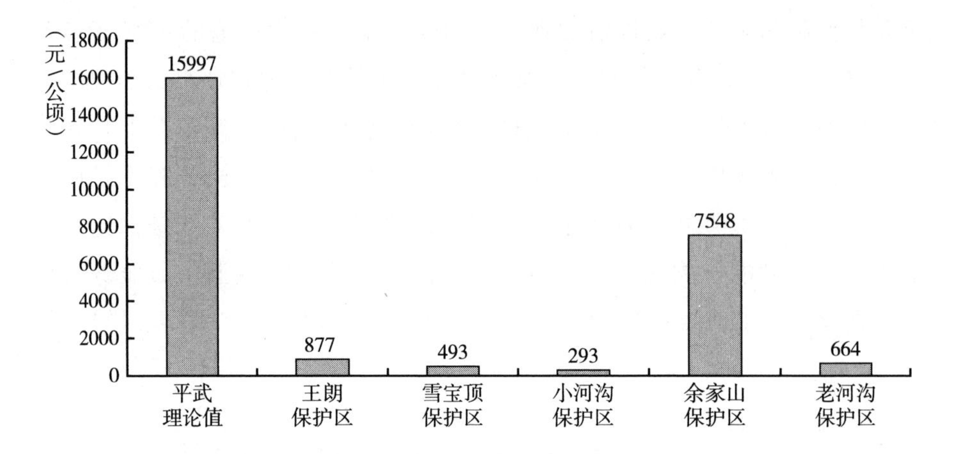

图4　5个保护区单位面积生态产品价值实现

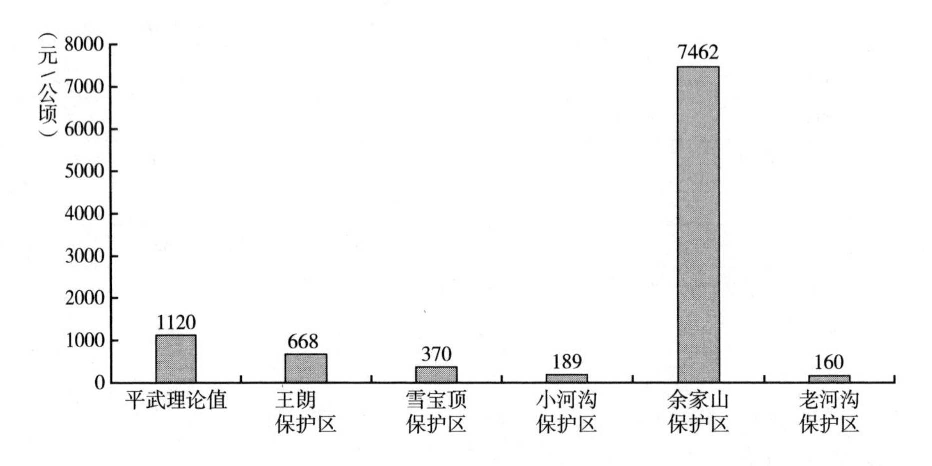

图5　5个保护区供给服务单位面积价值

需要说明的几个问题如下：①在计算保护区实际单位面积水资源产生的价值时，我们仅计算了当地居民利用水资源的价值，而忽略了大熊猫保护区内未被利用的水资源价值，故保护区水资源实际单位面积收益小于平武水资源理论单位面积收益。②在计算保护区实际单位面积调节和维护服务价值时，我们假设天保工程对保护区国有林管理费为当地实际所获得的收益，为4.83元/亩。但平武理论单位面积调节和维护服务价值远高于保护区实际单

位面积调节和维护服务价值，主要原因是保护区内的调节和维护服务价值大多数还未被利用以及对保护区的补偿较少。这说明“绿水青山就是金山银山”还未得到很好的体现，需要在保护大熊猫栖息地及生态环境的同时，进一步加强“绿水青山”转化为“金山银山”的可持续性及加大对保护区的补偿力度。③在计算保护区实际单位面积文化服务价值时，旅游收益的大部分收入并没有被当地所获得且文化服务价值本身量化具有一定的难度，而我们所计算的是当地实际获得的价值。我们额外考虑了科研活动对保护区的投入，但是这部分价值很小，相较于平武理论单位面积文化服务价值而言，保护区实际单位面积文化服务价值较低。

3. 各个保护区实际值之间的对比分析

在5个保护区的单位面积实际价值收益中，王朗、雪宝顶、余家山、小河沟保护区均是供给服务占比最大，老河沟保护区的文化服务占比最大。

（1）在供给服务部分，单位面积收益最高的是余家山保护区，其次是王朗保护区。余家山保护区相较于其他地区而言，主要是水资源及养蜂价值得到了很好的利用，当地水资源满足了平武县主城区居民的饮用水需求。同时余家山保护区是由私人负责管理的，相对于其他保护区而言，所受约束小，可以更好地发挥供给服务的价值。王朗保护区相对于其他地区而言，主要是放牧价值得到了很好的体现。王朗保护区管理是最为严格的，但是其所处地势开阔更适合放牧且“王朗”一词在白马藏语中本就有“放牧”之意。相对于其他地区而言，王朗保护区放牧活动较多。

（2）在调节和维护服务部分，单位面积收益因计算方法相同而结果相等。

（3）文化服务的单位面积收益方面，最高的是老河沟保护区。老河沟保护区的管理是由国家及四川省林业厅（现四川省林业和草原局）授权，桃花源基金会募集资金，前期由大自然保护协会（TNC）负责规划、科研和管理，因此老河沟保护区的科研投入与其他保护区相比较多，具体如表10和图10所示。

表 10　5 个保护区单位面积生态产品实现价值

<table>
<tr><th colspan="2">项目</th><th>王朗
保护区</th><th>雪宝顶
保护区</th><th>小河沟
保护区</th><th>余家山
保护区</th><th>老河沟
保护区</th></tr>
<tr><td rowspan="3">基本情况</td><td>总面积(公顷)</td><td>32297</td><td>63615</td><td>28227</td><td>894</td><td>11000</td></tr>
<tr><td>森林面积(公顷)</td><td>14727</td><td>44073</td><td>25893</td><td>893</td><td>10450</td></tr>
<tr><td>大熊猫数量(只)</td><td>28</td><td>92</td><td>49</td><td>1</td><td>14</td></tr>
<tr><td rowspan="5">供给服务
(元/公顷)</td><td>放牧</td><td>468</td><td>241</td><td>153</td><td>67</td><td>22</td></tr>
<tr><td>养蜂</td><td>7</td><td>56</td><td>15</td><td>1837</td><td>39</td></tr>
<tr><td>中草药</td><td>139</td><td>56</td><td>21</td><td>597</td><td>17</td></tr>
<tr><td>饮用水</td><td>54</td><td>17</td><td>0</td><td>4961</td><td>82</td></tr>
<tr><td>小计</td><td>668</td><td>370</td><td>189</td><td>7462</td><td>160</td></tr>
<tr><td rowspan="8">调节和
维护服务
(元/公顷)</td><td>对空气中有害气体的吸收</td><td rowspan="7">72</td><td rowspan="7">72</td><td rowspan="7">72</td><td rowspan="7">72</td><td rowspan="7">72</td></tr>
<tr><td>碳封存</td></tr>
<tr><td>养分循环</td></tr>
<tr><td>控制水道中的淤泥和沉积物</td></tr>
<tr><td>保水和防洪</td></tr>
<tr><td>防治土壤侵蚀</td></tr>
<tr><td>害虫和疾病</td></tr>
<tr><td>小计</td><td>72</td><td>72</td><td>72</td><td>72</td><td>72</td></tr>
<tr><td rowspan="4">文化服务
(元/公顷)</td><td>旅游</td><td>20</td><td>14</td><td>0</td><td>14</td><td>0</td></tr>
<tr><td>其他收益</td><td></td><td></td><td></td><td></td><td></td></tr>
<tr><td>科研投入</td><td>117</td><td>37</td><td>32</td><td>0</td><td>432</td></tr>
<tr><td>小计</td><td>137</td><td>51</td><td>32</td><td>14</td><td>432</td></tr>
<tr><td colspan="2">总计(元/公顷)</td><td>877</td><td>493</td><td>293</td><td>7548</td><td>664</td></tr>
</table>

四　结论与展望

本研究梳理生态系统服务的计算方式，基于 67 个大熊猫自然保护区的生态产品实现价值的理论值，对平武县 5 个大熊猫自然保护区进行生态产品价值实现的计算，并得出以下结论。

保护区的生态产品价值实现各有特色，差异化明显。平武县 5 个大熊猫保护区的差别很大，各具特色，从实践来看县级行政单位的差异化十分

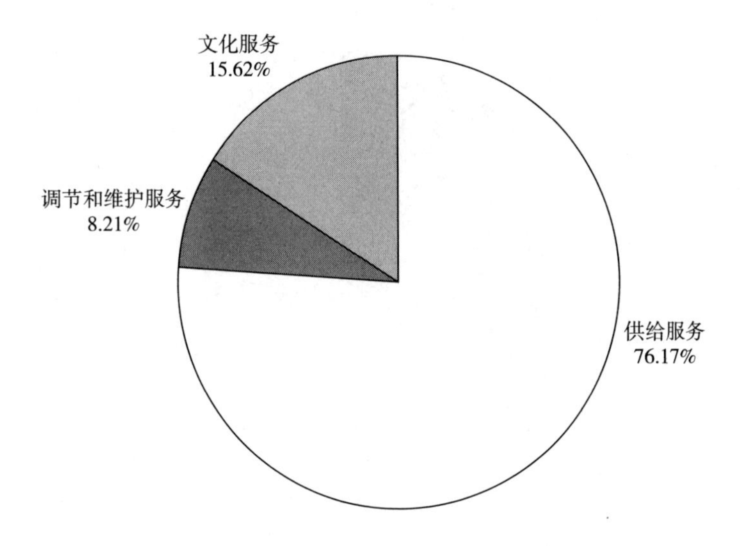

图6　王朗三类服务收益占比

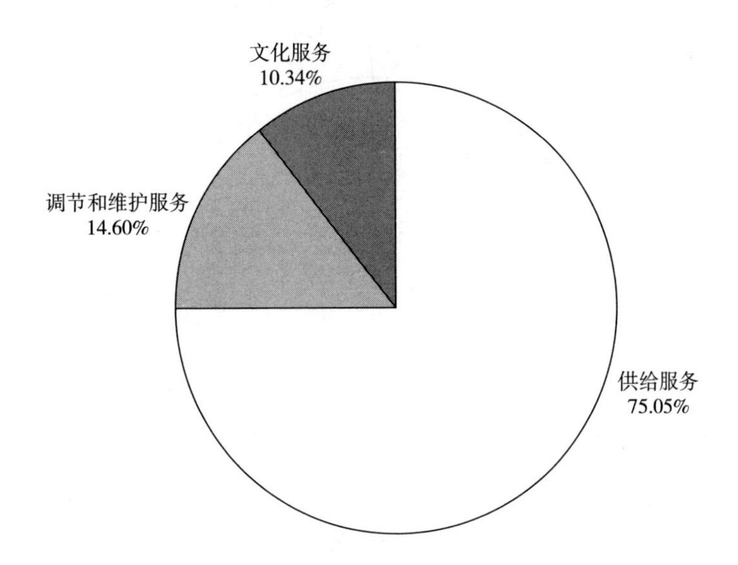

图7　雪宝顶三类服务收益占比

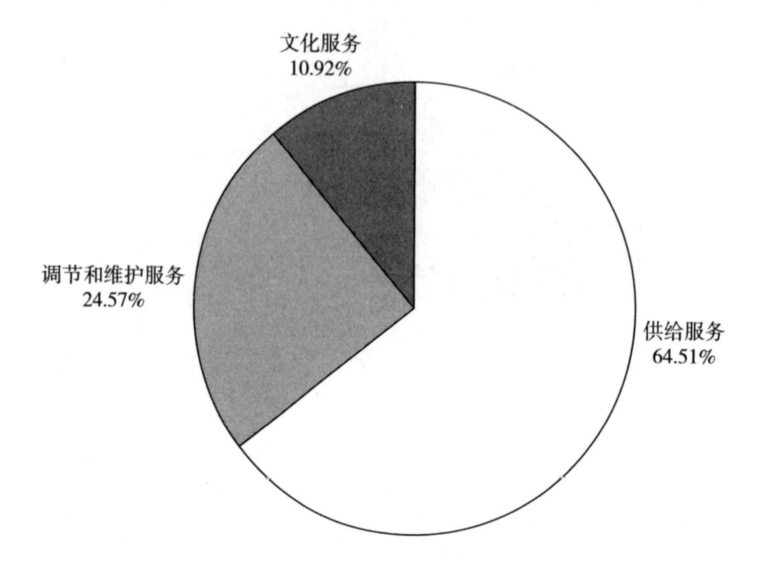

图 8　小河沟三类服务收益占比

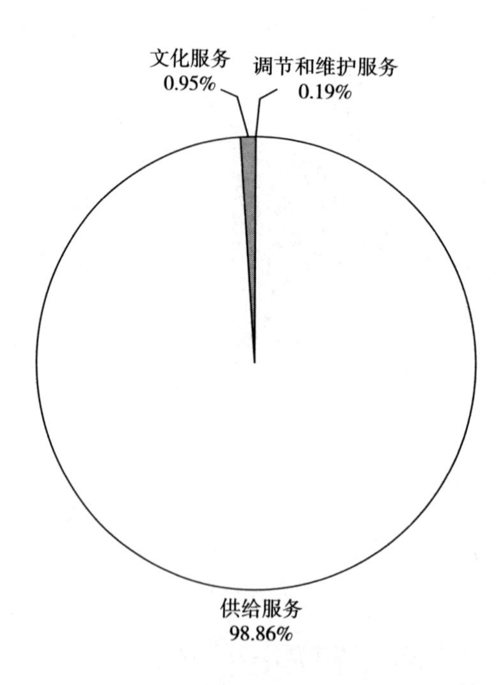

图 9　余家山三类服务收益占比

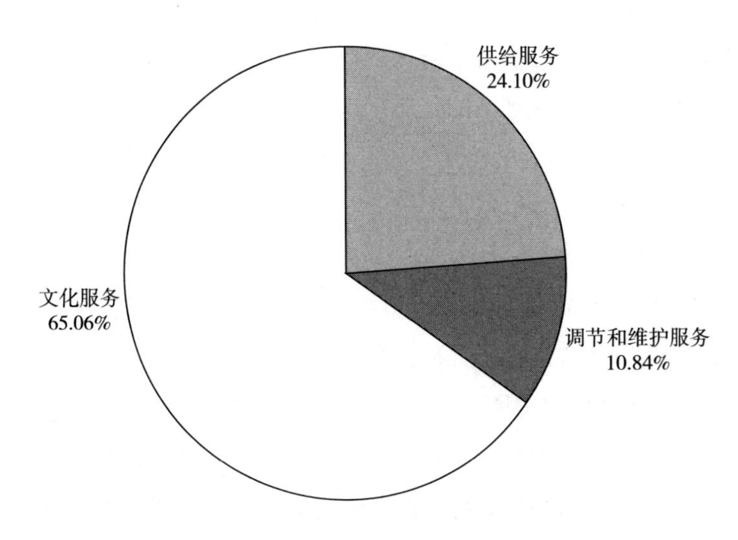

图 10　老河沟三类服务收益占比

明显，这对其管理提出了新的要求，加之大熊猫国家公园的建立，在现行的《自然保护区管理条例》下其将面临更多的挑战。如何从管理角度对自然保护区的发展予以支持，首先要有一系列完备的法律法规；其次要权力下放，使保护区因地制宜地解决保护和发展之间的矛盾；最后各保护区在管理上需要有新措施，促进各区间的交流，分享可推广、可复制的保护和发展方案。

本研究在指标体系的构建和计算方法等方面还存在不足，需要进一步完善和细化，这将在后续的研究中予以改进。首先，通过指标体系创新和细化，综合国内生态产品价值实现的相关研究成果，从供给服务、调节和维护服务和文化服务三个维度构建指标体系。在“供给服务”和“文化服务”两个一级指标下，在现有逐渐形成共识的二级指标上，提出三级指标以反映各个创新基地的自然资源禀赋和特色生态产品；在“调节和维护服务”一级指标下，充分考虑纵向与横向生态补偿机制实现情况并创新性地构建二级指标。其次，要与法定统计数据相衔接和降低研究尺度。做到能把全部指标的数据都采用法定统计数据的方法学进行研究，基于遥感数据、统计数据和自主测算数据的有机结合，进行较为精准的核算。最后，希望政府或保护区能运用指标体系和核算方法自主对区域内生态产品价值实现情况进行核算，并发挥生态产品价值实现评估的优势。

2020年是“中国国家公园元年”，国家公园的生态效益居首位，在生态效益实现的前提下，还可以对资源进行“绿色利用”，在产生经济效益的同时，实现生态“零损伤”。大熊猫国家公园的重要使命之一是实现理论价值，将“绿水青山”转变为“金山银山”是现阶段的重要目标。要充分发挥大熊猫国家公园在资源整合方面的优势，使文化服务与供给服务相结合，促进一二三产融合发展。对国家公园的资源进行绿色利用的方法包括在其周边区域发展旅游、科普教育、文化创意、生态农业、生物科技等。特别需要强调的是保护，让包括野生动物在内的一切动植物都处于原生状态，体现自然和谐之美。

参考文献

赵士洞、张永民：《生态系统与人类福祉——千年生态系统评估的成就、贡献和展望》，《地球科学进展》2006年第9期。

欧阳志云、王如松、赵景柱：《生态系统服务功能及其生态经济价值评价》，《应用生态学报》1999年第5期。

谢高地、肖玉、鲁春霞：《生态系统服务研究：进展、局限和基本范式》，《植物生态学报》2006年第2期。

马涛：《依靠市场机制推动生态产品生产》，《中国证券报》2012年11月28日。

高晓龙、林亦晴、徐卫华、欧阳志云：《生态产品价值实现研究进展》，《生态学报》2020年第1期。

欧阳志云、林亦晴、宋昌素：《生态系统生产总值（GEP）核算研究——以浙江省丽水市为例》，《环境与可持续发展》2020年第6期。

于淼、金海珍、李强、姚扬、张志明：《呈贡区生态系统生产总值（GEP）核算研究》，《西部林业科学》2020年第3期。

李潇、吴克宁、刘亚男、冯喆、谢家麟：《基于生态系统服务的山水林田湖草生态保护修复研究——以南太行地区鹤山区为例》，《生态学报》2019年第23期。

刘峥延、李忠、张庆杰：《三江源国家公园生态产品价值的实现与启示》，《宏观经济管理》2019年第2期。

郑博福、朱锦奇:《“两山”理论在江西的转化通道与生态产品价值实现途径研究》,《老区建设》2020 年第 20 期。

Daily, G. C. Eds. , *Nature's Service*: *Societal Dependence on Natural Ecosystems*, Island Press, Washington, 1997.

Robert Costanza, Ralph d' Arge, Rudolf de Groot, Stephen Farber, Monica Grasso, *The Value of the World's Ecosystem Services and Natural Capital*, Nature: International Weekly Journal of Science, 1997.

Fuwen Wei, Robert Costanza, Qiang Dai, Natalie, "The Value of Ecosystem Services from Giant Panda Reserves," Current Biology, 2018.

B.6 大熊猫栖息地生态产品价值转化案例研究

——以四川省平武县和宝兴县大熊猫友好型产品认证为例

凌琴　徐强*

摘　要：　习近平总书记"绿水青山就是金山银山"的论断简称"两山论"，其理论价值得到深入研究和广泛认同，然而在实施严格保护的国家重点生态功能区如大熊猫栖息地，除政府主导的纵向生态补偿项目和地方开展的生态旅游外，鲜有通过种养殖和野生采集等可持续利用自然资源方式来促进生态保护的案例。大熊猫良好的生态形象在全世界受到广泛的认可，一定程度上代表了高质量的生态环境和优良的产品品质。四川省平武县和宝兴县是全国野生大熊猫数量最多的两个县，本研究基于两县开展的大熊猫友好型产品认证实践，介绍在大熊猫栖息地开展生态产品开发初步取得的生态效益、社会效益和经济效益，探索大熊猫栖息地周边社区生态价值转化为经济价值的实施路径。本研究认为"两山论"从顶层设计上推动了中国保护政策的思路转变，给大熊猫栖息地的发展带来了新的政策机遇，但还需在实践中加大对市场化生态补偿机制和多元生态环境共治体系的探索力度。生态产品价值的转化推动"绿水青山"向"金山银山"稳步迈进，保护与

* 凌琴，四川省社会科学院专业硕士研究生，主要研究方向为农村发展；徐强，世界自然基金会（瑞士）北京代表处西部区域项目主任，主要研究方向为生物多样性保护、社区发展。

发展相融合，实现人与自然和谐共生。

关键词：　大熊猫栖息地　生态产品价值转化　产品认证

一　大熊猫栖息地是生态产品价值转化的薄弱区域

（一）大熊猫栖息地生态保护的成效

目前大熊猫栖息地仅存于中国四川、陕西和甘肃三省，分布在岷山、邛崃山、凉山、大相岭、小相岭及秦岭等山系。随着天然林保护工程、退耕还林还草工程、野生动植物保护及自然保护区建设工程等一系列国家大型生态工程的实施，大熊猫栖息地森林覆盖率不断增加，各流域水土流失得到有效遏制，大熊猫栖息地位于长江上游主要支流源区或流经地，是世界生物多样性保护的热点地区之一。丰富的生物多样性和独特的自然地理优势都使大熊猫栖息地体现出良好的绿水青山特征。

自法国传教士兼生物学家戴维在雅安市宝兴县科考发现大熊猫至今已有150余年，在中国各级政府与社会各界的共同努力下，大熊猫保护取得明显成效。第四次大熊猫调查（2010～2014年）结果显示，我国大熊猫野生种群数量1864只，栖息地面积258万公顷，分别比第三次调查增加了16.8%、11.8%。我国自然保护地的数量和覆盖区域面积也不断增长。1965年，全国仅有5个大熊猫自然保护区，2000年数量达到36个，至2017年共建成67个大熊猫保护区，覆盖53.8%的大熊猫栖息地，并保护了66.8%的野生大熊猫种群。世界自然保护联盟（IUCN）濒危物种委员会的相关专家重新评估了大熊猫生存状态，并在2016年的IUCN大会上宣布大熊猫在红色名录中的保护等级从濒危下降到易危，这标志着大熊猫保护所取得的成效得到了全球的认可，也充分说明大熊猫栖息地的生态环境受到有效的保护且不断改善，是高质量的绿水青山。

（二）大熊猫栖息地生态产品价值转化中存在问题

本研究案例所在区域的平武县和宝兴县均是野生大熊猫分布县。平武是野生大熊猫最多的县，宝兴县是科考最早发现野生大熊猫的地方，其野生大熊猫数量仅次于平武县。两个县的野生大熊猫数量和栖息地面积均排全国最前列，体现了地方政府在生态保护方面投入了大量的资金和人力。从经济发展角度来看，县域丰富的生态资源和生物多样性却成为阻碍当地发展的“资源诅咒”。生态产品价值转化与大熊猫栖息地的生态功能区定位直接相关。县域面积大部分划入自然保护地，社区居民人均耕地少，难以维持生计，地方产业经济发展不足，只得更加依赖于对自然资源的传统利用。这也是相较于第三次全国大熊猫调查结果，虽然第四次全国大熊猫调查结果中野生大熊猫数量和栖息地面积都有所增长，但人为干扰因素仍然是大熊猫及其他物种保护中面临重大挑战的原因。大熊猫栖息地所在县域通常是生态资源丰富的边远山区，由于自然灾害和生态功能区定位影响，生态产品价值转化过程中存在生态保护和经济发展之间矛盾突出、生态产品价值转化低、生态产品供给能力不足等问题，不利于生态产品价值实现和“两山”转化。

1. 生物多样性保护和地方经济发展之间矛盾突出

近年来，各地区、各部门对发展绿色产业高度重视，出台了一系列政策措施，有力促进了绿色产业的发展壮大，但同时也面临概念泛化、标准不一、监管不力等问题。[①] 目前，我国生态产品价值实现所涉及的法律、制度、政策体系还不够完善，制度体系设计也缺乏系统性和协调性。不同区域的地方性制度建设参差不齐，生态保护和经济发展部门之间制度壁垒明显、交错繁复。政策约束是大熊猫栖息地生态产品价值未能得到充分体现的重要原因。大熊猫保护区内和保护区外栖息地的社区居民生产活动受到不同程度的政策约束。

《全国主体功能区规划》根据各地生态环境承载力的不同把全国的国土

---

① 《关于印发〈绿色产业指导目录（2019 年版）〉的通知》，2019 年 2 月 14 日。

划分为优化开发区、重点开发区、限制开发区和禁止开发区。大部分大熊猫栖息地双重涵盖全国主体功能区和自然保护地的禁止开发区。[①] 超过50%的大熊猫栖息地被自然保护区覆盖。根据《中华人民共和国自然保护区条例》第十八条规定“自然保护区可以分为核心区、缓冲区和实验区……在核心区，禁止任何单位和个人进入”；第二十六条明确规定“禁止在自然保护区内进行砍伐、放牧、狩猎、捕捞、采药、开垦、烧荒、开矿、采石、挖沙等活动”。[②] 大部分当地居民祖祖辈辈都在自然保护区内生活生产，割竹、打笋、采药、放牧等传统资源利用方式受到限制甚至被严格禁止。长期以来，我国自然保护区、国家级公益林和天然林保护工程等与周边社区普遍存在自然资源保护与利用之间的矛盾，与生态保护相关的政策使得生活在大熊猫保护区及周边的居民守着“绿水青山”却难以实现“金山银山”。

2. 生态产品价值转化低

中国科学院动物研究所魏辅文院士带领的研究团队与澳大利亚国立大学、中国科学院成都生物所、James Cook 大学等国内外多家单位的专家合作，首次对大熊猫及其栖息地的生态系统服务价值进行了定量评估。[③] 魏辅文院士在衡量生态系统服务价值时，将其分为三大类：供给服务价值（如提供食物和水）、调节服务价值（如控制洪水和疾病）、文化服务价值（如精神、娱乐和文化收益）。通过对已有文献的大数据分析，获得每项服务每年每公顷的单位价值，进而得出大熊猫 67 个保护区的总体生态系统服务价值。

魏辅文院士研究发现，2010 年大熊猫栖息地的森林每公顷的生态服务价值为 15600 元，其中包括放牧、养蜂、林副产品采集等的供给服务价值仅为 767 元（不足 5%），而调节和维护服务价值为 3528 元（约 22%），文化服务价值则为 11312 元（约 73%）。简单地把该数据乘以大熊猫栖息地森林

---

① 《国务院关于印发全国主体功能区规划的通知》（国发〔2010〕46 号）。

② 《中华人民共和国自然保护区条例》，2018 年 5 月 21 日。

③ Fuwen Wei, Robert Costanza, Qiang Dai, et al., “The Value of Ecosystem Services from Giant Panda Reserves,” 2018.

面积后，该研究团队认为大熊猫栖息地生态系统服务总价值可达50亿~140亿美元。

从魏辅文院士团队的生态服务价值计算结果来看，我国大熊猫栖息地生态产品价值高，而从政府公布的经济数据来看，生态产品价值转化低。据全国第四次大熊猫调查报告，大熊猫栖息地分别涉及四川、陕西和甘肃的41个、11个和7个县，2011年总计1500余万人，其中农村人口近1100万人。上述59个县的国内生产总值、人均财政收入都显著低于各省平均水平，其中18个县为国家级贫困县，第一、第二产业比重高于各省平均水平，第三产业比重低于各省平均水平。四川省大熊猫栖息地的城镇居民人均可支配收入18557.8元，低于20307元的全省平均水平；农民人均纯收入6613.3元，低于7001元的全省平均水平。而甘肃省的4个县，农民人均收入仅为2958元。对应于大熊猫栖息地的高生态服务价值的是较低的地方财政收入与农民收入水平，“绿水青山”远远没有转化为“金山银山”。整体而言大熊猫栖息地耕地少，林地多，森林覆盖率高；自然资源丰富，人口密度低，人口自然增长率高，有巨大的生态产品价值转化潜力。

3. 生态产品供给能力不足

生态产品供给能力不足主要体现在产量和质量两个方面。改革开放以来，我国经济实现飞跃发展，人们在物质产品和文化产品方面的需求得到不同程度的满足。我国经济高速发展的同时，诸多生态环境问题出现，因此，生态产品的短缺已经成为制约我国经济社会发展的最大瓶颈。① 在这种情况下，广大人民群众需求升级，对生态产品有着高质量的需求，且需求量呈现不断增加的趋势。而优质的生态产品有维系生态安全的功能、生态协调功能、社会保障功能和文化服务功能。② 生态产品供给和生态系统服务无论是数量还是质量都有所欠缺，难以满足物质条件快速提高背景下人们对生态产品全方位、高品质、多层次的需求。

① 陈辞：《生态产品的供给机制与制度创新研究》，《生态经济》2014年第8期。

② 陈辞：《生态产品的供给机制与制度创新研究》，《生态经济》2014年第8期。

市面上的农业生态产品既缺少专业的绿色产品经销商和分销渠道，也没有配套的针对绿色产品的服务设施、销售技巧，再加上认证标准模糊化、多样化、低端化，没有很好地与国际绿色标准接轨，给消费者识别、购买农业生态产品造成了一定的障碍。小农户生产或合作社生产经营方式难以配置相同的技术和资金，导致产品上市的质量、产量难以满足市场化标准。

大熊猫栖息地农户生产生态产品的积极性受挫。企业与小农户合作的模式，受限于生态产品的开发成本高和企业资本的逐利性，小农户利益空间被挤压，高投入、低回报的结果使农户扩大生态产品生产的积极性受挫。我国生态产品数量和质量的不足，对内使得生态产品的供给在短期内很难满足大众对生态产品的消费需求，对外不利于绿色产业在国际市场上的竞争力提升。

二　大熊猫栖息地生态产品价值转化的政策机遇和认证发展趋势

（一）政策机遇

1. “两山论”指导思想

党的十九大指明了建设生态文明是中华民族永续发展的千年大计。[①] 生态环境的保护和生态产品的开发转化必须树立和践行“绿水青山就是金山银山”的理念，坚持节约资源和保护环境的基本国策。以绿色创新价值链形成绿色发展方式和生活方式，坚定走生产发展、生活富裕、生态良好的文明发展道路。我们要建设的社会主义现代化是人与自然和谐共生的现代化，既要创造更多物质产品和文化产品，也要提升优质生态产品供给保障能力，以满足人民日益增长的美好生活需要。必须坚持以节约优先、保护优先、自

① 《习近平：决胜全面建成小康社会　夺取新时代中国特色社会主义伟大胜利》，人民网，2017 年 10 月 18 日。

然恢复为主的方针，形成节约资源和保护环境的空间格局、产业结构、生产方式、生活方式，还自然以宁静、和谐、美丽。2021 年 4 月 26 日，中共中央办公厅、国务院办公厅印发的《关于建立健全生态产品价值实现机制的意见》[①] 提出，“到 2025 年，生态产品价值实现的制度框架初步形成，比较科学的生态产品价值核算体系初步建立，生态保护补偿和生态环境损害赔偿政策制度逐步完善，生态产品价值实现的政府考核评估机制初步形成，生态产品‘难度量、难抵押、难交易、难变现’等问题得到有效解决，保护生态环境的利益导向机制基本形成，生态优势转化为经济优势的能力明显增强。到 2035 年，完善的生态产品价值实现机制全面建立，具有中国特色的生态文明建设新模式全面形成，广泛形成绿色生产生活方式，为基本实现美丽中国建设目标提供有力支撑”。这是我国对生态产品价值转化的重视在机制体制上的重要体现。

“绿水青山就是金山银山”理论是习近平总书记生态文明思想的重要组成部分，创造性地将生态环境保护与可持续发展统筹到生态文明建设中。[②] “两山”理论思想的关键在于如何将理论落地落实，一方面让公众感受到我国对生态环境的大量投入成果，另一方面要将“绿水青山”实实在在转化成“金山银山”，让公众共享成果。探索我国生态产品价值转化路径，完善生态产品价值实现机制，是践行新时代习近平生态文明思想的重要体现，是实现从“绿水青山”到“金山银山”转化的重要举措。

2. 自然保护地相关政策法规调整

在习近平总书记“绿水青山就是金山银山”的思想指导下，近几年我国自然保护地法相继作出了新的调整。《大熊猫国家公园总体规划（2019—2025 年）》和《自然保护地法（征求意见稿）》等新的政策、法规都对前述保护性政策进行了突破，大熊猫栖息地社会经济发展面临新的政策机遇，大

① 《中共中央办公厅　国务院办公厅印发〈关于建立健全生态产品价值实现机制的意见〉》，2021 年 4 月 26 日。

② 马中、王若师、昌敦虎、马本、张露之：《践行“绿水青山就是金山银山”就是建设生态文明》，《环境保护》2018 年第 13 期。

熊猫栖息地村民通往“金山银山”的道路更加通畅。

国家林业和草原局公布的《大熊猫国家公园总体规划（2019—2025年)》第一章指出：“在四川、陕西、甘肃三省大熊猫主要栖息地整合开展大熊猫国家公园体制试点……是践行‘绿水青山就是金山银山’理念、促进人与自然和谐共生、实现重要自然资源资产国家所有、全民共享、世代传承的具体实践”。在第三章则明确提出：核心保护区内“暂时不能搬迁的原住居民，可以有过渡期。过渡期内在不扩大现有建设用地和耕地的情况下，允许修缮生产生活以及供水设施，保留生活必需的少量种植、放牧、捕捞、养殖等活动”。[①] 这是对容许原住居民利用大熊猫栖息地甚至核心保护区内自然资源最直接的表述。值得注意的是，虽然规划提出过渡期的设置，但并未对过渡期做出明确的界定。考虑到移民搬迁的难度，该过渡期可能会非常漫长。可持续利用自然资源的发展模式是基于当地居民阶段性发展需求而提出的。

2020年5月国家林业和草原局公布的《自然保护地法》（草案征求意见稿）中，第三十五条规定：“自然保护区的核心保护区原住居民在不扩大现有建设用地、耕地规模和海域使用的前提下，修缮生产生活设施，开展种植、放牧、捕捞、养殖等活动”。[②] 虽然该法尚在征求意见过程中，但立法意图同样也清楚地体现出对自然保护区内原住居民农业活动的包容性。这对生态产品的开发提出环境友好性的要求，同时也提供了政策依据。

3. 乡村振兴战略布局

大熊猫栖息地的核心保护区域都在县级，大部分区域处于边远偏僻山村。乡村是具有自然、社会、经济特征的地域综合体，我国人民日益增长的美好生活需要和不平衡不充分的发展之间的矛盾在乡村最为突出。[③] 就肩负生态保护任务的大熊猫栖息地的乡村而言，比一般的乡村发展问题更为明显。协调大熊猫栖息地的生态保护和社区发展问题，实际是解决大熊猫栖息

① 国家林业和草原局（国家公园管理局）：《大熊猫国家公园总体规划（2019—2025年）》。

② 国家林业和草原局保护地司：《自然保护地法》（草案征求意见稿），2020年5月29日。

③ 中共中央、国务院印发《乡村振兴战略规划（2018—2022年）》。

地乡村发展问题。党的十九大报告提出乡村振兴战略总要求，即“产业兴旺、生态宜居、乡风文明、治理有效、生活富裕”的二十字方针，其中产业兴旺是基础。生态产品价值转化是乡村产业兴旺的具体实践，进而实现生态宜居、乡风文明、治理有效和生活富裕，生态产品价值转化的实践，对乡村振兴有着重要经验贡献。乡村振兴战略布局对大熊猫栖息地周边社区发展具有重要的政策指导意义。

中央一号文件指出，要充分发挥农业产品供给、生态屏障、文化传承等功能，进一步加快农业供给侧结构性改革，提高农产品质量和食品安全水平，提升农产品供给保障能力。依托乡村特色优势资源，打造农业全产业链，把产业链主体留在县城，让农民更多地分享产业增值收益。[①] 推进公益性农产品市场和农产品流通骨干网络建设。在长江经济带、黄河流域建设一批农业面源污染综合治理示范县，支持国家农业绿色发展先行区建设。加强农产品质量和食品安全监管，发展绿色农产品、有机农产品和地理标志农产品，试行食用农产品达标合格证制度。

《绿色产业指导目录2019》强调了加强生态文明建设、推进绿色发展，需要强有力的技术支撑和产业基础。发展绿色产业，既是推进生态文明建设、打赢污染防治攻坚战的有力支撑，也是培育绿色发展新动能、实现高质量发展的重要内容。[②] 这使得在大熊猫保护区内及保护区外的大熊猫栖息地社区发展迎来重要的政策机遇，也坚定了大熊猫栖息地生态产品开发的绿色发展方向。

（二）认证发展趋势

随着生活水平不断提高，人们环保理念和健康意识增强，像大熊猫栖息地这样优质生态环境下生产的生态产品的消费需求迅速增加。2021 年我国在推进农业绿色发展目标中明确指出，加强农产品质量和食品安全监管，发

---

① 《中共中央　国务院关于全面推进乡村振兴 加快农业农村现代化的意见》，2021 年 2 月 21 日。

② 《关于印发〈绿色产业指导目录（2019 年版）〉的通知》，2019 年 2 月 14 日。

展绿色农产品、有机农产品和地理标志农产品，试行食用农产品达标合格证制度，推进国家农产品质量安全县创建。

我们将生态系统服务功能中提供的供给服务，如牛、羊、蜂蜜、农林产品等生态产品，视为通过生态友好型方式生产或消费的物质产品。要证明其生态产品在生产消费活动中自觉利用生态规律，遵循生态原则，尽量采用生态方法，降低物质生产全过程对生态环境产生的负面影响，维持和促进生态平衡，将环境友好型方式生产所付出的成本纳入生态产品价格①，并得到市场和消费者的认可，必须通过认证在产业初端予以实现。

在政府引导和市场激励下，生态产品逐渐呈现出精品化、区域品牌性、高质量、高附加价值、数字化等特征。随着我国农业标准化对认证体系的重视和追溯体系等科技发展，大熊猫栖息地在生态经济化过程中，认证在绿色产业链初端有着重要作用。构建国家生态产品的信息系统，不仅是企业所需要的，更是政府进行宏观经济调控的一个基础信息。一方面基于生态产品供求信息、价格信息，以及与之相关联的生态产品的储运、保险、包装、检疫、检测等完备的信息，生态产品的生产经营者做出生产决策②；另一方面是关于生态产品的品种和质量信息，其中最重要的是生态产品的技术指标体系，这是消费者全面了解生态产品的重要信息来源。

三　大熊猫友好型产品认证及相关案例

（一）大熊猫友好型产品认证简介

《大熊猫友好型产品认证规范》是由世界自然基金会（WWF）联合多个科研机构和院校，以国家深入推进供给侧结构改革、高质量发展、生态文明建设以及大熊猫国家公园建设的宏观政策为指导，起草的企业自愿性认证文件。

---

① 孙庆刚、郭菊娥、安尼瓦尔·阿木提：《生态产品供求机理一般性分析——兼论生态涵养区“富绿”同步的路径》，《中国人口·资源与环境》2015 年第 3 期。

② 陈辞：《生态产品的供给机制与制度创新研究》，《生态经济》2014 年第 8 期。

WWF是在全球享有盛誉的、最大的独立性非政府环境保护组织之一，自1961年成立以来，一直致力于环保事业，在全世界拥有超过500万名支持者和超过100个国家参与的项目网络。WWF在中国的工作始于1980年的大熊猫及其栖息地保护，是第一个受中国政府邀请来华开展保护工作的国际非政府组织。大熊猫是国家重点一级野生保护动物，其良好的形象在全世界受到广泛的欢迎，大熊猫保护不仅伞护了多种珍稀濒危物种，而且在一定程度上反映了良好的生态环境和优良的产品品质。为提升大熊猫分布区生态产品的价值，帮助具有品牌意识与肩负社会责任的企业提高经营效率，在保护好生态环境的前提下提高社区农民的收入，满足社会公众参与大熊猫及其栖息地保护的需求，WWF开展生态产品认证项目。从社区选择、生态产品开发、认证主体确定到完成认证过程，在兼顾大熊猫栖息地生态保护和地方经济发展的宗旨下，力图打通生态产品全产业链的市场化模式，真正做到生态产品价值高效转化。

大熊猫友好型产品指的是，来自野生大熊猫分布区，对大熊猫保护、社区生计有贡献，符合可持续利用要求的农林产品及衍生物产品。《大熊猫友好型产品认证规范》适用于野生采集和栽培植物类大熊猫友好型产品的生产、管理及评价。其内容主要规定了大熊猫友好型产品生产经营者在生产全过程做到大熊猫友好和品控两方面。品控主要参考有机认证（GB/T 19630－2019）技术标准。认证文件经由国家认证认可监督管理委员会备案通过后，交由认证机构对申请主体执行认证审查，认证机构按认证规范内容及要求，对认证的主体企业生产经营者生产的全过程进行审查，符合其认证规范即可获得认证证书。认证的主体对象主要是生产经营生态产品的企业。企业通过大熊猫友好型产品认证可以提高品牌影响力，增强消费者对产品品质的信任，提高企业在绿色产业中的竞争力。

2008～2020年，大熊猫友好型产品认证从一项村民自我管理的制度发展为中国国家认证认可监督管理委员会备案的规范性文件，内容从仅有野生采集类到增加栽培植物类，体系不断完善；认证产品开发从岷山山系的平武县扩展到邛崃山系，销售市场从单纯的国际市场发展到兼有国内外市场，范

围不断扩大；申请认证企业从一家到多家企业，长期合作企业从单个企业到企业联盟，参与广度不断提高。所认证的农林产品具备品质优良且公益附加值高的特征。认证的推出有利于平衡大熊猫栖息地保护和社区发展两个重要的问题。

（二）平武县五味子开发案例

大熊猫友好型产品采集类认证在四川省平武县水晶镇率先开展。大熊猫友好型认证体系于2010年开始针对平武南五味子等进行试验性研发和应用，从起初一个村30户农户，发展到现在已涵盖22个村近400户，向上海和美国客户出售五味子原料共计117.4吨，产品价格高出当年市场平均价格1倍，经济效益达到380万元。

平武县位于四川盆地西北部、青藏高原向盆地过渡边缘地带、涪江的上游地区。[①] 川西高山峡谷区内的山脉多呈南北走向，是我国生物物种的起源中心之一。受第四纪冰川的影响较小，这里的动物和植物成分复杂而古老，原始的孑遗种类、特产种类丰富。平武县是四川省大熊猫栖息地面积最大的县（市、区），共计28.83万公顷。根据全国第四次大熊猫调查结果显示，平武县有野生大熊猫335只，是野生大熊猫数量最多的一个县。平武县有5个自然保护区和1个自然保护小区。

我国拥有十分丰富的野生植物资源，但受自然灾害和人为因素的破坏性影响，许多野生植物处于濒危状态。野生药材一般生长在海拔较高的国有林或集体林地中，当地居民一般采用的是砍树、割藤等不可持续的利用方式。当地老百姓采集的中药材往往卖给小商贩，中药材价格波动较大、市场信息滞后等因素导致生态产品价值转化低。因此不加引导的野生药材采集不仅不利于生态保护，也没有为当地老百姓带来真正的经济收益。

2008～2009年，世界自然基金会（WWF）在四川开展药用植物资源可

① http：//www.lqy14xxx.com/today/174629.html.

持续管理和利用示范项目，选定了平武县水晶镇大坪村的南五味子进行可持续采集试点。大坪村的村民通过民主选举，自行组建了“大坪村药材资源管理小组”，开始对药用植物资源进行制度化和规范化的有序管理和利用，转变对南五味子的采集方式，不砍藤不砍树，待果子成熟后才采集。另外，可持续采集的方式在一定程度上会减少采集量，且增加劳动力投入成本，这种情况下不利于保护措施的实施。因此需要通过提高村民与可持续采集相对应的收入水平，才能调动村民继续采取可持续的采集方式，提高其参与生态保护的积极性。

为了帮助大坪村可持续采集的南五味子具有更加稳定的、更加有利于村民的销售价格，世界自然基金会积极利用自身的号召力去对接高端的以野生中药材为原料同时具有环保意识的企业。在世界自然基金会的推动下，美国加州 Traditional Medicinals 公司（以下简称“TM 公司”）与平武县签订了大熊猫友好型产品认证的南五味子订单。出于美国市场营销需要，TM 公司要求平武供应商提供相关的认证，尤其是有机产品认证之外能够证明消费者购买行为对于大熊猫保护有贡献的认证。世界自然基金会联合成都中医药大学、中健安检测认证中心等机构共同开发了《熊猫友好型产品认证规范》，提出对大熊猫及栖息地友好的采集方式：印发社区自然资源管理计划符合可持续采集的指南，如采摘过程中不砍藤树，只采集果实的 80%，留 20% 用作再生资源和维护生态系统功能需要（如鸟类食物等）；由每村的护林员承担巡护监督工作，一边巡护大熊猫的栖息地，一边监测南五味子的生长状况及村民是否按环境友好方式采摘。

2017 年，《熊猫友好型产品认证规范》备案通过，成为中国第一个以物种保护为目标的认证。2018 年，平武南五味子成为第一个通过认证的产品，并发布全球首个大熊猫友好型认证标准，这是首次将规范采集与高层次需求的市场产品相结合推出的保护区周边社区生计发展项目之一。经过多年实践，WWF 成功地实现农户参与大熊猫栖息地保护并通过合理利用野生五味子资源而获得收益。在帮助当地农户有序采集的基础上，WWF 以 NGO 的公益角色促成当地农民与美国传统草药类产品企业之间稳定的合作关系，使得

当地农民得到了相对合理的收购价，有力地支持了野生五味子的可持续性采集和公平贸易。

（三）宝兴县枇杷和山药开发案例

大熊猫友好型产品栽培类认证在雅安市宝兴县五龙乡率先开展。宝兴县地处四川盆地向青藏高原过渡地带，位于邛崃山脉大熊猫栖息地核心区和外围保护区，全国第四次大熊猫调查数据显示宝兴县的野外大熊猫数量为181只，仅次于平武县。全县98%的面积（2320公顷）被划入了以大熊猫为主要保护对象的世界自然遗产保护地，约86%的面积被划入大熊猫国家公园。宝兴县被列为国家川滇森林及生物多样性生态功能区，且县域范围的绝大部分土地同时涉及四川大熊猫栖息地、蜂桶寨国家级自然保护区、夹金山省级风景名胜区等多个不同类别的保护机构。

宝兴县植被保存完整，植被覆盖率达72.04%，森林面积147570公顷，其中95%为天然林。宝兴县拥有以大熊猫和珙桐珍稀物种为特色的生物多样性资源，也是重要的中药材产地，品种达1000多个。由于独特的自然条件，宝兴县的农林产品品质高，是全国有机产品认证示范县、全国有机农业示范基地、中国最大的有机野生蔬菜采集基地、全国动植物基因库。因此，宝兴县具备极好的栽培类产品生产条件。宝兴县地处偏远山区，大熊猫国家公园宝兴园区划建前，当地基础设施落后，产业结构单一，以矿山开采、水力开发等资源消耗型产业为主。按照国家公园功能定位，这些不符合保护要求的产业都要逐步退出，社区居民割竹、打笋采药、放牧等传统资源利用方式也受到限制，产业结构不合理性凸显。由于发展机遇相对缺乏，群众脱贫致富方法有限，且生态产业市场需要时间培育，地方经济发展短期内可能会受到影响。生态保护如何与县域经济社会协调统筹发展，是当地发展中的难点，也是痛点。

2019年，四川省科技厅支持宝兴县开展“大熊猫友好型农林产品开发与示范应用”项目，并下发实施方案。四川省宝兴县政府和宝兴文旅集团与世界自然基金会合作，在平武县认证经验基础上，在宝兴县推进大熊猫友好型产品认证体系，尝试扩展大熊猫友好型认证的产品范围，试点对人工栽培类的农产品进行大熊猫友好认证。在四川省宝兴县建立大熊猫友好型产品示范基地，采用“政府＋NGO＋企业＋农户/合作社＋科研院校”的多元主体参与方式组织实施。2020年宝兴县五龙乡的高山山药与枇杷生产经营企业积极申报“大熊猫友好型产品认证”，并得到了认证管理机构的积极反馈，为宝兴县大规模发展绿色产业、实现生态产品经济价值奠定了坚实的基础。

四 大熊猫友好型产品认证实践在生态产品价值转化中的经验启示

（一）认证促进大熊猫栖息地生态经济化和经济生态化双向转化

生态经济化、经济生态化是打通“两山”转化通道的关键。生态经济化不仅有助于环境改善，而且有利于区域经济的协调发展，生态经济化就是对生态的保护和建设以按照市场经济规律实施为前提。大熊猫友好型产品认证过程中，引导农户建立村规民约、采集手册与采集产品跟踪卡，有利于可持续的采集以及产品溯源体系的建立。生态产品认证带来的经济效益，提高了生产农户的生态保护意识，深化村民自我组织、自我管理的机制。当地居民形成了内部相互监督和对外来人员在本地资源的破坏行为的监督意识。大熊猫友好型产品认证规范引导农户将生态保护作为生产活动的出发点，做到森林防火，在高山林地环境的生产过程中不乱丢弃垃圾，采取预防措施防止人兽冲突，维护野生动物走廊带等，提高了农户在生态保护方面的参与积极性。

大熊猫友好型产品认证在社区居民参与生态保护和社区居民增收的实践中，推动建立以市场化为导向的集约化、规模化、品牌化和标准化的现代农业生产经营模式。企业提供生产技术、生产资料等引导农户按企业有机技术标准进行生产。一方面有利于农户获得准确的市场信息从而进行生产规划，

另一方面也有利于企业提供符合消费者需求的高质量生态产品，最终实现风险最小、收益稳定，企业和农户共赢的局面。

大熊猫友好型产品认证的过程同时也推动大熊猫自然保护地周边社区经济生态化发展，加快产业绿色转型升级，持续推进经济结构调整，走出一条附加值高、资源消耗低、环境污染少的绿色发展新路子。企业的商业化特征促使在绿色产业中要不断提高自身竞争力，借助政策的扶持和科技的进步，不断迭代更新，运用最前沿的理念和最先进的设备技术来武装自己。例如，在宝兴案例中申请大熊猫友好型产品认证的生态诚品有限公司，已逐步建立生产和供应链标准体系、信息化溯源系统，在生态产品认证和销售过程中，强调公益、生态，提升企业商业向善的品牌形象。企业为把控产品产地来源，增强消费者信任，运用数字化经济手段，形成生态产品的信息化溯源升级方案。

经济发展与环境保护相协调，经济增长速度与质量同步，不断满足人们生存和发展所需的物质生活需求，习近平总书记既要“绿水青山”也要“金山银山”的理念正是经济生态化和生态经济化双向转化的诠释，大熊猫友好型产品认证是生态与经济高效的双向转化形式。

（二）生态产品价值转化需要推动建立多元主体参与的生态共治共享机制

在“大政府”背景下，加之生态产品本身具有典型的公共产品特性和外部性，容易产生“搭便车”问题和“公地悲剧”。中国生态产品供给长期以政府为主导，供给主体单一化程度较高，企业、公众、社会组织等其他社会主体参与程度较低。习近平新时代发展思想指出，“生态文明建设同每个人息息相关，每个人都应该做践行者、推动者”。全社会环保意识的觉醒和大众传媒的创新发展直接加速了公众表达环保诉求和参与环境治理的进程。如何利用构建现代环境治理体系的重要契机，推进生态产品供给领域实现共同利益诉求、共同协商机制、共同行动规则、共享成果成为时代命题。

平武县和宝兴县实施的大熊猫友好型产品认证项目，是对多元利益主体参与绿色可持续发展的探索，对推动建立多元主体参与的生态共治共享机制有积极的意义。大熊猫友好型产品认证在大熊猫栖息地开展的生态产品认证，相对于有机认证、绿色认证、地理标志认证等标准更高，不只是停留在关注产品本身的质量技术标准，而是更加强调调动多元利益主体的参与积极性，提倡公众融入产业链的产地生态保护，形成“地方政府 + NGO + 企业 + 农户/合作社 + 科研院校”多元主体参与的生态产品价值转化新模式。

只有解决大熊猫栖息地当地居民的发展问题才能真正实现大熊猫栖息地的人与自然和谐共生。农户是长久生活在大熊猫栖息地的数量最庞大的主体，也是对当地生态影响最直接的相关群体。但仅仅依靠农户自身的力量无法实现持续有效的改变。农户发展的关键在于如何通过可持续利用资源来增加可支配收入，这是保持适度规模的标准化生产与现代化农业衔接的问题。在城乡融合、乡村振兴的背景下，需要资本将先进适用的品种、投入品、技术、装备导入。

认证的主体对象是企业。处于市场关系中的企业最具有效率与活力，一方面能够影响农户、能够触及消费者；另一方面能敏锐捕捉市场需求信息。对于企业而言，通过提供生态产品来履行企业社会责任，可以提升企业品牌形象。产品的生态性更是提高企业产品附加值的有力渠道。[①]

非政府组织（NGO）是非营利性组织，是在公共管理领域作用日益重要的新兴组织形式。基于社区的自然保护（CBC）起源于19世纪80年代，国际社会认识到保护与发展之间的联系，开发机构将环保纳入议程，NGO开始重视当地人需求的生态保护。在大熊猫友好型产品认证案例中，NGO作为公益性质的第三方在社区开展保护项目，可以协调不同利益相关方的需求。一方面可以通过大量环保宣传，使“提供生态产品也是创造价值的过程，保护生态环境、提供生态产品的活动也有利于发展”这样的理念不断深入人心，人们的生态观念、环保理念不断形成；另一方面，投资一些生态

① 陈辞：《生态产品的供给机制与制度创新研究》，《生态经济》2014年第8期。

资源，将经营生态产品所获得的收入再用于环境保护。公益组织通过在欠发达地区或生态脆弱区以扶贫为目的，以项目为载体，较长时间在该区域扶持生态发展，从而有效地保护了环境，使整个社会受益，或者也可在该区域投资生态资源，将经营收入用于增强对当地居民的培训力度，帮助居民进行生态生产和生态消费。

（三）生态产品开发要建立政府主导、市场化运作为原则的价值转化机制

大熊猫友好型生态产品开发需要建立政府主导、市场化运作为原则的价值转化机制，推进绿色产业发展。政府主导可以把握生态产品开发红线，市场化运作可以充分发挥市场在资源配置中的决定性作用。2021年中央一号文件提出要发挥财政投入引领作用，支持以市场化方式设立乡村振兴基金，撬动金融资本、社会力量参与，重点支持乡村产业发展。政府对企业的补贴政策，可以鼓励企业在资金、技术等方面对农户予以支持，以此来充分调动农民避免走粗放和农业污染的发展之路，调动农村对生态环境保护和提供生态产品的积极性。农民将环保成本纳入有机食品、绿色食品、大熊猫友好型产品的价格之中，直接通过市场交易获得补偿，逐步改变以往以政府为主导的纵向转移支付的生态补偿方式，创新横向生态补偿机制。

在生态产品价值转化的产业链过程中，企业通过在产品、技术、制度、组织和管理上的创新，加快了大熊猫栖息地社区居民传统小农生产方式向科技化、信息化、标准化、制度化和组织化的绿色生产方式转型，培育了大熊猫友好的生态品牌理念。

大熊猫友好型产品认证形成的“企业＋农户”订单式模式增强了小农户生产在市场化中的契约精神。合约是在农业生态产品价值链中协调交易的主要工具，作为连接大熊猫栖息地农业生产者与采购商的机制，减少了市场化交易的不确定性。围绕生态产品在企业与农户之间建立一定的私人经济契约关系，转变国家通过现金补助让农户分散经营的方式，实现资本、技术和

劳动力资源的有机结合，使生态产品的生产更为专业化，并形成区域化布局产生规模效益。[①]“企业+农户”模式可以促使生态购买市场发展，增强生态产品市场供给的有效性，减小大熊猫栖息地社区居民进行生态产品生产面临的收入风险，从而获得较为稳定的收入。大熊猫友好型产品认证在生态产品全产业链过程中，推动了企业、农户、消费者以不同的方式参与大熊猫栖息地的生态保护，促进社区经济绿色发展。这对于我国其他生态功能区创新生态产品价值转化模式，协调保护与发展之间的关系，具有重要的借鉴意义。

参考文献

孙庆刚、郭菊娥、安尼瓦尔·阿木提：《生态产品供求机理一般性分析——兼论生态涵养区“富绿”同步的路径》，《中国人口·资源与环境》2015年第3期。

李晓燕、王彬彬、黄一粟：《基于绿色创新价值链视角的农业生态产品价值实现路径研究》，《农村经济》2020年第10期。

黎元生：《生态产业化经营与生态产品价值实现》，《中国特色社会主义研究》2018年第4期。

温铁军、罗士轩、董筱丹、刘亚慧：《乡村振兴背景下生态资源价值实现形式的创新》，《中国软科学》2018年第12期。

张英等：《生态产品市场化实现路径及二元价格体系》，《中国人口·资源与环境》2016年第3期。

贾康、冯俏彬：《从替代走向合作：论公共产品提供中政府、市场、志愿部门之间的新型关系》，《财贸经济》2012年第8期。

尹伟伦：《提高生态产品供给能力》，《瞭望》2007年第11期。

马涛：《增强生态产品生产能力》，《人民日报》2013年3月18日。

马椿荣、江林：《基于消费者价值的生态产品购买驱动方式研究》，《中国流通经济》2011年第3期。

曾贤刚、虞慧怡、谢芳：《生态产品的概念、分类及市场化运行机制》，《中国人

① 曾贤刚、虞慧怡、谢芳：《生态产品的概念、分类及其市场化供给机制》，《中国人口·资源与环境》2014年第7期。

口·资源与环境》2014 年第 7 期。

赵云君：《影响绿色产品市场开拓的产业问题研究》，《生态经济》2006 年第 5 期。

何建奎：《发展绿色产业与开发绿色产品问题研究》，《生态经济》2005 年第 8 期。

祝宏辉、尹小君：《订单农业生产方式对生态环境的影响分析——以新疆玛纳斯县为例》，《生态经济》2007 年第 8 期。

生态环境治理篇

Ecological Environment Management

B.7
四川省消耗臭氧层物质淘汰履约管理

凌 娟*

摘 要： 自20世纪80年代中期发现南极臭氧洞以来，国际社会就积极采取各项措施，致力于保护臭氧层，先后达成了《保护臭氧层维也纳公约》和《关于消耗臭氧层物质的蒙特利尔议定书》。经过30多年的不懈努力，全球已淘汰了99%的ODS生产和消费，臭氧层耗损得到了有效遏制。我国累计淘汰ODS约28万吨，占发展中国家淘汰量的一半以上，为保护臭氧层做出了重要贡献。本研究从四川履约管理的角度，从保护臭氧层的重要意义、消耗臭氧层物质的定义和分类、国家和四川对消耗臭氧层物质管理的工作成果、全省ODS淘汰履约管理工作中存在的问题、未来全省开展此项工作的展望等方面做了详细介绍。

* 凌娟，工程师，四川省生态环境对外交流合作中心，主要研究方向为环境国际合作及履约、应对气候变化和投资评估。

关键词： 四川省 消耗臭氧层物质（ODS） 履约管理

一 保护臭氧层的作用和意义

（一）臭氧层

臭氧层是大气平流层中臭氧浓度高的层次，分布在地球地面以上 20～50 公里的大气高度，但主要位于 20～25 公里的高度间。虽然说起来臭氧层的厚度最少可达 5 公里，但是若把臭氧层的臭氧校订到标准情况，也就是说将臭氧分子按空气浓度排列成一层，这层纯臭氧的厚度平均仅为 3 毫米左右。

臭氧层中的臭氧主要是太阳紫外线制造出来的。太阳光线中的紫外线分为长波和短波两种，当大气中的氧气分子受到短波紫外线照射时，氧分子会分解成原子状态。氧原子的不稳定性极强，当它再与氧分子反应时，就形成了臭氧，在地球大气层中每年大约会形成 500 亿吨臭氧。

（二）臭氧层的作用

1. 保护作用

臭氧层能够吸收太阳光中的波长 300 μm 以下的紫外线，主要是一部分中波紫外线 UV-B 和全部的短波紫外线 UV-C，保护地球上的人类和动植物免遭短波紫外线的伤害。只有长波紫外线 UV-A 和少量的中波紫外线 UV-B 能够辐射到地面，长波紫外线对生物细胞的伤害要比中波紫外线轻微得多。所以臭氧层犹如一件宇宙服保护地球上的生物得以生存繁衍。

2. 加热作用

臭氧吸收太阳光中的紫外线并将其转换为热能，从而加热大气，由于这种作用，大气温度在高度 50 千米左右有一个峰值。正是由于存在臭氧才有平流层的存在，而地球以外的星球因为不存在臭氧和氧，所以也就不存在平流层。大气的温度结构对于大气的循环具有重要的影响，这一现象的起因也来自臭氧的高度分布。

3. 温室气体作用

在对流层上部和平流层底部，即在气温很低的这一高度，臭氧的作用同样非常重要。如果这一高度的臭氧减少，则会产生使地面气温下降的动力。因此，臭氧的高度分布及其变化是极其重要的。

（三）破坏臭氧层的危害

1. 对人类健康的影响

（1）增加皮肤癌。紫外线 UV-B 辐射的增加，直接导致人类患有多种皮肤癌。美国环境保护局估计臭氧每减少 10%，皮肤癌的发病率就提高 26%；臭氧每减少 1%，非黑色素瘤皮肤癌就增加 3%。紫外线会损伤眼角膜和晶状体，引发白内障，臭氧每减少 1%，全球白内障患者就增加 1 万 ~1.5 万人。

（2）对免疫系统的影响。适量的 UV-B 是维持人类生命所必需的。但是长期接受过量紫外线辐射，将引起细胞内 DNA 改变，细胞的自身修复能力减弱，免疫机制减退。动物试验发现紫外线照射会减少人体对皮肤癌、传染病及其他抗原体的免疫反应，进而导致对重复的外界刺激丧失免疫反应。

2. 对生态的影响

（1）农产品减产及其品质下降。试验 200 种作物对紫外线辐射增加的敏感性，结果 2/3 有影响，尤其是大米、小麦、棉花、大豆、水果和洋白菜等人类经常食用的作物。估计臭氧每减少 1%，大豆就减产 1%。

（2）减少渔业产量。紫外线辐射可杀死 10 米水深内的单细胞海洋浮游生物。实验表明，臭氧每减少 10%，紫外线辐射就增加 20%，将会在 15 天内杀死所有生活在 10 米水深内的鳗鱼幼鱼。

3. 其他影响

据研究，臭氧减少影响人类健康及生态系统的主要机制是紫外线辐射的增加会破坏核糖核酸（DNA），以改变遗传信息及破坏蛋白质。除了影响人类健康和生态外，因臭氧减少而造成的紫外线辐射增多还会造成对工业生产

的影响，如使塑料及其他高分子聚合物加速老化。

4. 消耗臭氧层物质的定义和分类

20 世纪 70 年代开始，南极上空出现的巨大的臭氧层空洞让地球气候和环境学家们十分担忧，因为如果没有臭氧层的阻挡，那么太阳的紫外线将直达地表，对地球上的生命物种造成较大伤害。各国政府和科学家都加强了对南极大气臭氧变化的监测和研究。[①] 大气臭氧层的破坏主要是由于工业生产和使用的氯氟碳化合物、哈龙等物质，当它们被释放到大气并上升到平流层后，受到紫外线的照射，分解出 Cl 自由基或 Br 自由基，这些自由基很快地与臭氧进行连锁反应，使臭氧层被破坏。这些破坏大气臭氧层的物质被称为“消耗臭氧层物质”，英文名称为 Ozone-Depleting Substances（ODS）。

在《关于消耗臭氧层物质的蒙特利尔议定书》中，规定的履约任务是管控 8 类 96 种消耗臭氧层物质（ODS）。8 类 ODS 分别是全氯氟烃（CFCs）、哈龙（Halon）、四氯化碳（CTC）、甲基氯仿（TCA）、甲基溴（MBr）、含氢氯氟烃（HCFCs）以及含氢溴氟烃、溴氯甲烷。第一类全氯氟烃主要用作制冷剂、发泡剂、清洗剂等，第二类哈龙主要用作灭火剂，第三类四氯化碳主要用作加工助剂、清洗剂和试剂等，第四类甲基氯仿主要用作清洗剂、溶剂，第五类甲基溴主要用作杀虫剂、土壤熏蒸剂等，第六类含氢氯氟烃主要用作制冷剂、发泡剂、灭火剂、清洗剂、气雾剂等，第七类含氢溴氟烃和第八类溴氯甲烷在我国没有受控用途的生产和使用。

5. 两个重要的国际环境公约

1974 年一些科学家提出臭氧层遭到全氯氟烃（CFCs）破坏以后，联合国环境规划署（UNEP）认识到臭氧层破坏是一个全球性环境问题。1985 年 3 月，UNEP 在奥地利维也纳召开了“保护臭氧层外交大会”，相关国家签署了《保护臭氧层维也纳公约》。《保护臭氧层维也纳公约》的宗旨是为了保护人类健康和环境，各缔约国应采取适当措施，控制足以改变和可能改变臭氧层的人类活动，以免受到由此造成的和可能造成的不利影响。

---

① 陆龙骅：《南极臭氧洞的发现、研究和启示》，《气象科技进展》2016 年第 3 期。

1987 年 9 月 16 日，46 个国家在加拿大蒙特利尔签署了《关于消耗臭氧层物质的蒙特利尔议定书》，开始了保护臭氧层的行动。蒙特利尔议定书又称作蒙特利尔公约，全名为“蒙特利尔破坏臭氧层物质管制议定书（Montreal Protocol on Substances that Deplete the Ozone Layer）”，是联合国为了避免工业产品中的氯氟碳化合物对地球臭氧层继续造成恶化及损害，承续 1985 年《保护臭氧层维也纳公约》的大原则，于 1987 年 9 月 16 日邀请所属 26 个会员国在加拿大蒙特利尔所签署的环境保护公约。该公约自 1989 年 1 月 1 日起生效。蒙特利尔议定书是有史以来第一个也是唯一获得所有国家参与的国际公约。联合国 197 个成员国全部加入了议定书。

关于蒙特利尔议定书最新一次修正发生在 2016 年 10 月 15 日，在卢旺达首都基加利举行的《关于消耗臭氧层物质的蒙特利尔议定书》缔约方第 28 次会议上，各国达成了逐步淘汰氢氟碳化合物的《基加利修正案》。氢氟碳化合物虽然对臭氧层较为安全，但它的致暖效应是二氧化碳的 4000 倍。修正案规定将氢氟碳化合物的生产和消费量削减超过 80%，这样截至 2050 年，将减少 800 亿吨或更多的二氧化碳当量排放，截至 2100 年避免全球升温 0.5℃。这对于实现《巴黎协定》目标至关重要。本次修正案已于 2019 年 1 月 1 日正式生效。

二　消耗臭氧层物质淘汰履约管理概况

（一）我国消耗臭氧层物质淘汰履约管理基本情况

我国高度重视保护臭氧层工作，于 1989 年和 1991 年分别签署加入了《保护臭氧层维也纳公约》[①] 和《关于消耗臭氧层物质的蒙特利尔议定书》[②][③]。

① 《〈保护臭氧层维也纳公约〉简介》，《中国人口·资源与环境》2000 年第 4 期。

② 杜运亭：《〈关于消耗臭氧层物质的蒙特利尔议定书〉及其实施机制研究》，外交学院学位论文，2002。

③ 胡建信等：《中国履行〈蒙特利尔议定书〉面临的挑战》，《环境保护》2006 年第 14 期。

为实现国际规定的 ODS 淘汰任务，从 1991 年开始，中国政府成立了由国家环境保护总局牵头，其他十多个部委参加的中国保护臭氧层领导小组，负责整个履约工作的协调、组织和实施。我国政府制定了一系列控制 ODS 生产和消费的政策，编制了家用冰箱、工商制冷、汽车空调、清洗、哈龙、气雾剂、泡沫、化工生产 8 个行业战略；出台了《中国逐步淘汰消耗臭氧层物质国家方案》，制定了《消耗臭氧层物质管理条例》以及 100 多项政策措施。截至目前，我国累计淘汰 ODS 28 万吨，占发展中国家淘汰量的一半以上，为公约和议定书的成功实施做出了重要贡献。

2007 年，原国家环保总局下发《关于加强消耗臭氧层物质淘汰管理工作的通知》,① 要求全国各地开展加速淘汰消耗臭氧层物质的工作。

（二）四川消耗臭氧层物质淘汰履约管理基本情况

四川从 2007 年起推进保护臭氧层工作，共实施了三个有关 ODS 的项目，分别是“加强地方消耗臭氧层物质淘汰履约能力建设项目”一期、二期和“四川省泡沫行业消耗臭氧层物质监测监督活动项目”。通过十多年项目的实施，四川建立了履约机制，提升了履约能力，确保了完成阶段性的履约目标。

随着我国国际地位和综合国力的持续提升，以及美国等西方国家在国际环境问题中的立场调整，国际环境治理体系正在发生深刻变化。② 正是在错综复杂的国际形势下，2018 年生态环境部对 ODS 淘汰履约管理方式进行调整，原则上不再以项目形式推进，转由生态环境部大气环境管理司牵头，推进相关工作。四川 ODS 履约管理模式也相应进行转变，履约方式由项目管理为主转为行政管理为主，强化监管力度。

1. 项目成果

（1）摸清四川 ODS 涉及行业

通过对四川重点区域进行摸底调研，以及对四川消耗臭氧层物质及含

---

① 吕达：《消耗臭氧层物质（ODS）管理研究》，《环境科学与管理》2015 年第 1 期。

② 郑军：《“十四五”生态环境保护国际合作思路与实施路径探讨》，《中国环境管理》2020 年第 4 期。

氟气体在线申报备案内部分重点企业申报数据进行分析，确定了四川主要涉及ODS 的行业有生产、销售、消防、制冷设备生产、制冷设备使用、维修（安装）等。

（2）制定《消耗臭氧层物质管理条例》地方配套政策和管理制度

一是制定了全省车辆维修含 ODS 制冷剂回收、再生利用和销毁政策。2011 年，四川省生态环境厅会同四川省交通运输厅印发了《关于四川省 2011 年车辆技术暨维修管理工作要点的通知》，明确要求“在汽车维修行业加强 ODS 淘汰工作，督促汽车维修业户将汽车空调冷媒回收再利用管理纳入日常工作，逐步在全省汽车维修业务配置必要的汽车空调维修专用设备，回收并集中处理汽车空调冷媒，杜绝随意排空的违法行为，保护环境”。

二是落实 ODS 替代品和替代技术优惠政策。经与四川省经济和信息化委员会沟通协调，全省将 ODS 替代品研发纳入了 2014 年和 2016 年度的《战略性新兴产业（产品）发展指导目录》（川经信办新兴〔2014〕43 号、川经信办新兴〔2016〕110 号）。

三是建立四川 ODS 在线申报备案制度。2015 年 4 月，全省印发了《关于加强消耗臭氧层物质生产销售使用及回收工作备案管理的通知》，明确要求“在全省从事 ODS 生产、销售、使用、维修、回收、再生利用和销毁等经营活动的企业应于每年 1 月 15 日前登录四川省消耗臭氧层物质及含氟气体在线申报备案系统进行在线申报”，同时，作为全省 ODS 管理的纲领性文件，指导市（州）环保局和相关企业开展 ODS 在线备案的申报、审核工作。

四是建设四川 ODS 在线申报备案系统。2014 年 10 月，根据《消耗臭氧层物质管理条例》的要求，结合全省实际情况，编制了在线申报备案系统《需求规格说明书》并启动开发申报备案系统。经过半年时间的研发，2015 年 4 月“四川省消耗臭氧层物质及含氟气体在线申报备案系统”正式在四川省环境保护厅官网上线试用。

四川 ODS 申报备案管理实行企业注册—市（州）环保部门初审—省环保厅核准三级管理制度。在注册时，除了要填写名称、地址、营业执照等基本信息外，部分企业还需同步扫描上传危化品经营许可证等许可类证件。对于填报信息不详或无效的企业，由市（州）环保局标明原因退回企业进行修改后重新申报。

（3）落实消耗臭氧层物质相关管理政策法规

一是加强建设项目消耗臭氧层物质环评管理。为深入贯彻落实国家有关加强 ODS 淘汰管理工作的要求，四川于 2009 年印发了《关于进一步加强建设项目消耗臭氧层物质环评管理的通知》，将国家关于 ODS 环评管理的 22 份重要文件进行了集中转发，要求市（州）进一步明确和掌握国家对于新、改、扩、建项目 ODS 生产设施及环评管理要求。截至目前，全省并无涉及 ODS 的新建项目。

二是加强特殊和原料用途的企业监管。全省特殊和原料用途的企业仅两家，一家是位于泸州的鑫福化工有限公司。该企业是氯碱生产企业，目前涉及相关的 ODS 是甲烷氯化物生产过程中副产的四氯化碳（CTC）。另一家是位于自贡的中昊晨光化工研究院有限公司。该企业生产的 HCFC-22 作为原料用于生产聚四氟乙烯等产品。这两家企业都是全省监督检查的重点，定期开展核查，截至目前，未发现上述两家企业有违法生产、销售和使用 ODS 的行为。

三是落实管理政策及相关禁令。全省十分重视对 ODS 政策管理法规以及禁令的宣传与落实，多次组织培训，编写了《四川省加强消耗臭氧层物质淘汰履约能力建设监督执法工作培训讲义》《四川省加强消耗臭氧层物质淘汰监督执法工作手册》，作为开展执法检查工作的参考依据。仅项目二期，省级联合市（州）对四川 500 余家企业开展了专项执法检查活动，对检查中发现不按规定销售 CTC 以及不按规定及时申报的三家企业给予了相应的处罚。

（4）协助开展多边基金的申报和实施。

一是协助开展清洗行业调查。2015 年 5 月，按照《关于加强清洗行业含氢氯氟烃（HCFCs）使用企业备案管理及协助开展相关情况调查的函》的要求，四川对清洗行业 HCFCs 的使用情况进行了更新调查，向重点企业发放了调查问卷并收集整理反馈信息。据调查，四川共涉及 10 家企业。

二是协助开展多边基金项目企业监管。四川共两家企业得到多边基金项

目的支持，分别是成都科文保温材料有限公司以及四川长虹空调有限公司。项目二期期间，针对这两家企业开展了监督检查，掌握企业技改状况，确保企业按时保质完成多边基金项目的要求和目标。

三是鼓励企业和消费者使用低 GWP 值的 ODS 替代技术。按照《关于提交清洗行业 2016 年度多边基金赠款含氢氯氟烃淘汰项目通知书》，全省通过多种渠道向使用 HCFCs 作为清洗剂的企业展开宣传，鼓励企业积极申报。

（5）掌握四川 ODS 替代品和替代技术情况

针对不同制冷领域（商业、工业、汽车空调及家用空调），四川开展了制冷工质发展、ODS 替代品发展等研究，分析了四川目前不同行业 ODS 替代制冷工质的优缺点以及未来替代技术发展趋势，编制了《四川省制冷行业 ODS 使用、替代技术发展分析报告》。同时，四川主动将含氟气体统计纳入在线申报，并鼓励销售、使用含氟气体（R410a、R-134a）的企业在系统内进行填报。

（6）提升公众保护臭氧层意识

全省通过“两微一端”新媒体在“6·5”世界环境日、“9·16”国际臭氧层保护日等节日举办形式丰富多样的宣传活动，向公众进行科普宣传，不断提高公众保护臭氧层的意识，鼓励公众对违法行为进行监督举报，并鼓励公众通过使用无氟产品减少对臭氧层的破坏。同时，ODS 淘汰履约管理是一项专业性较强的工作，为了保证工作落到实处，四川十分重视对基层 ODS 履约工作人员的业务培训，采用“先总后分”和“专项培训”的方式，组织开展了一系列的培训活动，极大地提高了工作人员的履约能力。

（7）监督执法检查

一是专项执法检查。项目二期期间，全省共计对 574 家企业开展了监督执法检查。在开展监督执法的过程中，发现了不少典型案例，具体如下。

案例一：乐山某公司煤矸石发电厂库存 9 瓶哈龙 - 1211 灭火器，未按要求存放，并要求其尽快按照相关规定进行处理。

案例二：绵阳某回收有限公司报废汽车回收拆解中心未按规定配备制冷

剂回收机，已督促该企业尽快配备回收机。

案例三：南充在开展执法检查中，发现 ODS 销售企业普遍台账建立不规范。

案例四：成都某化工试剂厂销售四氯化碳，但库存四氯化碳不能提供合法进货来源，只能进行封存处理。

案例五：西昌某公司未在生态环境部准予销售四氯化碳的厂商处购进四氯化碳，只能作封存处理。

案例六：成都市三家企业未按《消耗臭氧层物质管理条例》要求在“四川省消耗臭氧层物质及含氟气体在线申报备案系统”中申报备案，每家予以罚款 5000 元的行政处罚。

二是泡沫行业监测监督执法。泡沫行业是 ODS 违法行为的高发区，四川针对泡沫行业进行了一次详细的排查，整理出 112 家企业名单，经筛查后，有 53 家纳入有效泡沫企业名单，除去采样时正停产的 4 家企业，共计对 49 家企业进行了多轮次采样分析，确保企业履约守法。

（8）履约经验交流

为学习兄弟省（市）ODS 项目管理经验，四川赴上海、深圳、江苏、青海四个省开展交流学习，与安徽省、青岛市、浙江省和湖北省开展了互查互评，在 ODS 备案管理制度与 ODS 回收、无害化处置、长效管理机制、ODS 企业分级备案管理等方面得到了有益的启示，极大地提高了四川 ODS 淘汰履约管理的效率。

（9）四川 ODS 淘汰履约管理工作亮点

一是率先开展含氟气体统计与申报。结合 ODS 二期调研工作，四川率先开展了氢氟烃（HFCs）的调研统计工作，并将 HFCs 的申报一并纳入了 ODS 在线申报备案系统，鼓励涉及销售、使用 HFCs 的企业在系统内进行填报，以期为中国履行蒙特利尔议定书《基加利修正案》提前打下工作基础。

二是针对不同行业，开展 ODS 淘汰课题研究。四川积极开展不同行业涉及 ODS 的企业在回收、处置、补贴等方面的研究，为未来全省 ODS 淘汰配套政策提供建议。

废弃家电拆解行业开展全省 ODS 回收、处置、补贴试点可行性分析。结合四川废弃家电拆解行业 ODS 回收量小、回收利用效率不高的现状，四川组织开展了 ODS 回收、处置、补贴试点可行性分析，形成《四川省废弃家电拆解行业 ODS 回收、处置补贴试点可行性分析报告》。该报告通过分析国内外家电拆解行业 ODS 回收处理现状，实地调研全省 5 家纳入废弃电器电子产品处理补贴范围的 5 家企业，梳理出全省家电拆解行业 ODS 回收、处置状况及面临的问题。一是报废家电在进入拆解企业时，储存制冷剂的密闭体系已经遭到了破坏，制冷剂泄漏严重；二是 ODS 资源化再利用技术难度较大，无害化处置成本较高，企业在 ODS 回收处置方面的经济负担较重；三是废旧回收体系较为混乱，再生资源回收行业市场准入门槛低，从业人员素质普遍不高，市场上有大量个体商贩，废旧家电回收市场基本处于无序状态。针对上述问题，该报告提出了全省开展家电拆解重点企业 ODS 回收、处置补贴试点可行性建议。

第一，建议自主推广废旧家电回收电子商务系统，充分发挥互联网的驱动创新作用，引导再生资源回收行业向信息化、自动化、智能化方向发展。鼓励互联网企业积极参与各类产业园区废弃物信息平台建设，推动现有骨干再生资源交易市场向线上线下集合的方向转型升级，逐步形成行业性、区域性、全国性的产业废弃物和再生资源在线交易系统，完善线上信用评价和供应链融资体系，开展在线竞价，发布价格交易指数，提高稳定供给能力，减少回收环节，对保证废旧家电完整性、提高制冷剂的回收率、降低回收成本、提高企业竞争力具有重要意义。

第二，建议设立专项 ODS 回收、处置资金，为家电拆解企业减负。目前，全省仅中昊晨光化工研究院有限公司一家 ODS 处置企业。该企业的 ODS 处置费用标准是 26000 元/吨，对于家电拆解企业来讲，不仅需要负担较高的处置费用，还要承担较高的运输费用，建议省级环保、财政、商务等部门设立专项资金，对 ODS 的回收、处置进行补贴。

第三，建议完善废旧家电回收体系，健全企业回收网络和社会回收网络。企业回收网络主要涉及制造商、销售商和专业回收企业。制造商和销售

商都是家电产业价值链中的一环，它们理应负起回收废旧家电并送达处理工厂的责任。社会回收网络主要是依靠政府、专业回收企业的资助建立起来的回收站点，建议围绕专业回收企业建立回收中心站，再分级建立区县回收站和社区回收点，构建起网络化的社会回收体系。

成都市汽车维修、报废行业广泛开展 ODS 回收、处置现状调查。四川是国内汽车销售、使用大省，相应地有较多配套的汽车维修、报废回收企业，为此，开展了针对成都市汽车维修、报废行业的 ODS 回收、处置现状调查，编制《成都市汽车维修、汽车报废行业消耗臭氧层物质回收、处置现状调研及优化建议报告》。该报告通过调研目前成都市内 72 家汽车维修、报废企业，掌握成都市汽车维修报废行业 ODS 回收利用现状，剖析了成都市汽车维修和报废行业 ODS 回收利用中存在的问题，主要有：从业人员环保意识淡薄，ODS 回收技能水平较低；汽车维修企业 ODS 回收利用设备保有量及利用率低；存在不合规不合法的汽车空调维修及汽车报废从业单位，过程管理困难。

针对上述问题，该报告提出了汽车维修报废行业 ODS 回收处置优化建议，主要有：源头控制，建议将汽车维修及报废过程中的 ODS 管理问题纳入环境影响评价制度，杜绝设备工艺落后、不配备 ODS 回收再利用设备的汽车维修、报废企业通过环评批复；加强针对汽车维修报废企业的环保宣传、企业整备工作以及监管工作，提高从业人员专业技能，加强 ODS 回收再利用设备维护，强化企业管理制度，对于制冷剂的更换量、暂存量、回收再利用量等需建立台账制度。

四川对制冷行业（分不同领域）的制冷技术、制冷工质、替代品和替代技术进行深入分析，编写全省制冷行业 ODS 淘汰技术建议报告。为弄清四川省制冷行业体系目前采用何种 ODS 替代品及替代技术，四川针对不同制冷行业领域，开展了家用空调、汽车空调、工商制冷企业的制冷技术、制冷工质、替代品、替代技术的调研，并进行深入分析，形成《四川省制冷行业 ODS 使用、替代技术发展分析报告》，总结了全省不同领域制冷企业的制冷工质、替代品、替代技术并且分析了各种替代品和替代技术的优缺点，同时结合调研全省制冷生产企业、制冷设计单位、制冷维修单位等重点企业，对企业 ODS 制冷工质（技术）替代过程、ODS 制冷工质（技术）替代计划、存在困难等进行分析，编制了《四川省制冷行业 ODS 淘汰技术建议报告》。该报告建议全省的 ODS 淘汰工作要紧跟国际技术前沿，加强新型环保制冷剂的研发工作，掌握淘汰主动权，同时也要鼓励自然工质制冷装置的使用，提高能源利用效率，鼓励结合全省实际情况加强可再生能源如太阳能、地热能、风能以及生物质能的利用。

2. 工作现状

（1）工作机制。四川自转为行政管理方式推进 ODS 淘汰履约管理工作后，对工作机制也进行了相应调整。目前，四川在充分发挥污染防治攻坚战领导小组办公室统筹协调作用的基础上，在厅内建立业务对口处负责牵头、四川省生态环境对外交流合作中心提供技术支持、有关处室及直属单位分工协作的工作机制。同时，基层生态环境局配合实施，逐渐形成了一支人员稳定、省市县（区）三级联动的 ODS 环境管理队伍。

（2）清单建立。经过 10 多年 ODS 淘汰管理工作的推进，四川 ODS 企业发生了很大的变化。由于 ODS 削减、ODS 替代品大力推广、市场竞争等，很多 ODS 企业已关闭、停产或转型。为了便于建立长效管理机制，2020 年 3～4 月，全省对 15 个重点市（州）的 ODS 企业进行核查，更新 ODS 企业清单。按照抓大放小、突出重点的思路，经统计，全省涉及 ODS 的重点企业共计近 100 家（其中含使用组合聚醚发泡企业），其中有 50 多家分布在成都市。图 1 给出了全省不同行业企业数量。其中，全省 ODS 生产企业有 2 家，全省年销售量大于 1000 吨并在生态环境部备案的企业有 2 家，受控用途年使用量 100 吨以上的有 1 家。

（3）企业备案管理。根据 2010 年 4 月国务院发布的《消耗臭氧层物质管理条例》，全省于 2015 年出台了备案制度，要求全省涉及 ODS 和含氟气体的单位进行备案。全省采用的是“后备案”制度，截至目前已实施 5 年，图 2 给出了全省 2015～2019 年 ODS 备案企业数量。按照生态环境部的统一要求，全省近期将由“后备案制”逐渐过渡到“前备案制”。

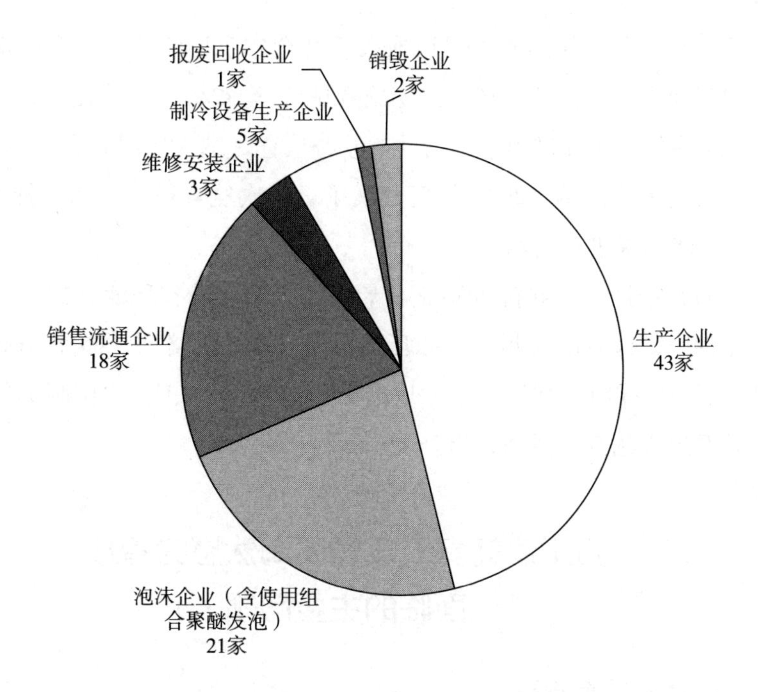

图1　四川省 ODS 重点行业企业分布

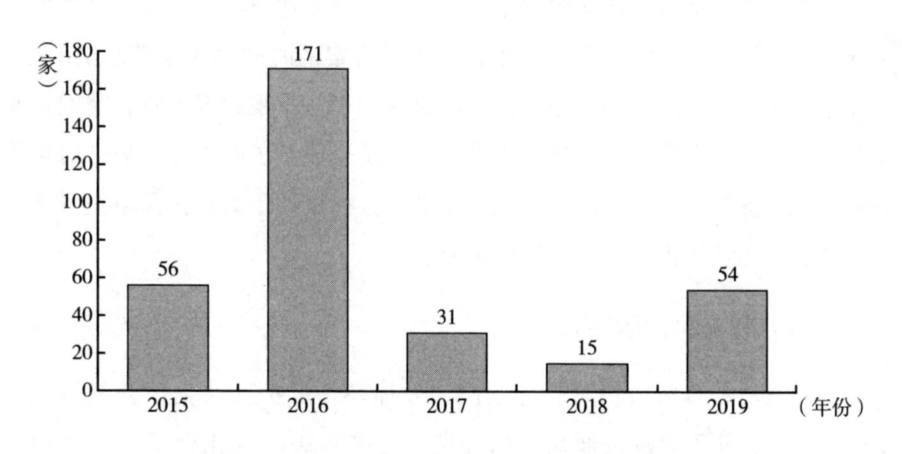

图2　四川省 2015～2019 年 ODS 备案企业数量

（4）监督执法。近两年，按照生态环境部的统一部署，全省每年都组织开展 ODS 执法专项行动，重点针对生产和泡沫行业进行监督执法，未发现违法生产、销售、使用 ODS 的行为。同时，按照《中华人民共和国政府信息公开条例》和《四川省人民政府关于在全省市场监管领域全面推行部门联合“双随机、一公开”监管的实施意见》，全省将“对消耗臭氧层物质的生产、销售、使用和进出口等活动的监督检查”纳入部门联合“双随机、一公开”抽查事项清单。2020年度开展了第一次监督检查，随机抽查了5家企业，并将结果进行公示。

（5）宣传培训。全省将ODS淘汰履约培训纳入全省环境保护“一号工程”等培训中，针对市（州）生态环境部门进行系统培训，提高ODS淘汰履约管理能力。同时，利用每年“地球日”“世界环境日”“国际臭氧层保护日”等开展主题宣传活动，提升公众履约意识。

三　四川消耗臭氧层物质淘汰履约管理面临的主要问题

（一）备案质量不高

从备案数量来看，备案效果不甚理想，年度企业备案数量低于已掌握的企业数量。从备案时间来看，每年企业申报备案的时间远大于要求的时限，主要原因在于：一是基层生态环境部门对这项工作重视程度不够，督促企业备案力度不大，审核备案信息能力较弱；二是企业不了解履约形势，对相关政策法规和备案要求、程序不熟悉，主动申报积极性不高；三是申报系统运行不稳定，智能化程度不高，操作繁复。

（二）相关配套政策滞后

根据《消耗臭氧层物质管理条例》及原环境保护部《关于含氢氯氟烃生产、销售、使用管理的通知》的要求，全省于2015年出台了《关于加强消耗臭氧层物质生产销售使用及回收工作备案管理的通知》，并发挥了积极的作用。当前，关于ODS的履约出现了新情况，淘汰监管要求有了新变化，2015年制定的管理制度已不适应当前形势，需要对其进行修订，以利于更好地推进保护臭氧层工作。

（三）省内 HFCs 企业底数不清

2020 年 4 月，生态环境部已向国务院上报批准加入《基加利修正案》的申请。批约后，将会新增 18 类 HFCs 纳入管控，同时要对 2020 年 HFCs 生产、消费和进出口的数据进行统计。虽然全省在项目期间将 HFCs 纳入备案，但效果不佳，且全省尚未对涉及 HFCs 类物质的企业生产、使用和排放情况进行摸底调研，不利于下一步对 HFCs 管控工作的开展。

四　保护臭氧层工作展望

（一）修订地方性规章制度

据了解，针对当前消耗臭氧层物质管理工作面临的新形势，生态环境部已启动对《消耗臭氧层物质管理条例》的修订工作，主要内容包括：将 HFCs 纳入管控范围；进一步明确生产定义和用途分类，对受控用途和原料用途制定有针对性的监管措施，增加有关监测与评估的内容，明确市场主体和监管者的法律责任，对所有违法行为普遍加大处罚力度；完善配套政策措施，鼓励支持受控物质检测、监测方法的研发应用等。预计修订后的条例将在国务院批准《基加利修正案》后，上报国务院审议。全省应及时结合《消耗臭氧层物质管理条例》的修订及全省 ODS 管理实际等情况，对本地区已出台的 ODS 备案制度进行修订，以更好地适应当前工作的需求。

（二）持续做好企业备案常态化管理

企业备案是 ODS 淘汰管理的重要手段，下一步要提高备案效率和企业覆盖率，重点可从以下三方面着手：一是由市（州）生态环境部门督促 HFCs 企业进行年度备案并及时进行审核，对未备案的企业，按照《消耗臭氧层物质管理条例》严格进行处罚，倒逼企业主动进行备案；二是在摸清 HFCs 企业底数后，及时开展相关政策法规的宣贯，鼓励企业进行备案；三

是将全省 ODS 备案系统与生态环境部新建系统做好对接，提高系统运行效率，平稳推进备案工作。

（三）强化监督执法

根据生态环境部的统一部署开展专项执法行动，科学制定执法方案，将 ODS 纳入日常执法工作。创新监督执法形式，加强日常执法中发现 ODS 违法问题的能力。严格按照《消耗臭氧层物质管理条例》对违法行为进行处罚，形成震慑，杜绝违约情况的发生。

（四）开展 HFCs 的摸底调研

生态环境部已向国务院上报了批准加入《基加利修正案》的申请，作为地方管理部门，应认真学习研究《基加利修正案》的内容，开展 HFCs 基础数据摸底调研，建立清单，为批约后开展相关工作做好充分准备。

（五）加强基层帮扶指导，提高培训力度

持续将 ODS 淘汰管理纳入全省大气污染治理年度培训计划，重点对履约形势、ODS 政策法规、ODS 备案审核、ODS 执法要点等内容进行培训，不断加强本省 ODS 环境管理队伍的监管能力。同时，在每年开展大气污染防治攻坚现场帮扶工作中，加入 ODS 监管执法内容，针对基层的具体问题进行帮扶指导。

（六）加强宣传力度，提升公众企业履约意识

针对当前错综复杂的国际形势，新冠肺炎疫情的严重冲击及严峻的履约态势，要持续加强宣传力度，继续结合“世界环境日”“国际臭氧层保护日”等开展主题宣传活动，不断提升公众保护臭氧层的意识和企业主动履约的意识。

当前关于履行《蒙特利尔议定书》进入了一个历史性关键期，我们既要完成当前 HCFCs 的淘汰任务，又要巩固履约成果，还要开启《基加利修

正案》对 HFCs 的淘汰。此外，尽管 CFC-11 问题有所缓和，但履约风险依然存在，我国面临的国际形势仍然非常严峻。在“十四五”期间，必须要进一步提高政治站位，树立底线思维，积极稳妥做好 ODS 淘汰管理工作。

参考文献

陆龙骅：《南极臭氧洞的发现、研究和启示》，《气象科技进展》2016 年第 3 期。

《〈保护臭氧层维也纳公约〉简介》，《中国人口·资源与环境》2000 年第 4 期。

杜运亭：《〈关于消耗臭氧层物质的蒙特利尔议定书〉及其实施机制研究》，外交学院学位论文，2002。

胡建信等：《中国履行〈蒙特利尔议定书〉面临的挑战》，《环境保护》2006 年第 14 期。

吕达：《消耗臭氧层物质（ODS）管理研究》，《环境科学与管理》2015 年第 1 期。

郑军：《“十四五”生态环境保护国际合作思路与实施路径探讨》，《中国环境管理》2020 年第 4 期。

刘援等：《中国履行〈蒙特利尔议定书（基加利修正案）〉减排三氟甲烷的对策分析》，《气候变化研究进展》2018 年第 4 期。

B.8 四川省都江堰精华灌区发展现状与提升对策措施研究

张耀文*

摘　要：　经济社会环境变化和时代变迁意味着四川都江堰精华灌区呈现产业形态持续分化、居住形态逐渐多元、社会结构趋于复杂、多元功能日益凸显等趋势，但若要实现都江堰精华灌区更高水平的功能价值，还面临着发展提升缺乏顶层设计、高成本打造与地方加速发展的需求存在冲突、生态保护需求增长与经济社会发展之间不协调、灌区产业发展中的农民参与存在一定困难、灌区景观与历史文化价值的保护利用存在不足、发展提升任务紧迫与政策支持相对不足同时并存等问题，围绕将精华灌区打造成为世界级旅游品牌和国家级农耕文明名片，需要优化精华灌区发展提升的顶层设计、促进产业形态和业态高能级提升、构建生态保护和价值转化实现的长效机制、强化对小农户的支持保护、加强对文化与景观的保护利用、加大对精华灌区的政策支持力度。

关键词：　都江堰精华灌区　文化与景观保护利用　高能级产业形态

2000多年前，秦国蜀郡守李冰率众建成的都江堰水利工程成就了成都

* 张耀文，四川农业大学经济学院农村与区域发展专业博士研究生，主要研究方向为农业经济理论与政策。

平原的千里沃野，让成都平原享有“天府之国”的美誉，工程福祉绵延千年。经济社会发生巨大变化，都江堰精华灌区的空间形态、承载价值、服务功能等也随之变化。在成都市全面建设美丽宜居公园城市和实施乡村振兴战略的背景下，亟须从更高的层次、更开阔的视野、更前沿的角度审视都江堰精华灌区的发展价值，在有效保护的基础上实现更高水平的功能提升。因此，本研究重点在对都江堰精华灌区现状、发展趋势进行调查分析的基础上，深入识别精华灌区在生态保护、功能提升、景观再造与产业发展中所面临的主要问题，有针对性地提出相关对策建议。

一　都江堰精华灌区概况与发展趋势

（一）都江堰精华灌区概况

都江堰灌区地跨岷江、沱江、涪江三大流域，灌溉面积从新中国成立初的282万亩发展到1076万亩，涉及从成都平原到川中丘陵的7市37县，尽管面积仅占全省土地面积的1/18，但集中了全省1/4的人口和1/3的有效灌面，是全省经济社会最繁荣发达的核心地区。都江堰灌区可分为平原灌区和丘陵灌区两大部分，其中，平原灌区主要涵盖都江堰市、郫都区、崇州市、大邑县、邛崃市、新津县、彭州市等地；丘陵灌区是指龙泉山以东的川中丘陵区，涵盖安州区、中江县、三台县、射洪县、蓬溪县、仁寿县、大英县等地。

都江堰精华灌区处于都江堰平原灌区内，涵盖都江堰市、温江区、郫都区、崇州市以及彭州市部分区域，面积约360平方公里，其精华集中体现在“自然条件好、工程规划巧、维护管理勤、经济效益高”四个方面，具有丰富的地貌水系、优良的土壤条件和农业基础、传承千年的自流灌溉系统，以及存量颇丰、形态各异的林盘资源。其中，都江堰精华灌区的核心区范围有160平方公里，包括都江堰市的胥家镇、天马镇、聚源镇、崇义镇4个乡镇、54个社区、577个村（居）民小组，人口17.41万；现有农用地15万亩，林盘规模2404公顷；蒲阳河、柏条河、走马河、江安河四条干渠穿境而过，支、斗、农、毛等各级渠道共计2497条，总长度约202.4千米。

（二）都江堰精华灌区发展演变趋势

在历史的演进中，都江堰灌区的空间形态、服务功能、价值体现等多方面发生了一系列重要变化。特别是改革开放以来，经济社会的剧变传导、渗透到灌区的各个方面，其中，都江堰精华灌区的变化尤为显著和深刻，田园综合体的特征正在呈现。

1. 产业形态持续分化

经济开发活动和地区生产总值的大幅增加是都江堰精华灌区产业形态演变的直观表现。产业部门不断增多、产业分工不断深化、产业门类不断细密，一些新的产业形态不断形成；工业、现代服务业在地区生产总值中的比重持续增加，农林牧渔业所占比重持续下降。农业内部结构不断调整，粮食生产比重下降，蔬菜、花卉、水果等效益型农业所占比重大幅增加。同时，农业总部经济、休闲观光、康养文创等农村一二三产业融合发展的新产业、新业态、新模式层出不穷。产业形态的分化，一方面既带来了原有灌区形迹消失和大田景观减少以及供水结构与服务对象变化，另一方面也为以农商文旅体产业融合发展为驱动力实现灌区景观的全面再造提供了关键支撑。

2. 居住形态逐渐多元

人口的自然增长、外来人口的不断迁入，带来了精华灌区内人口数量的增加，新增的居住需求驱动了住房及相关建筑数量随之增长。在居住空间布局上，受城镇化和土地整理影响，人口呈现出由分散到集中的趋势，城市、中小城镇、村民聚居点的规模扩大，传统林盘院落迅速减少，出现农房和宅基地的大量闲置。在居住建筑形态上，传统的土坯房、砖瓦房普遍被钢筋混凝楼房所替代，原汁原味的传统川西林盘景观大量消失。居住形态的改变凸显了加强精华灌区传统景观、建筑风貌等保护与传承力度的必要性，同时也要求精华灌区的提升打造需要融入时代元素，促进都市华彩与传统田园的有机相融，打造出魅力彰显、蜀风雅韵、风貌独特的田园综合体大美乡村

形态。

3. 社会结构趋于复杂

社会结构趋于复杂首先体现在涉水空间范围的扩大，都江堰灌区现已扩大到7市37县，无疑增加了对都江堰精华灌区施加外部影响的区域空间，其他地区的各种状况可能会通过一系列链式连锁反应对都江堰精华灌区造成影响。社会结构趋于复杂还体现在利益关系的交织复杂。在一定情况下，地方政府不得不在精华灌区设施功能维护、生态系统保护、经济发展利益等各方面进行利害利弊取舍，甚至在特定的情况下，灌区的设施景观保留、功能健全及生态保护不得不让位于短期经济发展利益。社会结构趋于复杂还体现在涉水利益主体的多元化，如农业经营者、工业企业、城乡居民等各类群体，灌区供水配置和灌区的发展提升涉及各类社会群体的直接或间接利益，而不同主体的行为方向和利益诉求往往难以求得一致。

4. 多元功能日益凸显

都江堰精华灌区延续至今已远远超越了其原本的农田灌溉、防洪抗旱的初始服务功能，而是向兼具发电、渔业、旅游、城镇供水等多元功能，具有综合经济社会效益的特大型灌区转变。当前实施乡村振兴的背景下，都江堰精华灌区的产业支撑、生态涵养及历史文化价值进一步凸显，既为积极培育发展休闲观光、文创体验、康养度假、共享农庄等新产业、新业态提供了关键性资源支撑，也为发展绿色高端农业、打造大地景观、形成成都平原大美乡村形态创造了基础条件。同时，作为历史悠久且孕育了天府之国、汇聚了我国古代劳动人民智慧结晶的自流灌区，都江堰精华灌区本身蕴含着极为厚重的历史文化底蕴，能够为精华灌区内的产业发展提供文化元素，增强文化内涵，为区域形象品牌的塑造提供助力。

（三）都江堰精华灌区发展提升的创新实践

都江堰精华灌区全面性发展提升是成都美丽宜居公园城市建设和实施乡村振兴战略的重点任务，对此，相关部门和地方政府高度重视，大胆探索，形成了一系列取得明显成效的创新性做法，值得加以系统总结和推广。

1. 以空间联动发展为关键重塑产业经济地理

都江堰精华灌区在提升打造中重点推动建设区域级、城区级、乡镇级三级绿道体系，通过绿道串联农田、林盘、特色园区、历史遗迹等资源，重塑产业经济地理，实现空间联动发展。一方面，通过绿道网络实现城市和乡村的空间衔接，既促进城市人流、物质流、信息流等流向乡村，引入现代生活要素提升乡村发展品质，又让城市居民享受到乡村独具的优美生态环境和生态资源产品，促进城乡融合发展。另一方面，绿道体系还将碎片化的镇区、园区、林盘、院落有机串联起来，打破行政区域边界，从而带动乡村产业的整体联动发展。

2. 以景观与产业再造协同推进为支撑降低灌区修复成本

在提升打造都江堰精华灌区过程中，注重景观打造与产业培育的协同并进，坚持以景观打造促进产业发展，从而有效解决了灌区修复打造所难以避免的成本高昂问题。一方面，在林盘修复利用和大地景观打造过程中，积极发展田园观光、休闲体验、乡村文创等农商文旅体融合发展产业，将景观和生态转变为产生经济效益的重要来源。另一方面，大地景观的再造形成了农业结构调整、农业经营方式转型和农业区域分工格局转变的倒逼动力。部分地区的传统花木有序腾退，契合了农业供给侧结构性改革的要求。此外，推动农村承包土地向农村集体、家庭农场、农民合作社及农业企业等规模经营主体流转集中，农业生产布局由分散零碎向集中连片转变，形成专业化、集中化的区域分工格局，加快了传统农业向现代农业转型进程。

3. 以多元带动模式为引领构筑内生发展动力

在都江堰精华灌区发展提升过程中，各地根据项目类型、基础条件等差异综合采取了村企联合、村集体带动、农民自发组织等多元化带动模式，探索形成龙头骨干企业、中小微企业、合作社、新型职业农民、小农户协同发展的局面。如都江堰市柳街镇黄家大院，通过农民自发组织成立农民合作社、业主委员会等合作组织，让农民参与林盘修复和产业发展，使其能够分享产业增值收益，形成持续性的内生发展动力。同时，注重引进主业突出、市场竞争优势明显的龙头企业及建设项目，以解决本土性经营主体投资运营

能力弱、辐射带动面偏小等问题。

4. 以优化整合为重点提升资金利用效率

一方面，促进来自不同部门、不同渠道资金项目的整合。如在都江堰市的天府源田园综合体建设中，将项目分为农发资金项目和财政资金整合项目两大类，其中，后者涉及公共服务、基础设施、环境监测、农产品质量监控等多个方面。另一方面，促进资金项目在空间点位上的整合。在天府源田园综合体的建设过程中，创新不同村之间、村内不同村民小组之间通过有序合理的竞争以获取资金项目，在兼顾公平的基础上保证资金的集中投入，避免"撒胡椒面"，有效提升资金使用效率。

二　都江堰精华灌区发展提升面临的主要问题

都江堰精华灌区发展提升虽然已经实现了重要创新，取得了显著成效，积累了可资借鉴和推广的经验，但当前面临的问题和挑战仍然突出，需要高度重视和积极应对。

（一）精华灌区的发展提升缺乏顶层设计

当前，顶层设计的缺失是都江堰精华灌区发展提升所面临的最为关键、最为紧迫的问题。一是对发展目标缺乏统一的认知和定位。都江堰精华灌区涉及都江堰、郫都、温江、彭州 4 区市，但目前尚未出台成都市层面的专门指导意见和总体性发展规划，没有从全市的整体视域出发明确都江堰精华灌区的发展定位、发展目标和各区市不同的发展侧重点，进而导致各区市仅从各自的角度对其进行解读，在思想认识、工作节奏、政策举措上缺乏统筹协调。二是缺乏对发展路径和政策支持的整体计划。都江堰精华灌区的打造提升不仅涉及原有水利体系的完善与提升，在发挥其在防洪抗旱、灌溉供水等原始功能的基础上，还包括产业、文化、生态、景观等多元复合功能的拓展与呈现。但目前精华灌区的经济、文化、治理等多个方面还缺乏系统规划，资源利用和政策支持尚无整体的计划，精华灌区的打造提升与特色村（社

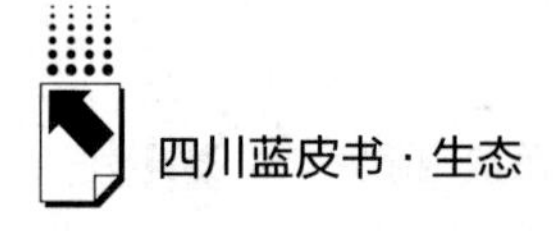

区）建设、林盘修复与保护、大地景观再造、乡村振兴博览园建设等之间的关系尚待进一步厘清。

（二）精华灌区高成本提升打造与地方加速发展的需求存在冲突

都江堰精华灌区的修复打造有利于促进成都市和精华灌区覆盖区域整体经济社会发展水平的提升，但从局部来看，精华灌区的提升打造则会造成地方发展利益受损，与地方政府、市场主体和农民的愿望相悖离。首先，都江堰精华灌区提升打造过程中的基础设施建设、景观打造、风貌塑造等方面需要大量的、直接的投入，由于大部分内容具有公共物品或准公共物品特征，这必然会加重各区市的财政负担。其次，为打造大地景观而统一规划选择的农业种植类型，并不是市场主体自发选择的结果，往往与经济效益最大化的理性选择相悖离，在短期内，精华灌区修复打造与市场主体的盈利需求、地方政府的发展需求并不一致。最后，川西林盘、传统民居的修复保护也会与农民改善居住条件需求之间存在矛盾。

（三）精华灌区生态保护需求增长与经济社会发展之间存在不协调

精华灌区功能维护、生态系统保护在一定程度上与经济发展之间存在矛盾。一是针对精华灌区的保护政策限制了建设开发和产业发展。《成都市都江堰平原灌区保护条例（草案）》明确规定，“平原灌区内必须严格控制国土开发强度”，在一定程度上限制了道路、建筑、工业园区等建设项目。精华灌区保护政策对产业发展的限制更集中体现在对饮用水水源保护地的严格限制，除一级保护区明确规定“禁止新建、改建、扩建与供水设施和保护水源无关的建设项目”之外，目前尚未明确规定二级保护区产业准入的范围、类型，导致这一区域出于不确定性政策风险的考虑，对发展有机农业、康养民宿等存在较大顾虑，天府水源地的生态优势向产业优势和经济优势的转换面临限制性的政策障碍。二是生态补偿机制有待健全。目前，最紧迫的问题是尚未形成健全的针对整个精华灌区大地景观打造的全域生态补偿机制。而对于饮用水水源保护地而言，也还存在生态补偿水平过低、生态补偿

标准与生态保护受损程度之间不匹配等问题，对一级保护区的生态搬迁补偿仅停留在生存型补偿层面，未构建起以促进区域发展和保障搬迁后农民可持续生计为核心的发展型补偿机制。

（四）精华灌区产业发展中的农民参与存在一定困难

都江堰精华灌区的修复利用和产业培育必须尊重并保护当地原住农民的利益，但在现实情况下，由于受简单化和短期化政策选择的影响，存在将农民推向价值链分配边缘的倾向。一是由于不合理的项目推进方式导致农民难以有效参与。在通过土地整理和宅基地腾退以发展农商文旅体融合产业的过程中，有的地方只是片面地将原住农户迁移出居住地，既没有妥善考虑如何让其共同分享产业发展的增值收益，也没有以确保原住农户可持续生计为指向构建多元化的补偿机制。此外，一些地区没有把握好城市工商资本进入的范围和程度，产业发展过度依靠并支持公司企业和外来业主，农民只能获得固化的土地流转收益和基地打工收入，不能与规模化经营主体之间建立更紧密的资产合作机制。二是因客观能力限制导致农民参与产业项目建设的不足。农民受本身能力欠缺、风险顾虑和发展意识等方面的限制，对于在承受成本投入和风险的情况下通过集体合作行动融入产业发展的积极性和主动性明显不足。三是对农民参与产业项目建设的积极性和主动性的保护不足。发展利益分配公平性缺失的现实导致农民不能获得应有的公平感和获得感。四是在发展过程中对于农民面临的技术、资金、市场等关键性瓶颈约束缺乏有针对性的政策支持，同样导致农民参与产业发展的积极性受挫。

（五）精华灌区景观与历史文化价值的保护利用存在不足

都江堰精华灌区的景观价值、文化价值虽然越来越受到重视，但总体上仍然没有得到充分的挖掘和利用，其多彩乡韵的景观、文化尚未成为塑造都江堰精华灌区品牌、促进六次融合产业发展的有力支撑。一是历史文化的挖掘和利用不足。目前，尚未对都江堰精华灌区内的历史文化、历史建筑等基础资源进行系统全面的整理普查，导致在文化展示上主要停留在对战国时代李冰的单一宣传上，没有形成对文化资源资本化的市场运作机制，也没有将部分具有特色的文化资源打造成为标杆性的文化品牌。二是本地的景观和文化元素没有得到充分尊重。一些地区在林盘修复和六次融合产业发展过程中存在“求高、求大、求洋”的倾向，盲目地将源于现代都市生活的文化元素植入乡村，导致其在风貌塑造、主题内容方面与乡村情境、乡土景观、文化底色等不能相融。

（六）精华灌区发展提升任务紧迫与政策支持相对不足同时并存

都江堰精华灌区所处的特殊位置历史地决定了其在成都市整体转型发展中居于十分重要的地位，因而在现有基础上加快发展提升的任务极为紧迫。但是，从已有的政策支持看，政策缺乏针对性和支持力度不够的问题十分突出，构成了都江堰精华灌区发展提升面临的重要制约因素。一是建设用地指标不足的问题十分突出。精华灌区内集体建设用地数量少、规模小、布局分散，流转、退出限制较大，除郫都区因承担国家农村“三块地”改革试点任务，可通过建设用地的地块“漂移”和入市交易满足建设用地需求外，其他区域由于缺乏政策支持而在集体建设用地领域的突破极为有限，建设用地供地不足成为最大的发展瓶颈。此外，对于农业设施用地的供应，虽然国土资源部和农业部联合下发有相关指导性政策意见，但由于缺乏相应实施细则，无法准确界定用地类别、界限、规模等，同样成为精华灌区实现产业升级和产业融合的重要障碍。二是资金投入保障存在不足。财政资金整合还只是在单个项目上有所进展，对更大范围的财政资金整合使用仍然存在诸多障碍。与此同时，引入社会资本的发展态势虽然总体较好，但支持政策缺失的问题依然明显，不仅稳定性和持续性方面有所不足，而且与财政资金的优化配置更缺乏基本的平台和机制。此外，在实现产业升级过程中，部分地区“贷款难”“贷款贵”的问题尚未得到有效解决，部分地区尚未建立健全农业贷款的风险分担机制和担保补偿制度。

三　都江堰精华灌区发展提升的对策建议

根据都江堰精华灌区发展提升所面临的主要问题，围绕将精华灌区打造成为世界级旅游品牌和国家级农耕文明名片，体现“岷江水润、茂林修竹、美田弥望、蜀风雅韵”的面貌及发展定位，呈现“沟渠流水到田头，林盘围绕是人家”的美景及形态特征，提出以下对策建议。

（一）健全精华灌区发展提升的顶层设计

建议尽快完善都江堰精华灌区发展提升的系统顶层设计和整体规划。一是出台专门指导意见和总体性规划。建议尽快由成都市出台专门的指导意见，并制定覆盖都江堰精华灌区全域的总体性规划，明确都江堰精华灌区的发展总体目标和定位，进一步地厘清精华灌区打造与特色村（社区）建设、川西林盘修复保护、灌区渠系修复、大地景观再造以及乡村振兴博览园建设等之间的关系，明确空间布局、功能分区、产业、文化发展路径等。并以意见和规划为依据，加大对各级各类相关扶持政策的整合力度，形成完善的政策体系。二是加快完善乡村景区建设的标准体系。建议建立涵盖环境、交通、服务、人文、经济、安全等方面的乡村景区建设标准，既要避免不同地区的低端、同质竞争，充分体现差异性，又要细致考虑乡村景区建设相互之间以及与周边环境的融合协调。

（二）促进产业形态和业态高能级提升

要避免精华灌区高成本提升打造与地方加速发展的需求之间的冲突，从根源上，需要促进产业业态的转型升级发展，促进自然与生态资源的资产化和价值实现，以长期经济效益的大幅提升来弥补短期的成本损失。一是更高质量推动六次融合产业发展。围绕将精华灌区打造成为世界级旅游品牌的发展定位，积极发展康体养生、文化创意、农业总部经济、运动休闲、会展农业等新产业、新业态、新模式，促进以景观提升生态、以生态催生效益。二是促进农业绿色高质量加速发展。加快绿色、高端、精致型农业发展，加大“大青城”“天府水源地”等一系列农产品公用品牌的培育和推介力度，加快西部农产品品牌孵化、精深加工和集散营销基地建设，采取绿色农业生产方式，促进都江堰精华灌区的生态优势向产业优势、经济优势转化。三是优化精华灌区内生产空间。推进灌区内产业升级与空间腾挪，将资源投入高、能耗高、产出低的产业转移出精华灌区，引入高附加值、低能耗、低污染的资金密集型和技术密集型产业，推动工业向园区集中，建设乡村服务业集聚区。推动升级版土地整治，为农业规模化经营和打造“美田弥望”的大地景观奠定基础。

（三）构建生态保护和价值转化实现的长效机制

从制度规范入手构建精华灌区生态保护的长效机制。一是构建针对整个都江堰精华灌区的全域生态补偿机制。出台专门指导意见和实施办法，针对精华灌区强化大地景观功能、生态涵养功能所承受的经济效益损失，制定合理的差异化生态补偿标准、方式和管理制度。二是加大针对饮用水源保护地的生态补偿力度。特别是加大对饮用水源保护地一级保护区内的生态补偿力度，提高补偿标准，积极探索货币补偿、土地补偿、股金配置、物业安置等多元化的保护区内生态移民补偿安置方式，构建以搬迁后居民可持续生计保障为核心的发展型生态补偿机制。三是探索流域跨行政区域之间的横向补偿机制。充分考虑上下流域之间生态补偿标准的统一性和补偿水平的平衡性，重点是建立流域范围内的各区市之间水环境质量双向补偿机制，当断面水质超标时，由上游地区对下游地区予以补偿；当水质达标或提升时，由下游地区对上游地区予以补偿。四是构建体现生态文明要求和绿色发展理念的绩效评价体系。建议在科学充分论证的基础上，探索对精华灌区内的全域或部分区域采取绿色 GDP 的核算方式。

（四）强化对小农户的支持保护

一是构建小农户与家庭农场、农民合作社、农业企业和农业产业化联合

体紧密的利益连接机制。在土地规模集中经营中注重推广农业共营、股份合作等新型经营主体与小农之间能够形成紧密利益联结的土地流转方式。通过股份合作、二次返利、保底分红等方式确保农民分享农业全产业链增值收益。二是在项目建设中注重农民利益的保护。在林盘修复保护中，通过将农民保留或不远离项目实施区域的方式，确保其能分享到产业发展、设施完善、环境提升等各方面所带来的益处，并且注重发挥农民本身作为文化传承和农村生产生活方式体验的载体功能。三是注重提升农民致富增收能力。组织开展经营管理、生产技能、特殊工艺等方面的技能培训，提升农民创业能力，拓展农民获取直接农业经营收益、旅游收入、文创产品供应等多元收入渠道。按照“一户一业”的思路，针对不同个体的需求，采取差异化的扶持举措。

（五）加强对文化与景观的保护利用

一是建议强化对景观和历史文化的挖掘、保护。突出精华灌区文化的多元性和丰富性，系统梳理文化和景点资源，建立文化旅游资源目录（库）。加大对林盘民居古建、古街、古镇、传统院落等的保护力度，注重林盘与周边耕地、堰塘、河渠的有机联系和一体化保护。二是强调对精华灌区原始景观和文化元素的尊重。注重外部引入元素和本地景观、文化元素的兼容融合，更多地强调本土文化的深度挖掘和合理利用，将川西传统文化发掘和传播做到极致，形成魅力独具、影响广泛并与产业、景观深度融合的文态。三是强化文化资源的产业化开发。结合文化强省建设，加快推动文创产业发展。设立精华灌区文化发展基金，对传统物质文化和非物质文化产业化发展予以支持。充分借鉴乔家大院等古民居保护的案例，由成都文旅集团牵头打造川西林盘文化品牌，形成与福建土楼、晋商文化、徽派民居相齐名的传统文化标杆。

（六）加大对精华灌区的政策支持力度

一是建议加强财政资金支持力度。支持构建以区、县级市为平台的财政资金项目整合机制，既注重强化不同来源渠道的资金项目整合，也注重强化资金项目在具体空间点位的聚合。二是优化财政资金支持方式。进一步推动财政资金补助改股份、补助改基金、补助改购买服务、补助改担保、补助改贴息等“五助五改”，综合运用股权投资、购买服务、担保贴息等多元方式支持市场主体，鼓励和引导社会资本参与精华灌区发展提升的项目建设。三是加大对土地要素的支持保障力度。建议加大农村土地制度改革力度，允许在精华灌区核心区范围内积极探索农村集体经营性建设用地入市改革试点。根据乡村旅游和休闲农业发展需要，围绕特色景观、自然风光合理调整优化土地利用规划和农村建设用地供地模式，拓宽点状供地的覆盖面。制定农业设施用地供应的实施细则。

参考文献

郭晓鸣、张耀文：《两千年后，都江堰精华灌区如何再提升?》，《新城乡》2019 年第 1 期。

李松睿、曹迎：《“乡村振兴”视角下生态宜居评价及其对农村经济转型发展的启发——以川西林盘四川都江堰精华灌区为例》，《农村经济》2019 年第 6 期。

谭苏一：《乡村振兴战略下的多专业协同设计模式探讨——以都江堰精华灌区修复工程先行启动区“灌区映像”项目为例》，《住宅与房地产》2020 年第 12 期。

B.9

四川农村生活污水治理现状及对策建议

——基于四川省不同类型区域的实地调查

周丰　胡越　刘新民　薛琰烨*

摘　要： 随着农村经济社会的发展和村民生活水平的提高，农村环境问题日益凸显，尤其是农村生活污水的治理，是农村人居环境治理的重点和难点。本研究通过对四川省平原地区、丘陵地区和高寒高海拔地区的不同农村生活污水治理实践的调研，系统梳理了当前四川省农村生活污水治理的工艺选择、实践模式和突出问题，从政府、社会、村民三个视角提出了强化政府主体责任，协同推进农村生活污水治理；建立以治理效益为导向的资金分配机制，确保农村生活污水治理成效；统筹"空间、资源、环境"，构建农村生活污水治理商业模式；加强宣传教育，提高村民治理意识的对策思考。

关键词： 农村生活污水　污水治理　环境治理

一　研究背景

随着农村经济社会的发展，农村居民生活质量和消费水平明显提高，与

---

* 周丰，四川省生态环境科学研究院助理工程师，主要研究方向为环境政策与环境经济；胡越，四川省生态环境科学研究院助理工程师，主要研究方向为环境社会治理；刘新民，四川省生态环境科学研究院副所长、高级工程师，主要研究方向为环境经济、生态补偿等环境政策；薛琰烨，西南交通大学硕士研究生，主要研究方向为环境科学与环境工程。

此同时也产生一系列的环境影响，农村的环境问题也越来越受到社会各界广泛关注，学界关于农村环境治理也进行了大量研究，其中农村生活污水治理就是农村污染治理的重点和难点。从理论上讲，农村生活污水指的是在农村地区生活过程中形成的污水，除了厨房污水、洗涤污水、冲厕污水、畜禽污水外，还包括生活垃圾堆放渗漏及过度施肥产生的污水[①]。从农村生活污水的特点来看，农村生活污水的水质水量变化较大、成分复杂、区域差异较大，加之由于农村农户生活布局缺乏规划性，污水管线设置难度较大。因此，当前我国农村生活污水治理普遍面临着农村污水处置意识薄弱、污水处理覆盖不全、资金投入不足和运维困难等现实问题[②]。

从农村生活污水治理实践来看，四川省在农村生活污水治理上做了大量的规划，开展了大量的实践，实施了一大批治理工程。2018 年，四川省将农村生活污水治理列入了全省 10 项民生工程和 20 件民生实事，编制了《四川省农村生活污水治理专项规划》，细化出台了《四川省农村生活污水治理 5 年实施方案》，优先实施重点区域、重点流域污水治理，优先安排 15 户或 50 人以上的农村居民聚居点的污水处理设施建设，因地制宜推广低成本、低能耗、易维护、高效率的污水处理技术。随着近几年四川省农村生活污水治理“千村示范工程”、《农村环境整治三年行动方案（2018—2020 年）》等举措的推进，截至 2020 年 9 月底，全省 47.12% 的行政村生活污水得到了有效治理，排名全国前列。2020 年 10 月 20 日，四川省农村生活污水治理工作现场会议在眉山市召开，会上生态环境厅党组书记、厅长王波表示，四川省生态环境厅下一步将重点解决农村生活污水治理资金短缺、工艺设计不合理、管网不配套等问题，并加快建立健全农村生活污水治理长效机制，指导各地出台《农村生活污水治理设施运维管理办法》，明确设施管理主体和管护要求，做到有制度管护、有资金维护、有人员看护，解决运维缺乏有效保障的问题。

---

① 于婷、于法稳：《农村生活污水治理相关研究进展》，《生态经济》2019 年第 7 期。

② 王海棠：《农村生活污水治理问题及对策》，《资源节约与环保》2021 年第 2 期。

从治理需求和治理意义来看，农村生活污水治理是推动乡村振兴战略、建设美丽乡村的重要措施和重点工作。“十四五”规划建议中提出，实施乡村建设行动，要把乡村建设摆在社会主义现代化建设的重要位置，要围绕村容村貌、水安全与水环境等方面，开展系列建设措施，推进建设工作。其中，生活污水治理工作是重点内容，各地区认真贯彻落实建设任务，结合自身的实际情况进行了探索，形成了符合自身情况的建设路径。现结合对四川省农村生活污水治理实践的调研和观察，将农村生活污水治理现状进行客观呈现并提出对策建议，以供相关人员参考借鉴。

二 现场调查

（一）调研点的选择

四川省区域分布广、跨度大，东部为川东平行岭谷和川中丘陵，中部为成都平原，西部为川西高原，因此农村生活污水治理区域差异在四川省内体现得尤为明显。为深入分析当前四川省农村生活污水治理现状，因此在调研点选择上兼顾了平原地区、丘陵地、高海拔地区，具体涉及成都、眉山、南充、阿坝州 4 个市州、6 个县域、14 个村庄以及多个水务公司和污水治理企业（见表 1）。

表 1 调研点详情

<table>
<tr><th>市州</th><th>区县</th><th>调研点</th><th>采用的治理模式</th></tr>
<tr><td rowspan="8">眉山市</td><td rowspan="7">洪雅县</td><td rowspan="3">中山镇前锋村</td><td>A^2O + 人工湿地</td></tr>
<tr><td>厌氧 + 人工湿地</td></tr>
<tr><td>就近纳管</td></tr>
<tr><td>柳江镇光明新村</td><td>三格式化粪池 + 厌氧 + 人工湿地</td></tr>
<tr><td>东岳镇稻香湾</td><td>地埋式一体化设备</td></tr>
<tr><td>东岳镇桥口村</td><td>黑水、灰水共治模式</td></tr>
<tr><td>东岳镇八面村</td><td>多户连片微动力治理模式</td></tr>
<tr><td>丹棱县</td><td>丹棱镇</td><td>厌氧 + 人工湿地</td></tr>
</table>

续表

市州	区县	调研点	采用的治理模式
南充市	阆中市	桥亭村	散户:三格式化粪池+垂直潜流人工湿地+生态塘
			联户:栅格调节池+地埋式一体化AO工艺+水平潜流人工湿地
		天宫镇五龙村	化粪池+调节池+地埋式A^2O工艺+人工湿地
		天宫镇宝珠村	厌氧池+AO一体化(太阳能)
阿坝州	汶川县	绵虒镇板桥村	一体化地埋式设备
	红原县	邛溪镇	集中收集转运
成都市	新都区	五灵村	夹杂物去除槽+厌氧滤网槽+流动槽+沉淀槽+消毒槽
		升平社区	接管模式
		锦城村	接管模式、一体化污水处理站

（二）调研内容

本研究主要通过现场点位观察并与农户进行交流，组织生态环境部门、住建部门、农业农村部门、水务部门、地方水务公司以及污水治理企业等开展座谈交流等方式进行调研，具体内容包括：四川省农村生活污水产生和治理现状、四川省农村生活污水治理实践以及四川省农村生活污水治理模式等。

三　主要发现

（一）四川农村生活污水治理常用工艺

农村生活污水治理工艺的选择受村庄自然地理条件、居民分布状况、环境改善需求、经济发展水平、设施建设基础等多种因素影响，因此不同区域在治理工艺的选择上呈现出很大的差异性。根据实际调研总结和观察，四川省现有农村生活污水的治理工艺，主要可以分为以下几类。

1. 基于治理成本，采用简单工艺+源化利用

从实地调研来看，地处偏远或者经济条件有限的农村散户，在水资源本

就匮乏并且污水水质并不复杂的情况下，考虑到成本问题，加之农村自身具有较强的环境消纳能力，在处理工艺的选择上往往倾向于资源化利用和简单化的工艺流程。尤其是四川省三州地区、高寒高海拔地区、民族地区，例如阿坝州红原县，由牧民的生活用水习惯、恶劣的气候条件（冬季气温过低导致水管中污水结冰堵塞）以及土地资源匮乏（不具备建设污水处理设施的土地）等因素带来的问题，使其生活污水的处理模式只能选择污水收集池，市政定期用吸水车运输到周围污水处理站处理。总体而言，资源化利用优先的处理模式一般采取旱厕 + 资源化利用、三格式化粪池 + 资源化利用、沼气发酵池 + 资源化利用、预处理 + 人工湿地（土地处理或者稳定塘）、预处理 + AO（生物接触氧化池）五种模式。

2. 基于出水水质，采用相对复杂的工艺

一些远离城镇，但经济条件尚可的农村聚居点，例如一些作为景点的乡村旅游点、农家乐（南充阆中天宫镇）或者经济条件较好的农村（成都市新都区、眉山市洪雅县），水量更大，污水水质更加复杂，且对污水排放水质要求更高，尤其是沿江沿河或靠近水源地、自然保护区等生态敏感地区，一般采取更加复杂的工艺，甚至还需要消毒后才能外排。从调研的情况来看，针对这种类型的农村生活污水，一般采取预处理 + 厌氧生物膜池 + 人工湿地/土地处理/稳定塘、预处理 + AO/SBR/生物接触氧化池/A^2O、预处理 + 生物接触氧化池 + MBR、预处理 + 生物接触氧化池/AO + 人工湿地四种治理模式。

3. 基于与城镇的距离，统一纳管治理

对于距离城镇市政管网 2 公里范围以内、聚集程度 20 户以上、符合高程接入条件的村庄或居民点，例如调研中的眉山市洪雅县中山镇前锋村、成都市新都区五灵村等，以及末端城镇污水处理厂有接纳负荷的，一般采用纳管收集模式，生活污水经管道收集后，统一接入临近的市政污水管网，利用城镇污水处理厂统一处理。这种模式只需建设农村生活污水收集系统和输送系统，项目建成后的日常工作主要是对污水管网进行维护，没有污水处理厂的运行管理要求，具有工期短、见效快、维护管理技术要求低等特点。

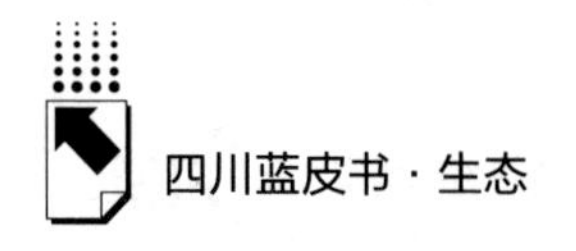

（二）四川省不同地区的农村生活污水治理实践

经过近年来在农村生活污水治理方面的不断实践，四川省各地已经探索出了一些可复制、可推广的农村生活污水治理模式。总体来看，全省农村生活污水治理体系基本形成，全省农村生活污水治理资金投入不断加大，全省农村生活污水处理成效稳步提升，为农村生活污水治理工作的持续深入开展奠定了扎实的基础。

1. 因地制宜推行多样化治理，部门协同整合多渠道资金

眉山市洪雅县在农村污水治理工艺选择上坚持因地制宜的原则，根据地理环境、生态环境敏感度、居民集中程度等差异，综合利用"A^2O + 人工湿地"污水治理模式、"厌氧 + 人工湿地"治理模式、"就近接管"治理模式、"三格式化粪池 + 厌氧 + 人工湿地"治理模式、"地埋式一体化设备"治理模式、黑水灰水共同治理模式、微动力治理模式和无动力治理模式等多种模式，其中 1 万多户通过农村环境自身消纳，5000 多户通过纳管治理，微动力治理设施治理 4000 多户，无动力治理设施治理 5000 多户，体现出了多样化治理模式特点，形成了农村生活污水治理丰富的案例库。

在资金方面，通过统筹生态环境部门千村示范专项资金和水污染防治激励资金、农业农村部门"厕所革命"资金、扶贫移民部门扶贫资金（用于解决贫困户生活污水治理）等，采取"统筹使用、各自销账"的方式，鼓励"黑灰水处理设施共享"等，发挥资金的整体使用效益，同时，部分资金需求由县农村污水供排水一体化平台公司上善水务公司向金融机构融资，部分资金由每户出资 500 元予以解决，构建了"部门资金统筹、平台公司融资、居民适当募集"的农村生活污水治理资金筹集模式。

2. 结合农户生产需要，鼓励资源化利用

眉山市丹棱县农村生活污水治理模式主要是结合厕所革命，采用厌氧发酵池 + 人工湿地的处理模式，是资源化利用的典型案例。丹棱县农村生活污水治理的突出特点在于：由于丹棱农户大力发展种植产业，当地农户均种植有果树，因此对水资源的需求量较大，当地政府因地制宜大量采用厌氧池 +

人工湿地的治理模式，厌氧池发酵直接用于果树灌溉，灌溉剩余的发酵污水排入人工湿地，这种模式建设成本低、运维难度小。同时，丹棱县积极发动农户参与，通过每户出资500元的方式筹集建设资金，农村生活污水治理设施成为农户自己的“资产”，这样既能提高农户参与度，又能鼓励农户积极监督。

3. 供排水一体化，平台公司统一运营

南充阆中市统筹供水与排水，专门组建成立市属国有企业村镇供排水公司，把农村供水与排水职责统一集合到村镇供排水公司，将乡镇污水处理站管理权限统一转交村镇供排水公司，实行水费和污水治理费统筹收取，将供水的部分盈利用于弥补污水治理亏损，解决污水设施运行长期靠财政、经费无保障的难题，并实行企业化运行、专业化管理，投资380万元建立了污水处理站和饮用水源保护区环保监管信息平台，实行远程监控、“一张图”管理，通过网络技术升级改造，逐步实现环保智能化监管。

在资金方面，南充阆中市采用国有公司融资、向上项目争引、本级财政预算、污水排放收费等多种方式。2018 年 10 月，阆中市村镇供排水公司同中国农业发展银行成都市西郊支行对接，采取企业自营性贷款的方式解决农村排水一体化项目建设资金问题，目前已获得贷款 1. 32 亿元，通过多种筹集渠道，近三年筹集资金 3 亿余元，并把农业农村、生态环境、水务、住建等部门的项目统筹打捆实施，“握紧拳头”合力治理，有效防止重复建设、资金浪费。同时，强化农民主体作用，对改厕改厨和生活污水处理一并建设的，每户财政奖补 0. 3 万元，农民投工及提供部分建材折资 0. 3 万元，实行自建自管自用。在处理设施上坚持在有条件的地方采用太阳能微动力或光电一体化设备，既可以极大降低电力运行成本，还可以向电网输送富余电量，弥补运营资金不足的问题。

4. 结合乡村发展战略，治理与开发统筹推进

成都市新都区农村生活污水治理优先选择有生态农业、乡村旅游等农村开发项目的村庄，在污水治理上推行整村推进模式，坚持污水治理与农村开发统筹推进，实施污水基础设施建设与道路、景点打造同步进行，使污水治

理的社会效益得到充分发挥。成都市新都区经济社会发展水平高，生态环境压力大，为保障农村生活污水处理效果，农村生活污水治理设施由第三方机构进行运维，区政府进行达标考核，按照6.81元/吨污水治理费予以支付。此外，在融资渠道上，成都市新都区采取了财政资金投入、PPP和发行政府专项债券等多种模式。

5. 科学编制技术方案，分类收集转运

为科学指导阿坝州各县更有针对性地治理农村污水，阿坝州编制了《农村生活污水利用和处理技术方案》，确定了资源化利用、集中处理和收集转运处理三种模式，对周边有林地、草地及农田的村庄，推荐资源化利用，对不具备资源化利用的村庄，通过纳管处理、建设集中污水处理设施等进行集中处理，对不具备资源化利用和集中处理条件的村庄，推荐农村生活污水收集转运至周边集中式污水处理设施进行处理。

（三）四川省当前农村生活污水治理实践中存在的问题

1. 协调机制不完善

农村生活污水治理具有典型社会公益属性特点，在治理中需要遵循供排水一体化、城乡污水治理一体化、污水垃圾处理一体化、保护与开发一体化等思路，这需要多个部门的协调配合。但现实中，由于农村生活污水治理是个“硬骨头”，各个职能部门都不想碰，农村生活污水治理出现了监管与建设混同、黑水与灰水分割、镇与乡分离等局面，有的地区将农村生活污水治理的任务分交给了生态环境部门，使得生态环境部门产生了“运动员”和“裁判员”的混同，有的地区农业农村部门只管“厕所污水”，为保障“厕所污水”主流治理工艺的效果，不允许“灰水”的混入，将城市里都没有实现“黑水”“灰水”分离的压力交给了千百年来没有分离“黑水”“灰水”习惯的农民，有的地区乡和镇的污水治理分属于住建部门和生态环境部门，使得农村生活污水治理越来越成为“孤岛”，制约成熟商业模式的建立，也可能导致财政资金的重复和浪费，不利于资金使用整体效益的提升。

2. 治理设施利用率不高

现有农村生活污水治理的财政资金多数用于农村生活污水处理设施建设，而农村生活污水处理设施运营则由村自行解决经费问题。对于那些村集体经济较薄弱，农村居民又不愿意缴纳村级污水处理运维费用的村庄，运维资金就成为农村生活污水治理的首要难题，导致农村生活污水治理设施运营费用无法保障，污水处理设施运维责任人不明确，管理要求未落实，使得农村生活污水治理设施可能成为“晒太阳”现象新的高发领域。此外，如果农村生活污水治理“重建设、轻运营”的情况无法得到根本改变，将无法推动真正具有适用性的农村生活治理模式的推广应用，不利于农村生活污水治理水平的持续提升。此外，从运营人才看，农村生活污水治理需要一定的技术支撑和技术人员，但是农村地处偏远，人均收入水平不高，技术人员流动非常大。据企业和一些平台公司（乡镇供排水公司）介绍，农村生活污水处理站一名员工的月工资在1500元左右，而这种工资水平很难留住一位熟练的技术人员。

3. 治理资金缺口大

从政府资金投入看，虽然近年来农村生活污水治理加速推进，但仍处于示范推动的阶段，主要体现在除少数与生态创建、美丽乡村建设等工作搭配推动的地区，大部分地区仍处于“争取多少资金、开展多少工作”的局面，距离农村生活污水治理的全覆盖仍有较大差距。“十四五”时期，农村生活污水治理任务仍然繁重。

从社会资本投入看，农村生活污水治理项目盈利难，一方面是农村生活污水治理成本较城市更高，收费较困难，据农村生活污水治理运维公司介绍，农村生活污水治理成本为2.5～3元/方，第三方运维机构难以实现盈利。另一方面，由于农村地区生活污水分散，水量、水质不稳定等客观原因，农村生活污水稳定达标困难，地方政府对运维企业考核指标往往是参照城镇标准，企业不仅在农村生活污水治理中无法获得利润，还面临巨大的风险，导致社会资本不愿意进入农村生活污水治理领域。

4. 治理模式选择不科学

农村生活污水治理要求因地制宜。受制于农村地理地形、资源匹配程度、人口集中程度、环境容量、经济社会发展等因素影响，农村生活污水治理模式多样、标准化程度低，这可能导致农村生活污水治理模式选择不当，盲目追求上"高大上"的治理设施，也使得各种治理模式的建设和运行成本难以把控，基层人员对合适的各类农村生活污水治理模式的建设和运行成本没有能力予以判断，某种程度上可能会引发"劣币驱逐良币"现象。

5. 村民参与度不高

从我国生活污水治理的发展阶段来看，"受益者付费"机制的建立，是成熟的治理模式构建的必要条件。现阶段，部分乡镇污水处理厂开始试行按 0. 85 元/吨的标准收取污水处理费，但仍面临收费难、收费标准低等问题。而农村生活污水治理主要是由区县一级政府部门负责，乡镇政府负责落实，作为受益主体的农户几乎很少参与农村生活污水治理的建设运维和管理，受制于观念影响、支付能力等因素，农户筹集资金机制短期内仍难以建立。

四 对策思考

（一）强化政府主体责任，协同推进农村生活污水治理

农村生活污水治理是生态环境保护的薄弱领域，农村人居环境是基本公共服务的短板，建议突出农村生活污水治理的公益属性，强化各级人民政府主体责任，并积极引导国有资本投入农村生活污水治理，不断加大农村生活污水治理的投入，勇于啃"硬骨头"。在此基础上，充分发挥生态环境部门的统筹协调作用，做好与财政、农业农村、住建、水利、扶贫等部门的沟通协调，建立四川省农村生活污水治理联席会议制度，并加大各部门资金投入，指导市（县）统筹使用各部门资金，发挥农村生活污水治理资金的整体效益。除此之外，对于地方基层政府而言，要加大乡村振兴、扶贫开发、

生态环境保护、土地转让等各领域资金的整合力度，发挥最大效应，将农村生活污水治理放在整个乡村振兴发展战略下来看，做好农村生活污水治理，助推乡村振兴。

（二）建立以治理效益为导向的资金分配机制，确保农村生活污水治理成效

财政资金分配由补建设转向以补绩效、补运行为主，除保留部分污水治理设施建设引导资金外，其余资金主要转向补绩效和补运行。同时，加强对农村生活污水治理规划、建设、验收移交、运维等全过程监管。针对当前农村生活污水治理监管缺位问题，建议在政府层面，依托信息数据强化政府主动监管，强制各地启用生态信息化工程建设的农村生活污水治理信息子系统，细化活化系统中的项目信息，实现农村生活污水治理项目直连直报与在线评估、监管和即时反馈。在社会层面，通过政府购买服务，全面推进社会化监管。通过第三方参与，建立农村生活污水治理建设和运维评估与监督机制，对参与农村生活污水治理的利益相关方的行为、治理效果、居民满意度、存在的问题进行全面科学的评估，确保治理成效的可持续性。实现全过程的监管，切实克服“重建轻管”，确保实现“工程建一处，持续运行一处，服务一方群众”的目标。

（三）统筹“空间、资源、环境”，构建农村生活污水治理商业模式

加强空间要素统筹，打破农村地域范围，以流域环境综合治理、城乡一体化环境治理带动农村生活污水治理，通过“打捆整合”，建立政府投资为主、优质资产变现融资、受益主体出资的资金投入模式，实现环境治理投入与收益的整体平衡。

加强资源要素统筹，协同推进农村生活污水治理和种植业培育、旅游业开发、乡村振兴战略，探索EOD模式在农村生活污水处理项目中的应用，构建“农村生活污水治理项目＋”体系，提升“农村生活污水治理项目＋

乡村旅游”“农村生活污水治理项目+农业种植”等“+产业发展项目”的设计、包装水平。

加强环境要素统筹，同步实施水土流失与农村面源污染治理、基本农田改造与农村沟渠整治，使农村生活污水治理与水资源循环利用、土地资源节约利用、供水垃圾一体化处理融合，注入农村生活供水、农村垃圾清运、土地权属等优质资产，依托优质资产担保、高信用评级、抵押、PPP等模式，在整体财务成本可控的基础上，融入绿色信贷资金、绿色债券资金、绿色基金、社会资本等非政府资金。

（四）加大宣传教育力度，提高村民治理意识

当前村民参与程度不高主要受到思想意识、技术水平、经济状况三个维度的制约，针对基层农户参与治理的三个维度的制约，政府应该积极应对，做出反应和调整。首先，地方政府应加强基层农户的宣传教育，改善农户的用水习惯，提高对生活污水治理的认识水平，达到农村生活污水治理在源头上不直接排放的效果；其次，技术培训方面，地方生态环境部门应积极组织开展农村生活污水处理设施操作技术培训，让农户有意愿更有能力参与农户生活污水治理运维，提高公众参与度；最后，经济方面，地方政府应逐步探索农户生活污水治理付费模式，上级政府应加快制定相关的农村生活污水治理收费制度，推进农村生活污水治理付费机制的建立健全。

参考文献

于婷、于法稳：《农村生活污水治理相关研究进展》，《生态经济》2019年第7期。

王海棠：《农村生活污水治理问题及对策》，《资源节约与环保》2021年第2期。

林加文：《农村生活污水治理研究》，《节能与环保》2021年第2期。

胡小波、骆辉、荆肇乾、章泽宇：《农村生活污水处理技术的研究进展》，《应用化工》2020年第11期。

B.10

四川省九寨沟县森林草原防火研究

张黎明　王　勉　张晓红　罗　杰　张益瑞*

摘　要： 森林草原防火是确保生态建设成果、维护国家生态安全的重要内容。诱发森林草原火灾的因素主要包括自然和人为两个方面，最大努力通过人工干预手段，管控好人为活动，是预防森林草原火灾的重要举措。四川省九寨沟县已实现34年无重特大森林草原火灾。本研究立足调研，对九寨沟县森林草原火险资源与保护管理现状、防火形势与要求、大事记、森林草原防火发展管理进展、威胁与挑战等进行梳理，并提出了对策建议。

关键词： 四川省　九寨沟县　森林草原防火

一　四川省九寨沟县森林草原资源与保护管理现状

（一）森林草原资源概况

九寨沟县地处四川省北部、阿坝州东北部，地势西北、西南高，东南

* 张黎明，高级工程师，四川省林业和草原局科研教育处处长，四川省林学会自然教育与森林康养专委会主任，主要研究方向为现代林业、生态旅游、森林康养、生态康养、区域可持续发展管理；王勉，九寨沟县林业和草原局森林草原预防股主任；张晓红，九寨沟县林业和草原局森林草原预防股；罗杰，四川省林业和草原调查规划院工程师；张益瑞，西华大学工程管理专业本科毕业，主要研究方向为工程管理、绿色工程设计与建设、环境友好与可持续、森林自然教育和绿色发展等。

低，地貌类型以高山山原、高山峡谷和中山河谷为主，海拔 1000～4500米，辖区面积 52.9 万平方公里，辖 12 个乡（镇），常住人口 8.2 万，聚居着藏、羌、回、汉等多个民族。九寨沟县是四川省第二大林区和长江上游重要的生态屏障，有林地面积 397325.09 平方公里[①]，占全县面积的75.03%，林地资源中有林地面积 246534.50 平方公里，占林地面积的62.05%。全县草原综合盖度 87.8%，有优质天然草场 186 万亩。除森林分布上限区域的牧草地、河谷两岸缓坡农地外，森林在全县广泛分布。全县森林起源为天然的面积 230945.58 立方米、蓄积 28424974 立方米，起源为人工的面积 15588.91 公顷、蓄积 123642 立方米，天然林面积占比93.68%、蓄积占比高达 99.57%，而人工林面积和蓄积占比分别仅为6.32% 和 0.43%。全县森林受人为干扰活动程度较轻，林分群落结构较为完整，林分原始状态保存较好，林地生产力高。从森林资源保护管理的现状隶属关系来看，九寨沟县域范围的森林资源由阿坝州州辖九寨沟管理局（九寨沟国家级自然保护区管理局、九寨沟国家级风景名胜区管理局的统称）管理范围、南坪林业局（南坪国有林管护局）管理范围和九寨沟县人民政府管理范围三部分组成（见表 1），其中，九寨沟国家级自然保护区管理局（九寨沟国家级风景名胜区管理局）管护范围林地面积 44089.51 公顷，占九寨沟县行政区划内林地总面积的 11.10%；南坪林业局管护范围林地面积 179583.06 公顷，占九寨沟县行政区划内林地总面积的 45.20%；九寨沟县直接管辖林地面积 173652.52 公顷，占全县行政区划内林地总面积的 43.74%。

从乡镇行政区划来看，九寨沟全县森林资源相对集中分布在勿角、大录、黑河、白河、漳扎、双河、玉瓦、南坪等乡镇境内，林地面积161851.1032 公顷，占九寨沟行政区划内林地面积的 40.83%（见表 1）。

---

① 《九寨沟县属部分森林资源规划设计调查报告》，四川省林业和草原调查规划院，2020 年 6 月。

表1　九寨沟县行政区划内林地面积、蓄积分单位统计

统计单位	林地面积		蓄积	
	数量(公顷)	占比(%)	数量(立方米)	占比(%)
九寨沟县总计	397325.09	100.00	28597994	100.00
大录乡	30806.87	7.75	4419417	15.45
玉瓦乡	11545.17	2.91	1792772	6.27
黑河镇	27333.22	6.88	2872821	10.05
漳扎镇	13406.22	3.37	1434504	5.02
白河乡	16323.64	4.11	1937201	6.77
南坪镇	9019.97	2.27	776194	2.71
保华乡	1266.56	0.32	10931	0.04
永和乡	1735.04	0.44	67834	0.24
双河镇	12170.46	3.06	806383	2.82
勿角镇	41245.56	10.38	6423942	22.46
郭元乡	3019.30	0.76	414958	1.45
草地乡	5780.53	1.45	811833	2.84
九寨沟国家级自然保护区管理局	44089.51	11.10	5687485	19.89
南坪国有林管护局	179583.06	45.20	1141717	3.99

资料来源：《九寨沟县属部分森林资源规划设计调查报告》，四川省林业和草原调查规划院，2020年6月。

按照《森林法》第六章第47条规定，九寨沟县内约占全县林地的58.72%属于以发挥生态效益为主要目的的公益林，集中分布在已建立的9个以大熊猫国家公园九寨沟片区为主体的自然保护地体系内（见表2）。

表2　九寨沟县行政区划内自然保护地林地分布格局

保护地	林地面积		蓄积	
	数量(公顷)	占比(%)	数量(立方米)	占比(%)
九寨沟县	397325.09	100.00	28598525	100.00
大熊猫国家公园九寨沟片区	53056.56	13.35	7726260	27.02
四川九寨沟国家级自然保护区	44089.51	11.10	5687485	19.89
四川白河国家级自然保护区	14503.96	3.65	1869476	6.54
四川贡杠岭省级自然保护区	82052.84	20.65	3418039	11.95
四川勿角省级自然保护区	32685.67	8.23	6019138	21.05

续表

保护地	林地面积		蓄积	
	数量(公顷)	占比(%)	数量(立方米)	占比(%)
四川九寨国家森林公园	27106.41	6.82	1300068	4.55
九寨沟国家级风景名胜区	52351.19	13.18	6059048	21.19
九寨沟世界自然遗产	83697.61	21.07	6654440	23.27
四川九寨沟国家地质公园	50698.88	12.76	6030454	21.09

资料来源：《九寨沟县属部分森林资源规划设计调查报告》，四川省林业和草原调查规划院，2020年6月。

（二）物种多样性

九寨沟县境内物种十分丰富，据不完全统计，已发现记录的陆生野生动物619种，其中，大熊猫、金丝猴、雉鹑、绿尾虹雉、羚牛、林麝、雪豹等国家重点保护珍稀野生动物20余种；有野生植物2033种，其中银杏、红豆杉、独叶草等国家重点保护珍稀野生植物33种。此外，天然中药材多达290种，主要有党参、当归、虫草、贝母、天麻、猪苓等，盛产国家地理标志产品“九寨刀党”[1]。

（三）生态旅游历史方位

九寨沟县境内生态旅游资源禀赋高，这里既是世界自然遗产、世界人与生物圈保护区和国家首批5A级风景名胜区九寨沟的所在之地，也属首批中国旅游强县、四川首个“两山”实践创新基地，拥有九寨沟、大熊猫、金丝猴三张享誉世界的旅游名片，是四川省乃至中国著名的国际生态旅游目的地，在贯彻落实四川省委、省政府“三九大”[2]（即三星堆、九寨沟、大熊猫）文旅强省战略中具有显著的桥头堡功能作用。

---

① 《九寨沟概况》，http：//www.jzg.gov.cn/jzgrmzf/c100124/zjxx.shtml。

② 《“天府三九大，安逸走四川”四川文旅新口号解读来了》，http：//m.xinhuanet.com/sc/2019-04/15/c_1124369979.htm，2019年4月15日。

（四）自然保护地发展格局

为保护九寨沟县域生物多样性，1963 年以来，九寨沟县已建立以大熊猫国家公园九寨沟片区为主体的自然保护地单位 9 个，包括：大熊猫国家公园九寨沟片区、四川九寨沟国家级自然保护区（也是“世界生物圈保护区”）、四川白河国家级自然保护区、四川贡杠岭省级自然保护区、四川勿角省级自然保护区、四川九寨国家森林公园、九寨沟国家级风景名胜区、四川九寨沟国家地质公园、九寨沟世界自然遗产（见表 2）。尽管保护地之间在空间上存在较大程度的交叉重叠，例如，大熊猫国家公园九寨沟片区与勿角省级自然保护区完全重叠，九寨沟国家级自然保护区、九寨沟国家级风景名胜区、九寨沟国家地质公园、九寨沟世界自然遗产四个自然保护地高度重叠；贡杠岭省级自然保护区、九寨国家森林公园、九寨沟世界自然遗产等三个自然保护地存在部分重叠，但 9 个自然保护地扣除重叠部分的实际总面积仍然约占九寨沟县行政区划面积的 60%。同时，这些保护地已获得 2 个世界级、6 个国家级桂冠，充分凸显出九寨沟县在国际生物多样性保护、国家生态建设和以国家公园为主体的自然保护地体系建设中的突出影响和重大作用。

二　四川省九寨沟县森林草原防火形势与要求

（一）全域森林草原火险等级高

九寨沟县气候冬长夏短，夏无酷暑，冬无严寒，春秋温凉；年平均气温 12.7℃，年平均降水量 550 毫米，年平均日照 1600 小时，年均相对湿度 65%。根据《四川省森林火险区划等级》（DB51/T2127 - 2016），九寨沟县属于四川省官方公布的 35 个高火险县之一。县境内高火险区主要分布在漳扎镇、大录乡、玉瓦乡、黑河镇、白河乡、勿角镇等 6 个乡（镇），覆盖范围占全县面积的 87.3%；中风险区分布在南坪镇、双河镇、郭元乡、草地

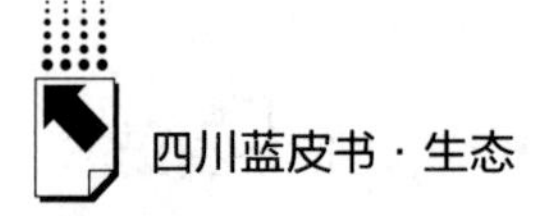

乡、保华乡等5个乡（镇），覆盖范围占全县面积的11.9%；低风险区仅永和乡，占全县面积的0.8%。全县森林草原火险等级分布态势呈现出以高风险区域占主导的格局。与此同时，县域内农牧业生产生活、节庆和宗教祭祀等用火、用电的需求大，人为活动潜在火险隐患随时存在，森林草原火险防控任务十分艰巨。

（二）县域保护管理等级高

从九寨沟县域生物多样性保护管理空间格局来看，全县已建立的以大熊猫国家公园九寨沟片区为主体的自然保护地单位中，九寨沟世界自然遗产地全部（包含九寨沟国家级风景名胜区、九寨沟国家级自然保护区、九寨沟国家地质公园）、大熊猫国家公园九寨沟片区绝大部分、四川白河国家级自然保护区全部、四川九寨国家森林公园和四川贡杠岭省级自然保护区全部的保护管理范围都位于森林草原高火险分布区域，要高质量维护好这些自然保护地的原真性和完整性，必须科学管控，严防发生森林草原火灾。

（三）区域生态安全要求高

从区域生态位看，九寨沟县处于长江、黄河上游生态屏障的关键地段，属"川滇森林生态及生物多样性生态功能区"，其北面、东面、东南面分别与甘肃省的迭部县、舟曲县和文县接壤，西面与四川省若尔盖县相接，西南毗邻四川省松潘县和平武县。其中西南和东南面是大熊猫国家公园四川片区的重点区域，生态区位突出，对大熊猫岷山山系种群的保护、生存繁衍以及对促进岷山山系大熊猫等野生动物基因交流起着十分重要的作用。主体区位敏感，生态区位极其重要，区域内若发生森林草原火灾将不仅危害九寨沟县域自身生态安全、大熊猫和金丝猴等国家重点珍稀野生动物安全，也将危及其上下游区域生态安全。

基于以上分析，九寨沟县森林草原火险高，森林草原火险防控任务艰巨、意义重大、影响深远。

三 四川省九寨沟县森林草原防火大事综述

（一）四川省人民政府发布2021年森林防火命令、草原防火命令①

2020 年 12 月 30 日，《四川省人民政府 2021 年森林防火命令》和《四川省人民政府 2021 年草原防火命令》经省政府官网公布。两份“命令”对 2021 年四川省的森林草原预防、扑救作出明确的要求。命令对森林（草原）防火期、森林防火区和草原防火管控区等进行了划定，并实施分期分区精准管控等。2021 年全省森林防火期为 1 月 1 日至 6 月 30 日，其中 2 月 1 日至 5 月 31 日为森林高火险期，草原防火期为 1 月 1 日至 6 月 30 日，市（州）、县（市、区）人民政府可结合辖区实际，延长森林（草原）防火期和草原高火险期，向社会公布，并报上一级人民政府和森林草原防灭火指挥机构备案。防火期严格野外火源管控，确需在防火期野外生产用火的，应当向当地县级人民政府提交用火申请，因生产活动需要在草原上野外用火的应经县级人民政府草原防火主管部门批准。任何单位和个人发现森林、草原火情，应立即拨打森林火灾报警电话 12119。

（二）四川出台《关于公职人员带头落实森林草原防灭火要求的规定》②

2021 年 3 月，四川省森林草原防灭火指挥部、省纪律检查委员会机关、省委组织部、省监察委员会、省人力资源和社会保障厅联合印发了《关于公职人员带头落实森林草原防灭火要求的规定》，要求公职人员发挥森林草原防灭火带头示范作用，严格遵守省、市（州）、县（市、区）政府发布的

① 《四川省人民政府 2021 年森林防火命令》，http：//www. sc. gov. cn/10462/11555/11562/2021/3/2/9f084abd832f4ff3b04ac48abba907c6. shtml，2021 年 3 月 2 日。

② 《四川省将公职人员带头落实森林草原防灭火情况纳入综合考评》，https：//cbgc. scol. com. cn/news/955424。

防火、禁火命令等有关规定，做到带头开展宣传发动工作、带头移风易俗、带头管好自己和家人、带头强化防火意识、带头接受防火检查等“五个带头”，并将落实情况纳入干部综合考核评价内容，作为干部选拔任用、评先奖优的重要参考。

（三）九寨沟县人民政府发布森林草原禁火令①

九寨沟县人民政府根据《四川省人民政府2021年森林防火命令》等有关规定，发布禁火令，明确2020年11月1日至2021年6月30日为九寨沟县禁火时间，其中2020年11月1日至2021年5月30日为高火险期。禁火范围覆盖全县所有林地、草场及野外易引起森林草原火灾的区域。严禁在森林防火区内野外吸烟、烧纸、烧香、点烛、燃放烟花爆竹、点放孔明灯、烧蜂、烧山狩猎、使用火把照明、生火取暖、野炊、焚烧垃圾及其他野外非生产用火。确需在森林防火区内野外生产用火的，必须向县人民政府提交用火申请。对发现违规用火不予制止或制止不力的领导干部，一律依规依纪依法给予党纪政务处分。

（四）九寨沟县森林草原防灭火专项整治

2020年5月以来，为贯彻落实习近平总书记对凉山森林火灾重要指示和李克强总理重要批示精神，九寨沟县委、县政府高度重视，深刻对照习近平总书记关于森林草原防灭火“四问”，严格落实国务院专项督导组和省、州部署要求，结合县域实际开展了火险隐患大排查大整治专项行动、农事用火和野外用火严防严控专项行动、清明祭祀教育管理专项行动、依法从严从快查处火案专项行动、防灭火督导专项行动和防火宣传教育专项行动等“六大专项”行动，为全县森林草原防火夯实了工作基础。

---

① 《九寨沟县人民政府森林草原防火禁火令》，http：//www.jzg.gov.cn/jzgrmzf/c106082/202103/3330c0e70e414ed197e442973f62d032.shtml，2021年3月3日。

（五）国务院督导组调研督导九寨沟县森林草原防灭火专项整治

2021 年 3 月 5 日，国务院督导组副组长戴建国一行督导九寨沟县森林草原防灭火专项整治，实地调研了县和九寨沟管理局专业扑火队、防灭火物资储备仓库、九寨沟保护区综合指挥中心、专职消防营房建设项目等地，听取九寨沟县专项整治工作汇报，查阅防灭火台账，对九寨沟县森林草原防灭火基础设施建设、扑火队伍建设及春防工作、火源管控、物资储备、宣传教育等工作情况进行了详细问询了解。戴建国副组长充分肯定九寨沟县在森林草原防灭火预案建设、队伍建设、装备建设、基础设施建设、制度建设等方面所做的大量工作，希望九寨沟县继续保持清醒头脑，继续高要求、更有效地推动专项整治工作，抓严抓细抓早抓小，因地制宜建设防火道路、隔离带、消防水池等基础设施与综合应急队伍，继续守好安全红线，不能出现人员伤亡，抓好九寨沟等重要核心区域防控。

（六）九寨沟县森林草原防灭火指挥部挂牌

2021 年 1 月 1 日，九寨沟县森林草原防灭火指挥部挂牌仪式和九寨沟县森林草原防灭火指挥部第一次联席会议在县应急管理局举行。县委副书记、县长陶钢出席并宣布指挥部正式挂牌。县人大常委会主任汪世荣出席挂牌仪式和联席会议。从当日起，九寨沟县森林草原防灭火指挥部办公室根据国家机构改革要求正式从县林草局移交到县应急局设立。

（七）九寨沟县全面入网数字熊猫即报系统 DPS

为强化森林草原防火监测防控一体化体系建设，按照省林业和草原局“天空地人”数字一体化监测体系建设发展目标和要求，九寨沟县积极配合，将全县已建立的森林草原防火监测视频体系正式接入全省“数字熊猫即报系统 DPS”；与此同时，县委、县政府主要负责人与分管负责人、县林草部门全体职工和乡（镇）主要负责人、分管防火负责人、新聘护林员、驻县域州属林业企事业单位负责人和全体护林员总计 900 余人实现全员注册上线，常态日上线率保持在97%左右，为九寨沟县全域森林草原防火火情即报、宣教培训尤其是数字监测一体化建设构建了新平台、全面提升了管理水平，后期将继续扩展优化“地”面监测重点范围。

（八）九寨沟县实施防火期林区施工许可和入山证制度

根据四川省森林草原防灭火指挥部要求，2021年4月开始，九寨沟县正式启动实施森林防火期内林区施工许可报备和入山证制度，对县内九绵高速8个标段、G544公路、水毁公路等工程施工的14家企业全面落实施工许可报备和入山证制度，以更好地强化和规范各项工程施工过程中森林草原防灭火综合管控与应急管理。

四　四川省九寨沟县森林草原防火发展管理进展

截至2020年末，九寨沟县经过长期努力，已实现连续34年无重特大森林草原火灾，无重特大人员伤亡，全县森林草原防火工作在至少八个方面取得了较好进展。

（一）森林草原防灭火组织领导体系建设

为协调县各相关部门解决好森林防火中的问题，检查各部门、各乡（镇）贯彻执行森林防火方针政策、法律法规和重大措施的情况，监督有关森林火灾案件的查处和责任追究，决定森林防火其他重大事项，九寨沟县成立了护林防火指挥部，办公室设在县林业局。2019年，县护林防火指挥部调整为森林草原防灭火指挥部，指挥部办公室设在县林业和草原局，由县林业和草原局局长兼任办公室主任；设副主任4名，由县林业和草原局、县应急管理局各1名分管局长、森林消防中队队长、消防救援大队队长兼任。2021年1月1日，九寨沟县森林草原防火指挥部办公室从县林草部门移设到九寨沟县应急局。

（二）森林草原防灭火责任体系建设

为确保九寨沟县森林草原防火责任落到实处，县森林草原防灭火指挥部通过《九寨沟县森林草原防灭火指挥部工作规则（试行）》规定了指挥部34个成员单位包括县林草局、应急管理局、森林消防大队九寨沟中队、消防救援大队、森林消防中队、县人民武装部、县委宣传部、县政府新闻办公室、县融媒体中心（县广播电视台）、县发展和改革局、县经济和信息化局、县教育局、县科学技术和农业畜牧局、县民族宗教局、县公安局、县森林公安局、县财政局、县自然资源局、县住房和城乡建设局、县交通运输局、县文化体育和旅游局、县卫生健康局、县综合行政执法局、县气象局、县法院、县检察院、县行政审批局、县司法局、九寨沟管理局、南坪林业局、电信九寨沟分公司、移动九寨沟分公司、联通九寨沟分公司、铁塔九寨沟分公司的主要职责，要求根据职责分工，各司其职，各负其责，密切协作。为确保压实日常责任，2020年，九寨沟县林草局牵头，建立“3+4+N”工作体系，即制定“科级领导包片、股站长包乡、科室包村”三包制度，成立综合协调、专项整治、信息宣传、后勤保障等4个工作小组，联合应急管理、经信局、目督办等多个部门，采取定期、不定期方式开展整治工作，坚持联防联控、网格化管理，全覆盖签订责任书、防火公约，全县12个乡镇与县委签订2020~2021年森林草原防灭火责任书，120个村（社区）与2.6万余户群众全覆盖签订防火公约。由县应急局牵头，积极推进“十户联保”，建立“十户联保”体719组，签订联保体户数14118户，全县签订责任书588份，在全县切实有效地构筑起严密的责任体系。

（三）森林草原防火管理体系建设

自九寨沟县成立林业行政主管部门以来，护林防火一直是其重要职责和职能任务。1963年，九寨沟县林业行政主管部门成立防火股。2019年根据国家机构改革要求，九寨沟县林业局更名为县林业和草原局，防火范畴由原来的森林防火扩展为森林草原防火。2020年，县林业和草原局成立森林草

原预防股，参公编制5个，目前，实际工作人员6名，统筹负责全县森林草原防火日常事务。全县12个乡（镇）明确分管负责人负责森林草原防火日常工作。九寨沟管理局机关设保护处，并分别设立扎如沟、树正沟、日则沟、则查洼等四个基层管理处负责日常巡护管理。南坪林业局明确分管负责人和科室、下设122、123、124、125四个林场负责森林草原防火日常工作。白河、勿角、贡杠岭三个国家级（省级）自然保护区、九寨国家森林公园等自然保护地同时承担着管护范围内森林草原防火职责。截至2020年末，九寨沟县已形成较完善的由县防灭火指挥部办公室、县林草局森林草原预防股、12个乡镇防火负责人、100余个村支书和九寨沟等9个自然保护地及基层保护处（站）、南坪林业局及其4个林场等构成的森林草原防火管理体系。

（四）森林草原防火宣传体系建设

构建由会议、户外广告、警示标语、广播电视、微信平台、手机短信、入户通告等多位一体渠道、路径和平台组成的森林草原防火宣传体系，全面提升社会各界森林草原防火意识。一是广泛发布省、州、县三级森林草原防火令；二是印发《“双语版”森林防火“十不准”》《“文明祭祀、平安春节”森林草原工作告知书》等文件；三是开展“依法保护草原、建设美丽中国”主题普法宣传等活动；四是开设县“九寨林草”公众号，开办《两防一整治》《林草讲堂》《林草动态》等栏目，推送法律法规、应知应会常识、警示案例、预警预报信息等内容；五是开展“森林草原防火知识宣传教育进校园、进村寨、进寺庙、进工地、进企业”活动；六是举办九寨沟县首届“绿宝石杯”森林草原防灭火知识竞赛；七是联合各乡（镇）、森林公安、州属企、事业单位开展联合宣传、巡逻，确保每天不少于10辆车开展拉网式巡回宣传。2020年，发布火险等级预报短信30余万条，设置各类防火标识标牌416块，张贴宣传标语、横幅共1800余条，公众号推送森林草原防灭火相关法律法规条例50余篇、工作动态80余篇、警示教育30余期、倡议书10篇，大力宣传森林草原防火，全面提升广大群众防火意识。

（五）森林草原防火巡护监控体系建设

构建和严守野外用火登记审批、进山检查、区内巡护、联防联治“四道防线”。一是实行入山管理。全面落实封山防火、进山登记、火种收缴措施，启动实施“防火码”扫码登记进出山制度，切实管好“三头”（山头、人头、地头）。二是建立重点区域视频监控体系。县林草局在重点区域设立12个森林草原防火监控点和8个重点区域森林防火检查点。九寨沟管理局建设林火预警监测系统19套、道路卡口监控系统13套，设有40个监控点森林防火监控设施，购置林火红外传感监测设施设备38套。南坪林业局设有监控10套。三是建立长效值班体系。每年进入防火期，严格执行24小时值班轮班和动态巡查制度，采取“高密度、网格式、全天候、责任制、表格化”野外巡查制度，其中2020年先后派出7个巡查组24小时不间断巡查，整合林场和自然保护区359名职工24小时轮班值守。四是建立日常巡山护林体系。以乡为单位聘用生态护林员实行网格化全覆盖巡查39万余公顷森林草原。五是重点时段强化重点部位巡护防控。县林草局联合“专业扑火队员、州县乡村四级工作人员、生态护林员”三支队伍，春节期间，聚集山头、路口、墓区、农林牧接合部等野外火源管控重点地段，强化群众祭扫等火源管控。

（六）森林草原火险隐患排查体系建设

按照潜在火险隐患，构建隐患排查工作体系。制定《森林草原火灾风险隐患专项整治工作方案》，完善火灾风险隐患“四个清单”，对全县分片区开展隐患排查专项整治，针对重点单位、重点设施、重点部位、重点区域、重点工程、重点人群等“六大重点”抓实隐患排查。2020年，全县共计排查单位26个、电网企业3家、旅游景区4个、村寨120个、用火场所52处（煨桑台或烧香炉）；排查并整改输电线路隐患104个；查出并完成整改其他隐患33个；实施林下可燃物清除工作。与此同时，县林草局协调保证每日不少于4辆洒水车、高火险时段不少于8辆车，重点林区九寨沟管理局配置6台洒水车，在冬季、早春连续晴朗三天形成持续干燥天气情况下，对辖区内干线公路两侧实施洒水作业，增湿降低火险隐患。

（七）森林草原火灾应急处置体系建设

一是建立应急制度体系，修订完善《九寨沟县森林草原防火应急预案》，制定《森林防灾值班》《森林防火火情、火警、火灾报告》《九寨沟县林业和草原局火灾初发火应急处置方案》等。二是强化扑火队伍建设。2020年7～8月，由县林草局牵头成立了九寨沟县地方专业扑火队，加挂应急综合救援队牌子，聘用106人开展工作，初步形成森林草原防灭火应急处置专业力量。九寨沟管理局配置森林草原防灭火专职消防队、景区消防救援大队、九寨沟县森林消防中队专业力量90人，消防中队每周定时演练。此外，全县还建立乡（镇）义务扑火队12支、240人，村级义务扑火队110支、1917人。三是强化防灭火应急处置设备建设。全县按照统一调拨、分级储备原则，建立了九寨沟县森林草原防灭火“1+12+N”物资储备体系，“1”就是在县城建立1个县级物资储备库，“12”就是在12个乡（镇）设立物资储备分库，“N”就是在其余自然保护区各保护站、林业工作站、专业扑火队等设立多种形式的物资储备点。截至目前，九寨沟县级物资储备库现有库存物资共28类6000余件，乡镇物资储备分库现有库存物资共7类2000余件，物资储备点现有库存物资共7类1000余件［九寨沟管理局配置车辆、水泵等各类防灭火物资装备6类82台（件），新建九寨沟专职消防队营房1座2077.08平方米］，同时修订完善《森林防火器材库管理制度》《防火器材库保管员岗位职责》，加强防火期物资出入库登记，定期检修保养，确保正常使用。一个较完备的森林草原防灭火应急处置人员队伍与物资保障体系在九寨沟县业已形成。

（八）森林草原防火工作监督体系建设

2019年以来，在省、州两级持续督导指导下，九寨沟县积极构建森林草原防火监督体系，成立包片督导工作领导小组，编制《森林草原防火督导工作方案》，采取蹲点督导、优化督导、联合督导3种方式开展工作。其中，蹲点督导，要求督导组每月到所包片督导乡镇开展督导工作不少于1次；重点督导，要求督导组在重要时段、重要节点、重点部位进行有针对性督导；联动督导，要求督导组主动与各乡镇、县森防指成员单位进行沟通衔接，形成督导合力。以"罚点球"的形式，指出和移交在督导中发现的各种问题和火险隐患，建立规范完整的督导台账，坚持以"回头看"形式及时跟踪问题整改落实情况。2020年全县全覆盖开展专项整治督导工作6轮，整改情况"回头看"4轮，有效发挥了监督作用。

五　四川省九寨沟县森林草原防火威胁与挑战

（一）野外火险隐患因素多

根据目前记录，九寨沟县内诱发森林草原火险的隐患因素较多。一是县境内高压、超高压输电电网密度大，通过林区输电线路密集，在冬季和早春风雪等气候状态下容易发生输电线路火险隐患；二是县内多数群众散居在高半山，靠近林缘，农事生产用火需求大，加之农村留守老人用火安全防范意识较差，存在农事用火隐患；三是外来人员进入林区、草地游玩，存在野外用火火险隐患；四是每年秋冬季节，林下枯枝落叶等可燃物堆积较多，存在火险隐患；五是省道301九寨沟境内贡杠岭至九倒拐约30公里交通干线穿行贡杠岭省级保护区、九寨国家森林公园范围，但沿途目前无固定或移动通信，存在森林草原防火应急风险；六是九寨沟灾后恢复重建和九绵高速施工单位较多，施工点位分散，作业人员业务素质参差不齐，人员复杂、监督管理难度大。

（二）扑火队伍执行力较弱

九寨沟县专业和义务扑火队人员多，但受制于专业技能，扑火执行力还较弱。一是地方专业扑火队成立时间不长，综合技能还有待提升，专业经验非常缺乏；二是群众义务扑火队伍缺少基本装备，专业技能培训演练少，扑火实战能力较弱，应急反应实战能力差，且因青壮年外出务工较多，民兵义务扑火队稳定性较差，难以保障应急扑火需求。

（三）必要设施设备建设不足

重点林区的必要防火基础设施建设滞后。一是必要的防火道路里程不足或路况差；二是重点林区未配建必要消防储水设施，难以保障应急状态下灭火取水需求；三是生物防火林带和必要林火阻隔系统配置建设滞后；四是各乡（镇）现有防灭火设备储备虽较丰富，但从应对九寨沟县境内高山峡谷地区森林草原火灾扑救需求看，仍然存在较大差距，需要改进。

（四）巡护管理队伍建设待强化

一是因外出务工等原因，各乡镇聘用的生态护林员整体年龄偏大，巡护监督有效性不足；二是生态护林员文化程度偏低，应用智慧手机等设备能力较弱，巡护反馈信息有效性不够；三是南坪林业局目前实行只出不进的人事管理机制，现有管护人员年龄逐年偏大，越来越难以满足大面积国有林的巡护管理需要。

六　四川省九寨沟县森林草原防火政策建议

森林草原防火是保护森林资源等自然生态资源、维护生态安全和人民生产生活安全、建设生态文明的重要内容，是一项长期存在、永远在路上的工作。为在现有成效基础上，持续保持九寨沟县森林草原防火工作综合有效性，对九寨沟县未来森林草原防火工作提出以下建议。

（一）持续保持政治站位

坚决贯彻落实习近平总书记系列重要指示精神和党中央、国务院决策部署，持续解决好指导思想这个总开关问题，深入学习领会习近平总书记关于应急管理、安全生产、防灾减灾救灾、森林草原防灭火工作的重要论述和李克强总理等中央领导同志有关指示批示精神，学习应急管理部黄明书记、四川省委彭清华书记讲话及国务院督导组领导讲话精神，进一步增强全县干部群众思想认识，进一步强化抓好森林草原防灭火工作的政治自觉、思想自觉和行动自觉，把森林草原防火的政治使命、政治担当和政治责任持续放在心中，扛在肩上，落实在具体行动上。坚持“人民至上、生命至上、安全第一”。

（二）各司其职、履职尽责

认真对标对表国务院、省、州森林草原防灭火专项整治工作部署，将关键环节、重点工作机制化、制度化、常态化，充分发挥好防灭火指挥部的统筹部署、领导、协调、监督作用，从人防、技防、生防等多个维度，督促成员单位、各乡（镇）、各相关企事业单位根据其职能分工，各司其职，各尽其责，筑牢九寨沟县森林草原防灭火责任铜墙铁壁，共同为抓实九寨沟县森林草原防火和火灾应急处置，维护好九寨沟美丽生态尽职尽责。

（三）全面强化宣传教育

始终把宣传作为提升各界森林草原防灭火意识的重要措施，采取传统与现代媒体渠道、经验与创新的各类手段，持续加大防火公众宣传教育力度，引导广大党员干部进一步拧紧思想之弦，时刻做到“不懈怠、不麻痹、不大意、不疏忽”；以送法普法、设立咨询点等形式，普及森林草原防火法律法规、预防与扑救以及安全避险等知识，把森林草原防火政策讲明、要求讲清、危害讲透、提高群众防火意识和能力，提醒督促广大公众绷紧遵法守法防火法律之弦，鼓励其以各自方式积极支持和参与九寨沟县森林草原防火。

（四）织牢巡护监测防护网

一是全面提高科技防控水平。最大限度融入省林草局推进建设的“天空地人”一体化监测体系。要提速优化建设县内护林防火视频监控体系，尽快实现全县重点林区视频监控全覆盖。要加强重点林区通信建设，配建车载式移动卫星基站和北斗卫星电话取代电台通信。要强化无人机巡护服役。二是加强巡山护林人员管理，将林区防火卡点值守、生态护林员巡查等野外火源管理防控措施全面落实到位，优化防火码使用，全面加强对外来人员和当地居民入山登记管理。三是强化生态护林员培训，全面提高“数字熊猫即报系统 DPS”科学使用水平，增强巡护有效性。四是协调做好农事用火报备管理，督促广大村民规范农事生产用火。五是加强地方专业扑火队和义务扑火队的专业化训练与培训，增强森林草原火灾处置的应急响应能力。

（五）坚持动态隐患排查整治

增强对森林草原火险隐患动态发生的警醒认识，及时排查、整治和清除火险隐患。一是按照属地属事原则落实责任，对隐患排查及台账填写严格要求，严格检查，督促各乡（镇）在排查隐患时务必做到精准发现、精准整改、精准落实；二是加强对输配电和通信设施的火灾隐患排查，及时发现，及时整改；三是加强森林自身隐患清理，对敏感、重点地区林下枯枝落叶等可燃物堆积较多的地方，及时按要求进行规范清理；四是持续加强对县内痴呆傻等“五类”人员的建档监督管理；五是根据不同季节气象特征和现实需要持续对人为活动多的重要干线公路两侧强化洒水增湿，降低火险。

（六）坚定不移强化依法治火

始终保持森林草原违法违规用火打击整治高压态势，严格规范农事生产用火行为，及时制止、从严处理违规野外用火行为。加强林草、公安等部门联防联控，进一步加大对违法行为的打击力度，依法严惩失火纵火等人为火灾肇事者，并按照森林草原火灾“四不放过”原则，即事故原因不查清不放过、事故责任者得不到处理不放过、整改措施不落实不放过、群众得不到教育不放过的原则，对人为因素引发的森林草原火灾，严格实行责任倒查，追究护林护草人员直接责任、林草生产经营管理单位主体责任、部门监管责任和属地责任。

生态文明体制机制篇

System and Mechanism of Ecological Civilization

B.11
成渝地区双城经济圈人与自然和谐共生评价与体制机制创新*

柴剑峰　王诗宇　马　莉**

摘　要：人与自然和谐共生是社会主义现代化建设的要求，也是协调城市圈发展进程中经济发展、社会稳定、资源节约等方面工作的重要指导理念和推进途径。本研究从概念入手，分析成渝地区人与自然和谐共生内在逻辑以及状况，构建成渝地区双城经济圈人与自然和谐共生体系，在借鉴国内城市群人与自然和谐共生的经济发展和生态政策的基础上，从多元参与、府际协作、生态补偿等方面给出成渝地区双城经济圈人

* 本研究是四川省社会科学重大招标项目“成渝地区双城经济圈：推动人与自然和谐发展体制机制研究”（SC20ZDCY008）的阶段性成果。

** 柴剑峰，四川省社会科学院研究生学院常务副院长，研究员，博士，博士后合作导师，主要研究方向为劳动经济学、公共管理；王诗宇，四川省社会科学院硕士研究生，主要研究方向为劳动经济学、人力资源与管理；马莉，四川省社会科学院硕士研究生，主要研究方向为劳动经济学、人力资源与管理。

与自然和谐共生的实现路径。

关键词： 成渝地区双城经济圈 人与自然和谐共生 城市圈

成渝地区双城经济圈是中国经济的“第四极”，同时也是长江上游重要的生态屏障地区，通过体制机制创新，推动该区域人与自然和谐共生，不仅有重要示范作用，而且决定着长江经济带发展质量。选择人与自然和谐共生作为新型城镇化中的重点难点问题和突破口既能够解决城市圈发展进程中存在的环境问题、民生问题和经济社会可持续发展问题，也对整个经济、社会发展良性互动，实现文明向更高层次演进具有重要意义。

一 人与自然和谐共生的概念界定及内在逻辑分析

（一）人与自然和谐共生的概念

在人与自然和谐共生理念被普遍接受之前，学界有两种观点主义——人类中心主义和生态中心主义。一般意义上，人类中心主义认为只有人类具有内在价值和利益，自然的其他部分只有工具价值，人类位于其他自然之物之上。生态中心主义则强调非人类也存有内在价值，非人类自然世界独立于人类而具备固有的价值，应平等考虑非人类与人类的利益。人与自然和谐共生融合了人类中心主义和生态中心主义，既考虑人类长远的、根本的、共同的利益，也要考虑外部生态环境的利益。通常有以下几种观点。

第一种观点：人类应破除自我中心论，实现人与自然的和谐共荣，是人类与自然环境的共同进化，与地球表层的共存，是地球生态系统中的社会生态系统的良性运行。①

① 刘宗超：《生态文明与中国可持续发展走向》，中国科学技术出版社，1997。

第二种观点：人与自然和谐是指这样一种生态道德，它包括在人类社会中形成的与自然环境合作的意识以及人们保护环境的一种道德态度、行为规范、评价体系，它能使人们以道德的态度处理人与自然的关系，可以调节人与环境、生物的关系，辨明生态系统中的善和恶、道德与不道德。[①]

第三种观点：目前学界多数人与自然和谐共生的讨论是过度拔高的，忽略了物质文明的建设，认为人与自然的和谐共生要以自然（物质）为载体，通过物质文明的建设践行其理念。

（二）成渝地区双城经济圈人与自然和谐内在逻辑分析

一是人与自然和谐共生是马克思主义自然观一致性的具体体现。马克思主义自然观是历史性、社会性的，又是具有环保意义的。马克思认为，人是社会关系总和与自然关系总和的统一，人与自然和谐共生与其在思想上相契合。

二是人与自然和谐共生是生态环境属性的具体体现。生态环境具有公共性。生态产品无法明确界定产权，可以被双城经济圈公民无差别享有，公共产品的非排他性、非竞争性要求人与自然协同发展、和谐共生。生态环境具有整体性。成渝地区经济圈作为一个有机整体，其水文、地质、大气等子系统相互连接，共同构成一个整体生态系统，共生共荣。

三是人与自然和谐共生是生态人本主义的具体体现。“生态人本主义”融合了人类中心主义和生态中心主义两大流派的观点，在人与自然的相互作用中，生态人本主义将人类共同的、长远的和整体的利益置于首要地位的同时，还考虑兼顾非人存在物乃至外部生态环境整体的利益，人与自然和谐共生理念高度体现了生态人本主义思想。

第一，人与自然和谐共生是推进成渝地区双城经济圈协同发展的重要内容与关键路径。一方面，作为西部城市高质量发展的典型代表，成渝经济圈

---

① 王国聘：《生存智慧的新探索——现代环境伦理的理论与实践》，《南京社会科学》1997 年第 4 期。

应在加快发展中体现高质量，特别是贯彻绿色发展的理念，在经济发展和生态保护中寻找高质量的均衡。另一方面，成渝地区双城经济圈上升为国家战略，希冀成渝在新时代西部大开发新格局中发挥引领作用，示范带动中西部城市群发展。在促进国内大循环为主，国内循环与国外循环相互促进的双循环格局中，成渝地区承担着重大的历史使命。

第二，成渝经济圈人与自然和谐共生，实质是城市人口、资源、环境、经济的协同创新，需要多种创新方法和工具的运用。本研究基于现状分析、内在逻辑与协调评价，从构建多元参与机制、府际协作组织、决策协同机制、绩效考核制度、生态补偿机制等路径提出促进成渝地区双城经济圈人与自然和谐共生的对策建议。

二　成渝地区双城经济圈人与自然和谐共生体系构建与评价

（一）研究方法与数据来源

1. 构建人与自然和谐共生的评价体系

人与自然和谐共生的核心是区域人口、资源、环境与经济系统协调发展问题，本研究根据人与自然和谐共生发展的内涵以及人口、资源、环境与经济系统的复杂性，结合成渝地区双城经济圈特有的发展状况，遵循科学性、整体性、可比性的原则，以人口系统、资源系统、环境系统、经济系统为一级指标，年末常住人口总数、人口自然增长率、城镇失业率、耕地面积、人均公园绿地面积、R&D 支出、污水处理率、森林覆盖率、城市生活废水排放量、人均 GDP、人均社会消费品零售总额、城镇居民人均可支配收入、第三产业产值为二级指标，运用主成分分析方法，分别计算各地区人口、资源、环境与经济系统的综合评价值，在此基础上计算协调发展系数，衡量成渝地区双城经济圈人与自然和谐共生的水平，具体指标体系如表 1 所示。

表 1　成渝地区双城经济圈人与自然和谐共生评价指标体系

系统层	指标层	单位
人口系统	年末常住人口总数 u1	万人
	人口自然增长率 u2	%
	城镇失业率 u3	%
资源系统	耕地面积 v1	平方米
	人均公园绿地面积 v2	平方米
	R&D 支出 v3	亿元
环境系统	污水处理率 z1	%
	森林覆盖率 z2	%
	城市生活废水排放量 z3	万立方米
经济系统	人均 GDP w1	万元
	人均社会消费品零售总额 w2	亿元
	城镇居民人均可支配收入 w3	万元
	第三产业产值 w4	亿元

2. 样本研究与数据来源

（1）研究样本与数据来源

根据 2016 年《成渝城市群发展规划》，成渝地区双城经济圈共有 16 个城市，即重庆、成都、自贡、内江、眉山、雅安、资阳、德阳、遂宁、广安、达州、绵阳、乐山、泸州、南充、宜宾。因此本研究以这 16 个城市为研究对象，所使用的相关数据主要来源于 2019 年各市的统计年鉴和市政府官网以及生态环境状况公报。

（2）主成分分析法确定系数

本研究选择主成分分析法来确定系数。由于评价多系统之间的协调发展时指标间关联度较大，其他方法不易突出主要指标，而主成分分析法能够在最大限度保留原有信息的基础上，对高维变量系统进行最佳的综合与简化，并且能够客观地确定各个指标的权数，避免主观随意性。本研究选择主成分分析法作为研究区人与自然和谐共生发展评估的研究方法。主成分分析法（PCA）计算步骤一般为：

首先，假设有 n 个研究区域，每个区域都受到 p 个指标的影响，构造原

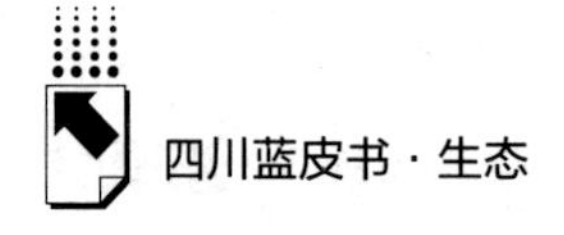

始数据的矩阵：

$$X=\begin{bmatrix} x_{11} & \cdots & x_{1p} \\ \vdots & \ddots & \vdots \\ x_{n1} & \cdots & x_{np} \end{bmatrix}$$

其次，本研究所采取的指标数据的性质的量纲皆不相同，不能直接用于定量的计算，为消除不同单位类型的指标在量纲级和数量级上的差别，构建标准化矩阵，对指标数据进行标准化处理。不同的评价指标所表现出来的正相关性与负相关性也不同，在通过极差法标准化数据的过程中，对于相关性不同的指标采取不同的公式进行处理。为比较不同量纲的数据，我们采用极差法对于不同单位数据进行标准化处理。正向指标和逆向指标的极差法处理公式如下：

$$N_i=\frac{X_i-X_{\text{Min}}}{X_{\text{Max}}-X_{\text{Min}}};N_j=\frac{X_{\text{Max}}-X_j}{X_{\text{Max}}-X_{\text{Min}}}$$

再次，构造样本 X 的相关系数矩阵，对数据进行降维处理：

$$S=(S_{ij})_{p\times p}=\frac{1}{n-1}\sum_{k=1}^{n}(x_k-\bar{x})(x_k-\bar{x})^T$$

其中，$\bar{x}=(\bar{x}_1,\bar{x}_2,\bar{x}_3,\cdots,\bar{x}_P)^T;\bar{x}_j=\frac{1}{n}\sum_{i=1}^{n}x_{ij};i,j=1,2,\cdots,p$

$$S_{ij}=\frac{1}{n-1}\sum_{k=1}^{n}(x_{kj}-\bar{x})(x_{ki}-\bar{x});i,j=1,2,\cdots,p$$

又次，根据相关系数矩阵求特征值 σ_1，σ_2，…，σ_n，方差贡献率和累计方差贡献率，确定主成分个数，第 i 个主成分的贡献率为 $W_i=\frac{\sigma_i}{\sum_{j=1}^{n}\sigma_j}$，前 s 个主成分的累计贡献率为 $W=\frac{\sum_{j=1}^{s}\sigma_j}{\sum_{j=1}^{n}\sigma_j}$ 中，n 为维数，$s\leq n$。

最后，建立初始因子载荷矩阵解释主成分，并以加权的方式计算主成分得分值。

$$M = \sum_{i=1}^{S} W_i \times F_i$$

其中，F_i为主成分表达式。

（二）实证分析

应用 SPSS 统计分析软件对数据进行统计分析，所得结果如表 2 所示。选择特征值大于 1 的前 4 个变量，累计方差比接近，在减少指标数量的同时，涵盖了原始指标的绝大多数信息，此次主成分分析是有效的。表 3 为主成分得分系数矩阵。

表 2　研究区人与自然系统特征值、方差比、累计方差比计算结果

成分	特征值	方差比(%)	累计方差比(%)
主成分 1	4.160	32.000	32.000
主成分 2	4.111	31.627	63.627
主成分 3	1.651	12.700	76.327
主成分 4	1.298	9.985	86.312

表 3　主成分得分系数矩阵

指标	主成分 1	主成分 2	主成分 3	主成分 4
人均 GDP	-0.096	0.283	-0.021	0.029
城镇居民人均可支配收入	-0.212	0.388	-0.088	0.105
人均社会消费品零售总额	-0.024	0.233	-0.058	-0.030
第三产业产值	0.119	0.096	-0.019	0.024
年末常住人口总数	0.241	-0.046	0.014	-0.061
人口自然增长率	0.087	-0.117	0.462	-0.311
城镇失业率	2	-0.154	-0.205	0.251
城市生活废水排放量	0.193	0.013	-0.001	0.020
森林覆盖率	0.049	-0.151	0.511	0.087
污水处理率	-0.136	0.108	0.351	0.197
耕地面积	0.336	-0.190	0.070	-0.129
人均公园绿地面积	-0.074	0.082	0.073	0.763
R&D 支出	0.096	0.114	-0.004	0.018

将原始指标变量标准化值以主成分得分系数矩阵中各列系数为权重进行加权汇总即可得到成渝地区双城经济圈16个城市人与自然和谐共生综合得分，如表4所示。

表4 研究区各城市人与自然和谐共生的综合得分

地区	综合得分
重庆市	1.52
成都市	1.19
自贡市	-0.46
泸州市	-0.21
德阳市	-0.09
绵阳市	0.06
遂宁市	-0.28
内江市	-0.36
乐山市	0.03
南充市	-0.26
眉山市	-0.26
宜宾市	-0.06
广安市	-0.14
达州市	-0.45
雅安市	0.12
资阳市	-0.16

在综合得分表里，有一些结果显示为负数，这里的正负数表示着人与自然和谐共生的相对关系，只是整个过程数据标准化的结果，得分越高，人与自然间的关系越和谐。

参考相关的评级方法，将得分>1的地区划定为人与自然共生和谐区；将得分在0~1的地区划分为人与自然共生比较和谐区；将得分在-1~0的地区划分为人与自然共生关系脆弱区。据统计，和谐区有重庆市、成都市；比较和谐区有绵阳市、乐山市、雅安市；关系脆弱区有自贡市、泸州市、德阳市、遂宁市、内江市、南充市、眉山市、宜宾市、广安市、达州市、资阳市。

从整体上看，成渝经济圈内人与自然共生关系脆弱区的占比面积最大，除成都、重庆两个核心城市之外，成渝双城经济圈人与自然的和谐共生问题仍不容乐观，综合考虑其人口、资源、环境与经济状况，有以下原因：人口方面，在时序上，近年来，成渝地区双城经济圈的人口总量呈不断增长的趋势，2014 年以来，涨幅收窄，增速趋缓，说明尽管成渝经济圈有一定的人才集聚效用，但与东部发达地区相比，吸引人才的能力仍然较弱。空间结构方面，人口分布主要集中于成都、重庆两大核心城市，人口分布较为失衡。资源方面，成渝地区地处四川盆地、长江上游，生物资源种类丰富多样，具有优良的旅游资源和丰富的自然物产。环境方面，成渝经济圈早期空间规划不合理，道路拥堵、基础设施建设与人口增长不匹配、环境污染等问题尖锐，但 2014～2015 年，土地面积激增，道路面积与城市绿地面积也呈上升趋势，环境逐渐好转。经济方面，成渝经济圈起步较晚，以资源型工业性产业为主，缺少高新技术产业，产业结构较为单一，存在产业转型难、空心化等问题。但近年来，成渝经济圈逐渐调整产业布局，发展新型战略产业，优化产业结构。

从研究区的空间性来看，研究区的和谐共生程度呈现出从以成渝为两大核心城市向周边递减的趋势，评分最低的地方主要分布在自贡、达州、内江等四川省边缘城市，如达州市位于四川盆地东部，以第一、第二产业为主，经济基础薄弱，人才流失现象严重。目前，成渝地区双城经济圈人与自然和谐共生问题主要面临以下挑战：一是人与自然和谐共生内涵和新时代的要求，在成渝地区双城经济圈的独特表达问题，以及在未来五年到十年的发展趋势问题；二是人与自然和谐共生体制机制如何统筹城乡关系，如何统筹发达地区与欠发达地区关系，如何统筹成渝地区双城经济圈核心区与边缘区等问题；三是人与自然和谐共生体制机制如何在跨区域地区实现，如何实现中央政府纵向嵌入与地方政府横向协同问题；四是如何处理在经济第四极发展动力和长江上游生态屏障保护压力中寻求高水平的供需均衡。

三　国内代表性城市圈经济发展与生态政策的比较

成渝地区双城经济圈作为国内未来经济发展的第四极，意在引领西部发展，同时该地区地理位置特殊，靠近长江上游黄金水道，川西地区临近青藏高原，部分地区生态环境原始脆弱。因此，生态保护和经济开发之间的平衡和选择对于成渝地区双城经济圈的未来发展方向至关重要。比较国内代表性城市经济圈的发展和生态政策，可以对成渝地区的未来发展和政策选择具有一定的启发性。国内现有京津冀地区、长三角地区和粤港澳珠三角地区三个较为成熟的城市经济圈，且在城市间合作和协同发展以及生态环境保护方面取得了一定的成果。以京津冀地区为例，传统工业和首都圈的人口聚集使得该地区大气环境污染严重，雾霾成为一个突出的问题，而京津冀各城市的发展不平衡以及所面临的问题又各有不同。信息资源共享机制的建立和推行，使得在京津冀地区的跨行政区生态环境协同治理有了突出效果。长三角地区地处长江入海口，多河流湖泊，水环境资源丰富，经济结构与发展也与丰富的淡水和河道资源息息相关。在生态治理一体化推进过程中，长三角地区积极探索采用经济手段和市场化工具来解决生态环境所面临的问题。例如，皖浙两省从 2012 年开始共同实施新安江流域的生态补偿机制试点，协同发展，新安江水质稳定向优，虽还未在整个长江三角洲地区实现长效的补偿机制，但已在一定范围内取得了显著的成效。粤港澳大湾区地处“一国两制”的行政疆界，随着城市经济圈的建立，生产要素在区域间的流动使得地方政府的利益冲突增强，地方经济效益最大化的发展惯性和绿色可持续发展之间的冲突凸显。环境系统因具有整体性和环境后果的严重性及不可预估性使得区域内任何一个地方的环境问题都可能对整体的生态环境造成影响，粤港澳大湾区通过环境立法协同，以及粤港持续发展与环保合作小组、粤澳环保合作专责小组的合作，在“一国两制三法域”的区域背景下共同解决粤港澳大湾区作为一个城市经济圈整体的生态环境治理和经济发展平衡问题。

四　成渝地区双城经济圈人与自然和谐共生实现路径

1. 构建多元参与的合作机制

将社会、居民以及市场的力量纳入经济圈治理体系成为成渝地区双城经

济圈地方政府职能转变的必然趋势，通过构建制度化的参与平台与沟通渠道，不断加强对参与主体的支持与培育，促进各参与主体激励相容，发挥其自主治理、参与服务以及协同管理的作用，打造共建共治共享的区域治理格局。从强调单一的政府管制向多元多层合作模式转变，顶层设计由经济体制和生态文明体制改革专项小组牵头，统筹各部委合作，分层设计，突出层级政府间、同级政府间的关联，建立政府引导、社会参与、居民个体合作的多元参与合作机制。在经济圈的区域治理中，采取民主协商的方式，以联席会议等形式组织区域政府、社会组织、智库力量参与商讨经济圈发展方案；同时，构建完善的权责协同保障机制，构建开放包容的参与执行机制，形成纵横结合、上下联动的人与自然和谐共生的发展与反馈机制。

2. 构建府际协作的组织机构

成渝经济区包含重庆市的31个区县和四川省（包括成都在内）的15个城市，区域内不同城市、区县间经济基础、治理水平、生态环境差异较大，府际协作是消除毗邻区治理不平衡的宏观统筹。从国内代表性经济圈的发展经验来看，高效便民的组织机构能够提高府际协同治理的效率，因此，应成立跨行政区域的领导小组，由国务院或国家部委领导牵头，成渝地区双城经济圈内各地方党政领导担任小组成员；建立成渝地区双城经济圈人与自然协调发展小组，由各地方政府牵头，贯彻落实领导小组相关决策，促进信息共享、统筹协调、治理联动；建立成渝地区双城经济圈专项小组，由地方政府相关部门牵头，吸纳社会组织、专业机构参与，构建长效发展机制。成渝地区的经济组织主要集中在经济领域，因此，应推动成渝地区经济圈环境协同合作组织的建立，提高成渝双城经济圈环境协同治理水平。

3. 完善地方绩效考核制度

科学合理的地方绩效考核机制对经济圈内各主体参与人与自然和谐共生发展的积极性有重要影响。成渝地区双城经济圈人与自然和谐共生发展具有双重含义，既要求经济圈内各城市之间协同治理，又要求经济圈内人口、资源、环境及经济社会之间协调发展。因此，考核指标既要反映各地对城市群整体的贡献率及合作度，也要从人口、资源、环境、经济、文化及社会等多维度展开。具体地，一方面，应将地方政府参与跨行政区域治理纳入绩效考核，重点考核地方政府参与经济圈人与自然和谐共生治理的积极性、长效性和可持续性。与此配套，对于治理中存在的不作为、协同治理不足等问题进行适度的行政处罚，以惩促治，不断提升地方政府协同治理的效能。另一方面，我国传统的绩效考核机制侧重于经济增长的数量及速度指标，在此驱使下各级政府片面追求经济效益，而忽视了资源、环境及社会等整体利益。但随着我国跨入新时代，经济由高速发展转向高质量发展，成渝地区双城经济圈的政绩考核不应再由“唯绩效”价值理念主导，而更应该“重实效”，综合考量各系统之间发展成效，尤其应把生态环境纳入考核指标，创新考核评价政策链条。

4. 构建公平长效的生态补偿机制

成渝地区双城经济圈涵盖四川省 15 个城市和重庆全市域，地处长江上游地区，因此该区域生态环境状况对于人与自然和谐共生具有独特的重要意义。但由于生态环境所具有的公共性、整体性和外溢性，生态环境的治理主体与受益者常常出现分离的现象，从而产生成本与收益的不对等，个别主体缺乏参与生态环境治理的积极性。从内部来看，相较于成都和重庆这两个核心城市而言，经济圈内其他城市，经济发展相对滞后，自身产业结构布局不够合理，在发展经济和保护环境之间，地方政府往往更倾向于前者。重庆、成都两个核心城市的生态环境治理能力明显优于其他城市，因此在协同治理中所付出的成本也存在差异。从外部来看，成渝地区处于长江上游生态屏障的最后一道关口，良好的生态环境治理效果会对以武汉为代表的中游地区和以长三角为代表的下游地区产生正向效应。因此，为了平衡成渝地区双城经济圈内部及外部自然环境治理者和受益者之间的利益关系，应从国家宏观层面和经济圈内部分别构建公平长效的生态补偿机制，让自然环境受益者支付相应费用，使自然环境建设者和保护者得到相应补偿。具体地，应由经济较发达地区和生态环境受益地区对环境保护和治理者提供资金、资源等支持，而对那些破坏生态环境的对象进行惩罚。

5. 完善相关制度，提供法律保障

法治建设是走向人与自然和谐共生的根基。由于各地方经济发展水平的差异和治理主体行为偏好的不同，在面对同一个生态环境问题时，各地区、各治理主体间可能出现发展经济与保护环境之间的矛盾。为了平衡不同地区、不同利益主体之间的这种价值差异，需要通过提升经济圈内的法治化水平，明晰经济利益与环境利益的界限，做到有效执行和监督落实。为此，加强成渝地区双城经济圈人与自然和谐共生的发展需要更加完善、更具可操作性的法律。首先，制定成渝地区双城经济圈人与自然协同治理法律，明确各地方政府、跨区域协调组织在治理中的地位和管理权限，保障各主体参与成渝双城经济圈协同治理的合法性和执法权。其次，制定关于各地方政府和治理主体在协同治理过程中权力行使、激励考核等内容更精细化、更具有可操作性的规定，以法律的形式明确各主体参与协同治理的权利和义务。

参考文献

马克思、恩格斯：《马克思恩格斯选集（第1卷）》，人民出版社，1995。

马克思、恩格斯：《马克思恩格斯选集（第2卷）》，人民出版社，1995。

马克思、恩格斯：《马克思恩格斯选集（第3卷）》，人民出版社，1995。

马克思、恩格斯：《马克思恩格斯选集（第4卷）》，人民出版社，1995。

刘宗超：《生态文明与中国可持续发展走向》，中国科学技术出版社，1997。

王国聘：《生存智慧的新探索——现代环境伦理的理论与实践》，《南京社会科学》1997年第4期。

陈宗兴主编《生态文明建设（理论卷）》，学习出版社，2014。

颜晓峰：《建设人与自然和谐共生的现代化》，《环境与可持续发展》2019年第6期。

燕芳敏：《人与自然和谐共生的现代化实践路径》，《理论视野》2019年第9期。

叶琪、李建平：《人与自然和谐共生的社会主义现代化的理论探究》，《政治经济学评论》2019年第1期。

陈艺洁：《成渝地区双城经济圈生态环境协同治理的内在逻辑与实现路径》，《中共乐山市委党校学报（新论）》2020年第5期。

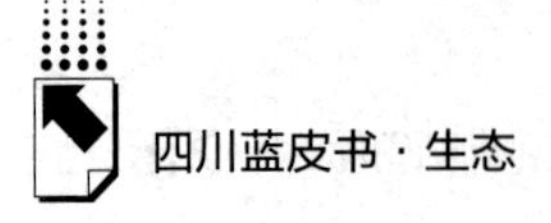

韩晶、毛渊龙、高铭：《新时代 新矛盾 新理念 新路径——兼论如何构建人与自然和谐共生的现代化》，《福建论坛》（人文社会科学版）2019 年第 7 期。

周瑞刚：《边疆城市经济圈人口、资源与环境协调发展研究》，云南大学学位论文，2016。

郭志伟：《经济承载能力研究——理论、方法与实践》，东北财经大学学位论文，2009。

詹锋：《区域人口、资源、环境与经济系统可持续发展评估与分析——兼对江西省的实证研究》，江西财经大学学位论文，2004。

冯玉广、王华东：《区域人口—资源—环境—经济系统可持续发展定量研究》，《中国环境科学》1997 年第 5 期。

郑坤、罗彬、王恒、刘冬梅、顾城天：《成渝地区双城经济圈自然生态保护协同监管问题与对策研究》，《环境生态学》2020 年第 8 期。

沈满洪：《人与自然和谐共生的理论与实践》，《人民论坛·学术前沿》2020 年第 11 期。

魏宏森、曾国屏：《系统论——系统科学哲学》，清华大学出版社，1996。

项光勤：《世界城市圈理论及其实践对中国城市发展的启示》，《世界经济与政治论坛》2004 年第 3 期。

杨莉：《北京人口、资源、环境协调发展的评价指标体系构建方法探讨》，《改革与战略》2014 年第 12 期。

曾鸣、王亚娟：《基于主成分分析法的我国能源、经济、环境系统耦合协调度研究》，《华北电力大学学报》（社会科学版）2013 年第 3 期。

B.12

四川省土地储备的突出问题与困境摆脱

杨 敏 罗娅丽 罗 艳 魏欣奕*

摘 要： 土地储备制度是市场经济体制逐渐完善的必然结果，在保障“净地”供应、调控土地市场等方面发挥了重要作用。但是土地储备工作仍处于改革转型阶段，面临着很多现实问题。本研究在阐述土地储备概况的基础上，分析了四川省土地储备的突出问题，并开展了解决问题的对策探索，以期为进一步规范土地储备工作提供参考。

关键词： 土地储备 四川 政策供给

一 土地储备概述

（一）土地储备发展历程

目前我国对于土地储备的定义为：县级（含）以上自然资源主管部门为调控土地市场、促进土地资源合理利用，依法取得土地，组织前期开发、储存以备供应的行为①。一般而言，土地储备大致可以分为“土地收储”和

---

* 杨敏，四川省国土科学技术研究院（四川省卫星应用技术中心）副研究员，主要研究方向为土地利用与评价；罗娅丽，四川省国土科学技术研究院（四川省卫星应用技术中心）助理研究员，主要研究方向为自然资源所有者权益；罗艳，四川省自然资源科学研究院副研究员，主要研究方向为自然资源资产；魏欣奕，四川大学经济学院，主要研究方向为自然资源所有者权益。

① 《土地储备管理办法》（国土资规〔2017〕17 号）。

“前期开发”两个环节，其中“土地收储”主要指依法征收、收回、收购、行使优先购买权取得土地的过程，“前期开发”主要指对储备地块内进行道路、供水、供电、供气、排水、通信、围挡等基础设施建设，并进行土地平整，满足必要的“通平”要求。

实际上，土地储备概念来自国外的 Land Banking，最早的土地储备出现在 1896 年的荷兰阿姆斯特丹。1904 年，瑞典也开始实施土地储备。[①] 此后法国、德国、英国、美国、澳大利亚、韩国等国家也由于自身的需要而开始实行土地储备。我国香港地区早在 19 世纪 80 年代就已经开始试行城市土地储备制度。[②] 随着我国市场经济体制的建立和完善，土地使用逐渐走向有偿使用、公开出让的市场化配置方式。[③] 1996 年，借鉴国外土地储备的成功经验，上海市率先成立了我国大陆地区第一家城市土地储备机构——上海市土地发展中心。随后，包括杭州、青岛、武汉、南京等在内的城市也相继开展了城市土地储备方面的探索和实践。

总体上，我国大陆地区的土地储备大致经历了以下发展历程：①起步探索阶段（1996～2001 年）。从 1996 年上海市土地发展中心成立到 2001 年国务院印发《国务院关于加强国有土地资产管理的通知》明确要求“有条件的地方政府试行收购储备制度”为止，自此土地储备制度在全国逐步建立起来。②发展完善阶段（2001～2007 年）。该阶段以 2007 年国土资源部、财政部、中国人民银行联合制定发布《土地储备管理办法》为结束标志，至此土地储备制度运行的基本框架得到确立，全国 2000 多个市、县相继成立了土地储备机构。③快速扩张和规范阶段（2007～2015 年）。该阶段以 2015 年新《预算法》实施为完结标志。针对该阶段各地土地储备机构不断壮大、从事的业务领域不断拓展、土地储备工作亟待规范管理的现实情况，

① 曾玉丹：《国内外土地储备研究进展综述及展望》，《国土资源导刊》2007 年第 3 期。

② 赵成胜、黄贤金、陈志刚：《城市土地储备规划的相关理论问题研究》，《现代城市研究》2011 年第 4 期。

③ 赵小风、黄贤金、肖飞：《中国城市土地储备研究进展及展望》，《资源科学》2008 年第 11 期。

明确土地收储和整备职能仍由原国土部门所辖事业单位承担，以降低债务风险，维护土地储备、土地市场、土地管理制度平稳运行。④改革转型阶段（2016 年至今）。该阶段主要围绕土地储备总体业务、筹融资方式和资金管理等相关内容做出系统规定，为下一步土地储备工作的规范运行指明方向。

（二）土地储备的重要作用

我国土地储备制度是市场经济体制建立和完善的必然结果。作为各级政府针对城市化、工业化进程中土地市场失灵现象采取的积极干预市场的一种重要手段，[①] 其作用主要表现为以下五个方面。

1. 保障“净地”供应

地方政府通过收储土地并进行前期开发，保证土地出让必须是“净地”[②]（土地权利清晰，安置补偿落实到位，没有法律经济纠纷，地块位置、使用性质、容积率等规划条件明确，具备动工开发必需的基本条件[③]），以有效防止土地闲置，并对优化营商环境、提高政府服务效能、防范廉政风险等起到积极作用。

2. 调控土地市场

土地储备制度可以实现对房地产市场的有效调控，当房地产市场过热，需要市、县政府加大供应量、稳定预期、平抑地价时，最直接的手段就是从储备库中调出土地投入市场。

3. 提供用地保障

以土地储备制度作为后盾，城市发展建设、保障性安居工程等民生项目以及国家重大战略、重点项目的用地才能得到保障。如保障国家级新区“天府新区”城市基础设施和公共服务设施的发展用地，对规划面积 20.85

---

① 刘振国：《预防监管并重　促进节约集约——王守智解读〈闲置土地处置办法〉》，《国土资源导刊》2012 年第 8 期。

② 赵成胜、黄贤金、陈志刚：《城市土地储备规划的相关理论问题研究》，《现代城市研究》2011 年第 4 期。

③ 《闲置土地处置办法》（国土资源部令第 53 号）。

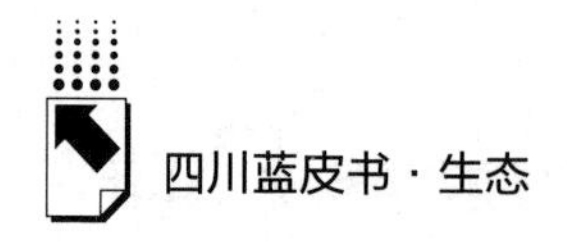

平方公里的天府国际机场进行征拆和完善周边配套。

4. 促进节约集约用地

土地储备政策实施后，各地逐步将城市中的闲置、空闲和低效利用的存量土地纳入储备，以充分发挥城市土地的综合效益，实现城市经济布局和产业结构的优化，促进城市土地的节约集约利用，实现土地资源的优化配置。如成都市“攀成钢”项目，通过土地储备盘活低效用地，重塑了片区产业功能定位，打造了金融核心区和现代服务业聚集走廊，产生了极大的经济价值，有力地推动了城市更新。

5. 推动落实生态文明建设

土地储备通过片区综合整治以及区域资金平衡，可以实现城市空间整体性、系统性的改造，既为城市发展奠定用地基础，也为满足人民日益增长的美好生活需要提供优质生态产品。泸州市江阳区在土地收储中，加大对土地周边的交通基础设施、城市基础设施、教育文化体育公园设施等投入，江南科技产业园取得土地储备专项债券资金对600余亩土地进行了平场，同时建成了周边7条（约4.5公里）市政道路和项目周边占地面积达345亩的城市公园。总之，土地储备对促进土地管理规范化以及保障土地可持续发展方面具有重要作用。

（三）土地储备现状

通过二十多年的实践探索，目前已逐步形成了具有中国特色的土地储备制度。当前我国土地储备主要表现出如下特征。

1. 机构建设不断完善

自2012年土地储备机构名录制实施以来，进入名录的土地储备机构由2012年的1995家增加到2020年的2515家，各地土地储备机构基本实现了规范机构设置并剥离融资等非土地储备职能的目标。① 但不同地区的土地储

① 杨红、刘鸿：《自然资源资产管理体制下土地储备的实践与思考》，《中国土地》2020年第10期。

备机构职能仍旧存在差异，部分地区在土地储备机构上另外加挂土地资产经营公司的牌子，如上海；有的储备机构同时承担土地招拍挂出让职能，如北京、厦门、苏州等；有的储备机构则履行较为单一的职能，如深圳。[①]

2. 土地储备规模为保障用地提供了坚实后盾

全国层面，2018 年以来划拨供地中来源于储备土地的约占 75%，出让土地中约 40% 来源于储备土地，部分地方该比例达到 50%。[②] 就四川省而言，2017 年 1 月至 2019 年 9 月全省供应土地 63.54% 来源于土地储备；划拨供地 53.98% 来源于土地储备；出让土地 75.28% 来源于土地储备，乐山、遂宁等市（州）供应土地几乎全部来源于储备土地。

3. 土地储备管理日益规范

随着《关于规范土地储备和资金管理等相关问题的通知》、《土地储备管理办法》和《土地储备资金财务管理办法》的相继颁发，对土地储备机构设置、土地储备总体业务、存量土地储备债务、土地储备筹资方式、土地储备资金使用管理等做出了明确规定，从制度上规范了土地储备工作。

4. 土地储备资金的来源存在较大的区域差异

一般而言，土地储备资金主要来源于土地出让收入成本返还、国有土地收益基金、发行地方政府债券筹集的土地储备资金以及可用于土地储备的其他财政资金等。有研究表明，财力充足的地区一般以预算内资金为主，部分地区预算内资金占比超过 80%；财力相对薄弱或一般公共预算负担重的中西部城市对债券资金的需求更为迫切，部分城市预算内资金占比不到 30%，主要是通过申请专项债券资金开展相关工作。[③]

就四川省而言，全省土地储备工作紧紧围绕“节约集约用地”和“土地市场建设”这两条主线，在保障民生用地需求、确保重大项目落地、支

---

① 张高进：《论土地储备机构地区差异及深圳土地储备债券模式选择》，《财富生活》2019 年第 18 期。

② 杨红、刘鸿：《自然资源资产管理体制下土地储备的实践与思考》，《中国土地》2020 年第 10 期。

③ 杨红、刘鸿：《自然资源资产管理体制下土地储备的实践与思考》，《中国土地》2020 年第 10 期。

撑土地市场规范运行以及盘活城市低效用地方面开展了大量工作，土地储备有效带动了固定资产投资，有力促进了稳投资、促发展，在拉动 GDP 增长等方面发挥了重要的作用。截至 2020 年底，全省在库储备土地约 27884 公顷，资产价值达到 5102 亿元，2017 年以来土地储备资金支出达到 2487 亿元。总体上，土地储备发挥积极作用，比如泸州市江阳区紧抓政策机遇，利用江南科技产业园 600 余亩土地包装 2017 年四川省泸州市江阳区智能终端产业园储备项目（三期）和 2018 年四川省泸州市江阳区土地储备项目土地储备专项债券，并成功发行专项债券 3.24 亿元，债券的成功发行为江南科技产业园的发展提供了有力的要素保障。

二　四川省土地储备的突出问题

（一）土地储备制度的法律地位缺失，“征、储、供”之间关系没有理清

当前关于土地储备最高效力的政策文件《土地储备管理办法》（以下简称《办法》），属于原国土资源部等四部委联合印发的业务规范性文件，没有达到法律规范性文件的层级，土地储备制度的法律地位缺失。土地利用的基本环节是“报、批、征、供、用、补、查”，土地储备原本处于“征、供”之间，但“储”在整个土地利用中不是必经环节，导致土地储备处于“可有可无”的尴尬境地。如《办法》规定，“已办理农用地转用、征收批准手续并完成征收的土地可以纳入储备范围”，并没有规定必须纳入土地储备范围；《协议出让国有土地使用权规定》《城镇国有土地使用权出让和转让暂行条例》等有关土地供应及利用的相关政策文件均没有对土地供应来源必须是储备土地，或者土地供应之前必须经过土地储备有相关的政策规定。全省目前土地储备主要针对经营性用地，甚至部分地方政府基本未开展土地储备工作，通过征收方式取得的土地也无须入库就直接供应，土地管理“征、储、供”之间的关系没有理清。土地储备制度在法律上的地位缺失，

在相关政策配套上没有理顺储备与供应之间的关系，导致土地储备工作推进困难。在2016年改革土地储备融资方式之前，土地储备能借助抵押融资为政府解决城市发展中的资金问题，但在改革土地储备融资之后，其失去融资功能，加之目前又面临停发土地储备专项债券的局面，全省部分地区土地储备工作更是处于“停摆”状态。

（二）土地储备机构职责不统一，管理体制有待完善

一是土地储备机构职能职责不清，专业人才缺乏，力量薄弱。全省土地储备机构职能职责模糊且不统一，主要表现为土地储备机构、各类政府平台公司以及属地政府在土地储备职责分工上尚未理清。《办法》规定，“土地储备机构应组织开展对储备土地必要的前期开发”，但在实际操作中，各地储备土地的一级开发大多是纳入城市基础设施、市政建设由政府平台公司承担，储备土地前期开发资金甚至不经过土地储备机构，储备土地涉及的管线迁改有的又由“经信部门”负责，此类平台公司和相关部门承担了较多的土地储备前期相关工作，在具体分工上不够清楚，在全省也不统一，而有些储备机构实际上只承担土地上市供应的职责，偏离主业。全省基层土地储备机构普遍面临编制较少、专业人员缺乏、人员变动频繁的局面，无法为土地储备工作的正常开展提供较好的软硬件条件。

二是多个主体实际从事“土地储备”工作，土地储备未完全实现归口管理。《办法》规定，土地储备工作统一归口自然资源主管部门管理，土地储备机构承担土地储备的具体实施工作。《关于规范土地储备和资金管理等相关问题的通知》规定“土地储备工作只能由纳入名录管理的土地储备机构承担，各类城投公司等其他机构一律不得再从事新增土地储备工作”。但由于一些历史原因，从全省实际情况来看，开发区、园区和政府平台公司持有大量的配置土地，或者说在开发区、园区实际管辖范围内，政府平台公司持有的土地范围内的土地储备相关工作，是由开发区、园区、政府平台公司相关部门在负责，属于“封闭运行”，在土地储备管理上，暂未完全实现由自然资源主管部门归口管理。

三是土地储备机构缺乏工作指导和交流沟通。机构改革之前，市州对县（市、区）土地储备工作的主管部门为原国土资源部门的利用部门，机构改革后，由于职能职责的重新划分，现为权益部门，部分地方没有成立权益部门的，仍然是利用部门在主管，实际工作中，对口的行政职能部门对储备业务指导和管理较少，且市（州）土地储备中心没有对县（市、区）土地储备机构实施管理和指导的职能职责，市级土地储备相对较为规范的管理制度和先进的工作经验也无法在县（市、区）应用落地。

（三）政府有关部门工作合力不足，土地储备运作机制有待完善

土地储备是一项复杂的系统工程，需自然资源、财政、住建、环保、经信、文旅等部门通力配合，需要各级政府尤其是乡镇一级政府的全力支持，但目前情况主要是自然资源部门“单打独斗”，相关职能部门的沟通、协调、信息共享机制不够完善，政府相关部门之间尚未形成工作合力。《办法》规定各地应编制土地储备三年滚动计划和年度土地储备计划，但全省大部分土地储备机构都未开展土地储备三年滚动计划编制，年度计划的编制也缺乏刚性和科学性，大多是流于形式和完成任务。有的编制了年度土地储备计划的，主要是由土地储备承担，也仅仅只从土地储备机构工作实际出发，未对整个区域的土地储备工作进行统筹考虑，由于前文提到存在多个主体从事土地储备工作、土地储备未完全实现归口管理的问题，年度土地储备计划的编制也呈现出“单打独斗”的局面，从而无法保障计划的科学性，计划的执行也具有很强的随意性。同时，未积极编制土地储备规划，与国土空间规划、城市规划、土地利用总体规划的衔接不够，导致全省大部分地区土地储备工作整体处于“被动”储备的局面，缺乏规划的前瞻性，缺乏利用规划和计划进行统一谋划的思路，土地储备工作整体呈现出“小储备”“被动储备”的局面。

（四）土地储备政策和标准供给不足，地方土地储备工作业务环节、流程不统一

由于缺乏全国性统一的政策和标准规范，且截至2020年11月全省省级

层面尚没有统一的政策规范指导地方开展土地储备工作，地方政府主要依照本地的地方性规章运行，造成土地储备在工作模式、政策执行、标准把控等方面差异较大，土地储备监管乏力。虽然有原国土资源部、财政部有关土地储备、土地储备资金等方面的政策文件，但在地方实际操作时，还存在许多细节把控问题。比如，对于相关概念理解不统一，尤其是“拟收储土地”的概念，什么时点起视为“拟收储土地”，时间节点该如何把控；又如，储备土地入库的标准不统一，《办法》规定入库储备土地必须是产权清晰的土地，且需要符合规划，完成土壤污染、文物遗存等风险核查、治理之后，才能入库储备，但由于地方土地储备环节不一致，大多数土地储备机构是在入库之后、土地供应上市之前才开展土壤污染、文物勘查，并未将这些程序进行前置，甚至有些土地储备机构并没有“入库储备”的概念和环节。2020年底，四川省出台了《关于进一步规范土地储备工作的通知》，但仍需持续的政策供给，才能将全省土地储备推向新的阶段。有关储备土地管护、储备土地临时利用、土地储备成本核算、年度土地储备计划编制、国有土地收购收回程序等方面，各地都存在较强的政策诉求，希望能尽快出台土地储备工作的实施细节，统一政策标准。

（五）土地储备日常管理松散，信息化、科技化管理水平较低

虽然国家已经颁布了相应的规章制度，但部、省层面对于土地储备的相关规定较为宏观，缺乏操作层面的政策指导，且受政策宣传不到位等因素影响，导致难以落地执行，全省部分土地储备机构未严格执行土地储备的相关政策规定，加上地方土地储备机构力量薄弱，缺乏专业人才，土地储备日常管理较为松散，土地储备家底不清。机构改革后，全省调研发现大多数土地储备机构家底不清、管理混乱，现在的土地储备规模究竟有多少、土地储备资金的来源与使用情况都不清楚，缺乏统计。地方在土地储备管理上以台账式管理为主，信息化、科技化管理更无从谈起，土地储备工作是一个持续实施的过程，土地储备信息需要进行实时更新，拥有扎实、精准的土地储备数据，才能为地方经济发展提供决策依据。目前，全省除成都市建设了土地储

备管理信息系统之外，其余市州均未开发土地储备管理信息系统，甚至大多数地区没有土地储备数据库，土地储备信息化管理水平较低。

（六）土地储备资金保障不足，为土地储备作用的正常发挥带来更大的挑战

根据《土地储备资金财务管理办法》，土地储备资金主要来源于财政资金（土地出让成本返还）、国有土地收益基金、地方政府债券、其他财政资金。2014 年，《预算法》修订后，规定地方政府融资只能依靠发行地方政府债券解决，为适应地方政府性债务管理的转变，2016 年，土地储备调整了筹资方式，土地储备所需的资金较大部分是通过发行土地储备专项债券解决，但在政府债务限额管理的现状下，实际上土地储备资金的缺口也很大。2020 年国务院暂停发行土地储备、棚改、旧城改造专项债券之后，土地储备资金仅能依靠地方财政资金，在当前地方财力有限、土地出让成本返还滞后、国有土地收益基金没有计提或计提不足的情况下，土地储备资金实难有效保障，受土地储备专项债券停发影响，全省已有较多的项目进展缓慢，如成都军用机场搬迁项目、泸州市高铁片区土地储备开发项目、长江上游生态修复及土地储备开发项目等。土地储备工作是一项资金密集型的工作，资金难以保障，限制了土地储备作用的正常发挥。

三　新形势下四川省土地储备改革的建议与展望

2018 年，根据《国务院机构改革方案》要求成立自然资源部，此后土地储备纳入自然资源所有者权益管理，土地储备被赋予了新的责任；2019 年发布《自然资源部办公厅关于运用土地储备监测监管系统进一步规范土地储备监管工作的通知》，进一步规范了土地储备的监管工作；2020 年发布《四川省自然资源厅 四川省财政厅关于进一步规范土地储备工作的通知》，以切实履行“统一行使全民所有自然资源资产所有者职责”，进一步规范全省土地储备工作流程，强化土地资产管理和风险防控，实现土地储备“全

口径”统计监管。在这样的新形势下，针对如何通过土地储备行使“两统一”职责，如何把握在新时代生态文明建设中土地储备的定位，如何发挥在深化供给侧结构性改革中土地储备的作用，本研究提出如下对策思路。

（一）明确土地储备制度定位，提升土地储备法律地位

宏观层面，面对新形势，要找准土地储备的发展定位，研究提升土地储备制度的法律地位。机构改革后，由自然资源部行使“两统一”职责，在当前大力推动生态文明建设的时代背景下，在自然资源资产管理新形势下，在高质量发展的要求下，土地储备作为所有者权益管理框架制度中的重要一环，有了更高的使命。2020年新《土地储备管理办法》改革征地制度、允许集体经营性建设用地入市，《预算法》修改后地方政府性债务管理的转变，都对土地储备的发展方向提出了新的要求，土地储备的功能定位不再局限于调控土地市场，保障“净地”供应方面，还逐步拓展到落实“两统一”职责、推动生态文明建设、促进节约集约用地、优化营商环境等领域，要研究找准土地储备的新职能、新定位，并提供法律支持。建议加快开展土地储备立法研究，出台土地储备法规和规章，明确土地储备机构定位和职责，确保在法律规范范围内有序运作。中观层面，结合实际开展土地储备管理工作的需要，以部门规章或者地方规章形式推出实施办法、规定，如土地储备审批要求、不动产登记的具体规定以及土地储备绩效评估办法等。实际应用层面，应当理顺土地储备与土地供应的关系，研究探索“大收储”“大储备”，将产业用地等各个行业的各类土地供应尝试纳入土地储备中，将棚户区改造等各项需要在土地一级市场进行土地资产配置的工作都统一到土地储备管理当中，进一步探索依法征收、收回、收购、行使优先购买等不同方式，以及将所有未让渡使用权的国有土地资产进行统一储备，并开展“大储备”试点。

（二）规范土地储备机构职能职责，进一步理顺管理体制

一是加强土地储备机构建设。在新职能新定位下，结合事业单位机构改革，建立“征、储、供”一体化运行的大机构，统一规范土地储备机构职

能职责，通过土地储备机构名录更新工作确保土地储备机构隶属于自然资源主管部门，加强人才队伍建设，保障土地储备机构正常运转。二是进一步理顺管理体制，通过出台省级管理办法等措施，赋予土地储备机构一定管理职能，进一步强调自然资源主管部门归口管理土地储备工作，压实责任，赋予市（州）土地储备机构对县（市、区）土地储备机构的管理和业务指导职责，促进土地储备机构间的沟通交流和业务培训。

（三）形成工作合力，不断健全和创新土地储备运行机制

一是健全“政府主导、部门协调、上下联动”的工作开展机制。土地储备工作是一项系统工程，涉及自然资源、财政、住建、经信、发改、文旅等职能部门以及乡镇街道办，需要政府通力合作形成合力，才能更好地开展土地储备工作，要加强政府统筹领导，建立健全部门协调、信息共享机制，充分调动市、区、乡镇街道办的积极性，形成良性循环的工作机制。二是不断健全和创新土地储备运行机制。土地储备规划是开展土地储备工作的基础性工作，可以增强土地储备工作的前瞻性和主动性，在规划的引领下，细化开展土地储备工作的实施性文件，要健全土地储备规划和计划指导机制，建立“统一规划、统一收储、统一开发、统一配置、统一管理”的土地储备运行机制。新《土地管理法》修改后，要研究创新土地储备在成片开发收储、低效用地再开发、僵尸企业盘活中的运行新机制。

（四）加大政策供给，开展土地储备标准化建设

总体上，应当完善全省土地储备相关政策体系，完善相关配套政策和实施细则，出台相应的技术标准规范，推动土地储备规范运行。一是针对全省近10年没有制定有关土地储备管理办法，建议及时启动全省土地储备管理办法等实施意见的起草工作，力争适时以省政府名义出台《四川省土地储备管理办法》，明确全省土地储备工作的业务流程和规范标准，指导全省土地储备工作的具体实施。二是上下联动，有计划地开展土地储备标准化研究。充分调研，听取地方政策需求，联合市（州）、区（市、县）实际从事

土地储备工作的一线人员以及财政部门专业人员组建专班小组，开展土地储备规划、三年滚动计划、年度土地储备计划编制规范研究，土地储备项目成本核算，国有土地收购收回办法制定等，为土地储备规范化、统一运行提供政策依据。

（五）严格土地储备规范化和精细化管理，切实提升管理水平

一是按照有关政策文件，严格落实有关规定，做好土地储备信息统计与管理，改进台账管理方式，进一步加强土地储备信息化建设，构建完备的分级土地储备数据库，结合现有的土地储备监测监管系统填报，做到图、数、系统数据一致，并通过编制土地储备资产负债表，进一步加强土地储备管理。二是切实强化土地储备预算体系，开展土地储备项目预算、土地储备资金收支预决算、土地出让收支预决算管理等。建议从国家层面进一步加强针对《土地储备项目预算管理办法（试行）》等文件的宣传，在全省范围内开展试点，随同年度土地储备计划的编制，开展土地储备资金收支预算、土地出让收支预算等，加强土地储备资金、成本、收益的管理。三是建议优化土地储备监测监管系统，实现土地储备业务和机构全面覆盖、理顺现有土地储备业务链条、健全系统使用考核体系、优化简化系统填报要求、加强信息共享，并通过开展多层次的系统培训，提高现有系统的工作效率。待条件成熟后，归并融合建设用地备案审批系统和土地市场动态监测系统，建成“征、储、供、用”一体化管理的大系统大平台。四是有条件的地方，在土地储备日常管护中探索引入科技智能手段，如无人机，获取卫星遥感影像数据，提高管理水平和效率。

（六）改变举债发展模式，破解资金短缺难题

第一，按照“好中选优”的原则，加快区位条件较好、市政配套完善的储备土地上市供应，促进资金尽快回笼，储备土地供应后及时开展土地储备项目成本核算，与财政协调加快土地出让成本返还，促进资金流动。推进市（州）建立土地储备项目库，科学编制年度土地储备计划，按项目编制

土地储备资金收支预算，对于纳入计划的项目由财政资金予以保障。第二，落实国有土地收益基金计提并适当提高计提比例，探索建立土地储备专项基金。第三，探索建立市区（县）联合收储机制，开展市区（县）合作储备，通过土地出让收入合理分成，推动市区土地储备工作协作融合，保障财力薄弱的区县正常开展土地储备工作，形成双赢局面。第四，地方新增专项债券重点投向领域的项目始终要落地，需要土地储备保障项目用地，建议自然资源部门积极协调财政，讲好土地储备故事，争取重启土地储备专项债券发行。第五，积极探索土地收储资金筹措新方式，利用市场机制多元化筹措资金，在政府引导下吸引社会资本的参与，减轻政府的财政负担。

总之，新的形势不仅带来了挑战也带来了转型的机遇，土地储备要找准定位，实现转型发展，下一步土地储备还要探索集体建设用地收储、国有农用地及其他种类自然资源资产收储，以及自然资源储备对自然资源资产管理的作用等。

参考文献

曾玉丹：《国内外土地储备研究进展综述及展望》，《国土资源导刊》2007 年第 3 期。

赵成胜、黄贤金、陈志刚：《城市土地储备规划的相关理论问题研究》，《现代城市研究》2011 年第 4 期。

赵小风、黄贤金、肖飞：《中国城市土地储备研究进展及展望》，《资源科学》2008 年第 11 期。

刘振国：《预防监管并重　促进节约集约——王守智解读〈闲置土地处置办法〉》，《国土资源导刊》2012 年第 8 期。

杨红、刘鸿：《自然资源资产管理体制下土地储备的实践与思考》，《中国土地》2020 年第 10 期。

张高进：《论土地储备机构地区差异及深圳土地储备债券模式选择》，《财富生活》2019 年第 18 期。

叶艳昆、李璐：《浅谈新时代土地储备工作的定位和方向》，《中国房地产业》2020 年第 2 期。

B.13
四川省环保投融资工具研究

陈乾坤　刘新民　李 晓　胡 越*

摘　要： 环保投融资工具是生态建设项目的资金来源渠道。本研究将环保投融资概念和绿色金融进行对比分析，测算四川省2019年环保投融资规模，并估算未来生态建设资金需求，进一步整理全省环保投融资工具引导政策，对环保投融资工具优化提出维持财政资金力度、推动信贷规模增长、鼓励贴标债券发行、丰富保险应用场景、开拓股权融资工具、总量管理推动环境权益交易等政策建议。

关键词： 环保投融资　四川省　绿色金融

一　环保投融资概述

（一）环保投融资的概念和政策背景

环保投融资是以生态环境保护为目标开展的投资、融资活动，核心内容分为拓展政府、金融、民间等渠道投向环保领域的资金与以投资推进环保项

---

* 陈乾坤，四川省生态环境科学研究院硕士研究生，主要研究方向为环境投融资和绿色金融；刘新民，四川省生态环境科学研究院环境经济和政策研究所副所长，高级工程师，主要研究方向为环境投融资和环境经济；李晓，宜宾职业技术学院硕士研究生，主要研究方向为生态文明思想、生态价值转化；胡越，四川省生态环境科学研究院硕士研究生，主要研究方向为环境社会。

目、实现环保政策目标。环保投融资是以市场化机制为基础引导社会资本投向生态环境保护领域，发挥财政资金和社会资本在资源配置中的作用，并逐步构建一个多元化的环境投融资工具，促使环保融资需求和环保投资需求相匹配，研究并出台配套支持政策。

我国环保投融资政策演进分为3个阶段，由传统的污染企业强制付费阶段（1978～1995年），到政府加大财政投入阶段（1996～2013年），再到财政投入为主、市场机制为辅的多元化投融资阶段（2014年至今）。“吸引社会资本投入生态环境保护”成为环保投融资新共识，以投资模式优化促融资金额扩大成新路径，以PPP模式推广为契机，逐步对接绿色金融、气候金融，环保投融资体系逐步形成，为后续生态环境质量提升奠定了良好的资金基础（见表1）。

表1　环保投融资政策演进

年份	项目	政策意义
1979	《环境保护法(试行)》	提出“谁污染谁治理”，落实污染企业投融资义务
1982	《征收排污费暂行办法》	丰富环保投融资资金来源，创设排污收费工具，并将收集金额的80%专项用作污染治理
1988	《污染源治理专项基金有偿使用暂行办法》	拓展环保投融资资金使用模式，将资金交由银行，专项贷款给符合条件的超标排污企业
1996	《关于环境保护若干问题的决定》	设计环保投融资来源结构，提出财政、信贷、外资等多元参与
2003	《排污费征收使用管理条例》	丰富环保投融资资金来源，创设中央环境保护专项工具，分征收、使用两条线管理排污费
2006	财政部科目变动	制定环保投融资配套政策，强化政府投入统计核算，设立“211环境保护”科目量化各级政府环保力度
2011	《关于加强环境保护重点工作的意见》	丰富环保投融资资金来源，在关键环境领域强化财政资金投入
2013	《中共中央关于全面深化改革若干重大问题的决定》	丰富环保投融资资金来源和拓展使用模式，以市场化机制构建多元融资工具，拓展政府购买等资金使用模式
2014	《关于推广运用政府和社会资本合作模式有关问题的通知》	丰富环保投融资资金来源，为优化社会资本进入路径提出PPP模式

续表

年份	项目	政策意义
2015	《关于推进水污染防治政府和社会资本合作的实施意见》	构建 PPP 模式应用场景,将 PPP 模式应用于水污染防治领域
2016	《关于在公共服务领域深入推进政府和社会资本合作工作的通知》	构建 PPP 模式应用场景,将 PPP 模式应用于垃圾处理和污水处理领域
2016	《关于进一步鼓励和引导民间资本进入城市供水、燃气、供热、污水和垃圾处理行业的意见》	鼓励丰富 PPP 模式应用场景,为引导社会资本进入出台系列扶持政策
2016	《关于构建绿色金融体系的指导意见》	提出绿色金融发展思路,重点发展信贷、债券等投融资工具,国内、外绿色金融市场对接
2017	《关于政府参与的污水、垃圾处理项目全面实施 PPP 模式的通知》	规定 PPP 模式应用范围,要求政府参与的新建污水、垃圾处理项目采用 PPP 模式
2020	《关于促进应对气候变化投融资的指导意见》	丰富环境保护内涵,拓展环保投融资治理领域,对环保投融资配套要素发展进行指导

（二）环保投融资和绿色金融的概念对比

除环保投融资外，以环境绩效为目标、直接或间接影响环境保护的金融活动，还包括绿色金融、气候金融、生物多样性金融和可持续发展金融等金融活动，其概念对比区分如表 2 所示。

表 2　其他金融概念定义

目标	定义
绿色金融	以改善环境状况、提高环境质量、节约高效利用资源为目标而进行的一种金融活动,通常而言,绿色金融涵盖多个领域,如环保、节能、清洁能源、绿色交通、绿色建筑等
气候金融	指的是用于支持减缓与适应气候变化的金融活动
生物多样性金融	为可持续的生物多样性管理提供金融激励、筹集并管理资本的行为。它既包括用于生物多样性保护的私人和公共财政资源,也包括有利于生物多样性保护的商业投资,以及与生物多样性相关的资本市场的交易行为
可持续发展金融	以长期的、可持续的经济活动为导向,在投资过程中考虑环境与社会因素的金融体系

相比于同类金融活动，环保投融资更聚焦生态环境治理领域，包含投资和融资两个环节，更关注金融资金到实体项目再到环境绩效的传递路径，其对比关系如图1所示。

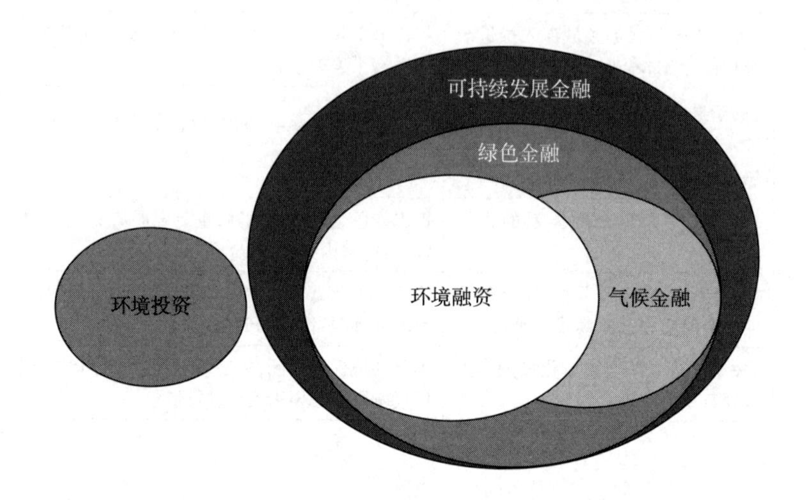

图1　环境领域相关金融概念

其中以绿色金融规模最大、体系最成熟、积累数据资料更多，将环保投融资和绿色金融进行对比分析最具有现实和研究意义。相比于绿色金融，环保投融资更关注直接提升生态环境保护水平的项目。以绿色信贷的统计口径为例①，除自然保护、生态修复及灾害防控项目等直接提升环境绩效的项目，还包括绿色农业、新能源、新能源汽车等间接影响生态环境绩效的项目。绿色债券存在类似的情况②，除污染防治、生态保护和适应气候变化等直接提升生态环境保护水平的口径外，还包括清洁能源、清洁交通、补充流动性资金、节能、资源节约与循环利用等间接影响生态环境保护水平的口径。

① 《中国银行业监督管理委员会关于报送绿色信贷统计表的通知》，2013年7月4日。

② 联合资信：《2019年度绿色债券运行报告》，http://news.hexun.com/2020-03-16/200647716.html，2020年3月16日。

（三）环境融资对绿色金融的影响研究

1. 研究现状

环保投融资通常被视为绿色金融子集之一。目前环保投融资研究集中于政策体系构建，[①] 关注政府环保治理目标和财政资金投入状况。[②] 对支撑环境改善的金融活动的研究主要集中于绿色金融。[③] 绿色金融研究方面，首先是对传统金融工具向绿色金融工具转变的设计。[④] 其次是对基于环境权益产出设计的新型金融工具。[⑤] 基于金融工具的影响，探讨绿色融资对企业[⑥]和金融机构的影响[⑦]，进一步分析绿色金融资金对实体经济的影响机制和作用

---

① 刘双柳、陈鹏、程亮、徐顺青、高军：《长三角区域一体化背景下的环保投融资创新机制研究》，《生态经济》2021 年第 1 期。

② 徐顺青、逯元堂、陈鹏、高军、刘双柳：《我国环保投融资实践及发展趋势》，《生态经济》2020 年第 1 期；逯元堂、吴舜泽、陈鹏、高军：《环保投融资政策优化重点与方向》，《环境保护》2014 年第 13 期。

③ 李妙然、樊珍娜：《我国绿色金融研究回顾与展望——基于 CiteSpace 的可视化分析》，《金融发展研究》2020 年第 8 期；中国绿色金融发展报告课题组、杨娉：《中国绿色金融发展展望》，《中国金融》2020 年第 14 期。

④ 刘庆富、陈志伟、何畅：《中国绿色信贷风险的评估与监测——基于新能源汽车产业的视角》，《复旦学报》（社会科学版）2020 年第 2 期；鲁政委、方琦、钱立华：《促进绿色信贷资产证券化发展的制度研究》，《西安交通大学学报》（社会科学版）2020 年第 3 期；游勤：《构建绿色租赁标准》，《中国金融》2020 年第 21 期。

⑤ 阴丽佳、贠晓哲、刘莹莹：《绿色金融产品消费者使用意愿研究——以支付宝蚂蚁森林为例》，《当代经济》2017 年第 28 期；柳荻、胡振通、靳乐山：《美国湿地缓解银行实践与中国启示：市场创建和市场运行》，《中国土地科学》2018 年第 1 期；马雯雯、赵晟骜：《金融服务林业碳汇发展及问题研究》，《西南金融》2020 年第 6 期。

⑥ 朱俊明、王佳丽、余中淇、杨姝影、文秋霞：《绿色金融政策有效性分析：中国绿色债券发行的市场反应》，《公共管理评论》2020 年第 2 期；刘勇、白小滢：《中国股票市场的绿色激励：可持续发展视角》，《经济管理》2020 年第 1 期；朱朝晖、谭雅妃：《契约监管与重污染企业投资效率——基于〈绿色信贷指引〉的准自然实验》，《华东经济管理》2020 年第 10 期。

⑦ 许旭明、陆岷峰：《中小商业银行：发展特点、存在问题与治理对策研究——基于城商行 2016 年至 2019 年会计年报分析》，《金融理论与实践》2020 年第 6 期；邵传林、闫永生：《绿色金融之于商业银行风险承担是"双刃剑"吗——基于中国银行业的准自然实验研究》，《贵州财经大学学报》2020 年第 1 期；张琳、廉永辉：《绿色信贷如何影响商业银行财务绩效？——基于银行收入结构分解的视角》，《南方金融》2020 年第 2 期。

路径，发现其对区域绿色产业[①]、经济水平[②]、生态环境[③]和科技创新[④]均有影响。在此基础上，探索我国绿色金融的体系构建[⑤]，并对绿色金融特有的评定[⑥]、信息披露[⑦]和分级分类[⑧]进行深入研究，但对于绿色项目内在水平提升的关注度较低，环保投融资聚焦项目融资模式和商业模式创新[⑨]，这对于提升绿色金融环境绩效和改进绿色项目质量具有重要意义。

2. 环保投融资有助于提升绿色金融环境绩效

环保投融资在绿色金融中占比有下降的趋势。当前绿色金融是主要绿色资金的来源渠道，主要管理部门为发展改革委、人民银行，在绿色评定上存在对绿色层次区分不足、绿色评定范围偏大的问题。以绿色债券发行为例，

---

① 王夏晖、朱媛媛、文一惠、谢婧、刘桂环：《生态产品价值实现的基本模式与创新路径》，《环境保护》2020 年第 14 期；谭卫华、舒银燕：《新金融发展与工业绿色转型——基于系统 GMM 模型的实证分析》，《经济地理》2020 年第 11 期。

② 钱立华、方琦、鲁政委：《刺激政策中的绿色经济与数字经济协同性研究》，《西南金融》2020 年第 12 期；王志强、王一凡：《绿色金融助推经济高质量发展：主要路径与对策建议》，《农林经济管理学报》2020 年第 3 期；赵军、刘春艳：《绿色金融政策推动了低碳发展吗？——以“一带一路”沿线中国重点省域为例》，《金融与经济》2020 年第 5 期。

③ 魏丽莉、杨颖：《中国绿色金融政策的演进逻辑与环境效应研究》，《西北师大学报》（社会科学版）2020 年第 4 期；申韬、曹梦真：《绿色金融试点降低了能源消耗强度吗?》，《金融发展研究》2020 年第 2 期；邵汉华、刘耀彬：《金融发展与碳排放的非线性关系研究——基于面板平滑转换模型的实证检验》，《软科学》2017 年第 5 期。

④ 庄芹芹、吴滨、洪群联：《市场导向的绿色技术创新体系：理论内涵、实践探索与推进策略》，《经济学家》2020 年第 11 期；韩科振：《绿色金融发展与绿色技术创新效率关系研究——基于空间溢出视角的实证分析》，《价格理论与实践》2020 年第 4 期；刘强、王伟楠、陈恒宇：《〈绿色信贷指引〉实施对重污染企业创新绩效的影响研究》，《科研管理》2020 年第 11 期。

⑤ 王建发：《我国绿色金融发展现状与体系构建——基于可持续发展背景》，《技术经济与管理研究》2020 年第 5 期；王波、董振南：《我国绿色金融制度的完善路径——以绿色债券、绿色信贷与绿色基金为例》，《金融与经济》2020 年第 4 期；马骏、安国俊、刘嘉龙：《构建支持绿色技术创新的金融服务体系》，《金融理论与实践》2020 年第 5 期。

⑥ 何丹：《赤道原则的演进、影响及中国因应》，《理论月刊》2020 年第 3 期。

⑦ 袁利平：《公司社会责任信息披露的软法构建研究》，《政法论丛》2020 年第 2 期；盛春光、赵晴、陈丽荣：《我国绿色债券环境信息披露水平及其影响因素分析》，《林业经济》2020 年第 9 期。

⑧ 殷红：《全球绿色分类标准及发展》，《中国金融》2020 年第 9 期。

⑨ 徐顺青、逯元堂、陈鹏、高军、刘双柳；《我国环保投融资实践及发展趋势》，《生态经济》2020 年第 1 期。

用于污染防治、生态保护和适应气候的规模由2018年的706.87亿元降至2019年的496.51亿元，占比由32%下降至17.71%①，同期清洁能源、清洁交通领域的规模和占比实现“双增”。

环保投融资能提升绿色金融单位环境绩效水平。在绿色信贷领域，对比2013年和2017年的环境绩效指标发现，亿元二氧化碳减排量、亿元化学需氧量、亿元二氧化硫减排量等均出现不同程度的下跌②。当前绿色金融领域对绿色金融的环境效益划分缺乏应用场景，中债资信依据环境绩效水平将绿色债券进一步划分为“深绿”“绿”“较绿”“浅绿”“非绿”五个等级③，目前“较绿”“浅绿”项目对资金的占用呈上升趋势，而环保投融资项目多位于“深绿”“绿”等级，通过环境融资研究，借用政策工具引导，使绿色金融资金向“深绿”“绿”等级倾斜，能有效提升绿色金融单位环境绩效水平。

3. 环保投融资有助于补齐绿色金融对生态环境项目研究短板

环保投融资对项目投资的研究有望拓展绿色金融工具。当前对支撑环境改善的金融活动的研究主要集中于绿色金融，特别是金融工具和绿色金融政策体系，但对生态环境商业模式、经济效益偏低等微观问题研究较少。环保投融资研究聚焦生态环境项目商业模式创新，是推动环保投融资服务实体的重要脉络，因此开展四川省环保投融资领域现状研究，对深化绿色金融发展具有重要作用。

二 2019年四川省环保投融资工具融资金额测算

（一）财政支出

财政支出是指投向生态环境领域的地方政府财政支出。生态环境概念在1982年第一次被提出并最终形成宪法第二十六条，后续的政府文件沿用

① 联合资信：《2019年度绿色债券运行报告》，http://news.hexun.com/2020-03-16/200647716.html，2020年3月16日。

② 中国银行业监督管理委员会：《中国21家主要银行绿色信贷情况统计表》，2017年6月30日。

③ 中债资信：《中债资信绿色债券评估认证方法体系》，2016年12月13日。

“生态环境”概念，主要政策对象为“环境，污染和其他的环境问题”。实践中根据主管部门差异，将生态环境部门职能职责领域称为小环保领域，将政府整体负责领域称为大环保领域。

2019年，全省在大环保领域财政支出总额569亿元，其中“环保节能支出”科目下的决算支出为300.7亿元①，市（州）因经济发展相对滞后，普遍存在财政收支缺口，故就财政支出的依赖性而言，较之其他地区更强。以大环保领域为例，整理四川省当年进行转移支付的名称，估算当年大环保领域转移支付为509.7亿元，转移支付总额占财政支出的比例约为89.6%，虽然现实中各转移支付并未全额用于大环保领域，但就其比例而言依然相对较高。

表3　大环保领域2019年转移支付主管部门和金额

单位：万元

主管部门	转移支付名称	涉及领域	金额
四川省财政厅	重点生态功能区转移支付	基本公共服务保障	384600
	节能环保共同财政事权转移支付	节能减排	198816
	农林水共同财政事权转移支付	农业生产与水利发展	3036172
生态环境厅	生态环境保护资金	生态环境厅	243220
林业和草原局	林业改革发展资金	林业发展与保护	338111
	林业生态保护恢复资金		249440
农业农村厅	农业公共安全与生态资源保护利用工程资金	农产品安全、家禽安全、耕地与草原治理	55183
水利厅	省级水利建设资金	水利工程建设	101140
	省级农村饮水安全补助资金	饮用水源地补助与建设	17800
四川省自然资源厅	省级土地整治项目资金	土地整理项目建设	87137
	地质灾害综合防治体系建设资金	地质灾害预防规划与工程	99600
	矿山地质环境治理和地质遗迹保护资金	矿山地质恢复	10000
地震局	省级财政防震减灾资金	地震监测网点与平台建设	838
四川省住房和城乡建设厅	城乡建设资金	城市建设	274829

① 四川省财政厅：《四川省2019年省级决算报告和相关表格》，2020年8月20日。

（二）政府债券

地方政府债券根据债券资金投向项目和环保付息来源差异可分为两类。第一类是地方政府一般债券，主要倾向于投向纯公益性项目，以一般公共预算收入还本付息。第二类是地方政府专项债券，投向准公益性项目，并以对应的政府性基金或专项收入还本付息。实践中对两种债券融资额度均设置限额并实行限额管理，目前政府债券创新尝试主要集中于地方政府专项债券[①]。根据《关于四川省2019年省级决算的报告》，全省2019年地方政府债券收入2213.2亿元，地方政府债务余额10577亿元，其中一般政府债券和专项政府债券分别占比55.66%、44.33%，通常政府债券对单一方向投入比例不超过10%，按照10%的上限估算，投入生态环境领域的政府债券金额为221亿元。[②]

（三）银行贷款

银行贷款是指投向生态环境领域的贷款，实践中绿色信贷融资并不完全投向环境投融资领域。根据绿色信贷的统计口径，涉及污染防治和应对气候变化的口径为自然保护、生态修复及灾害防控、垃圾处理及污染防治、资源循环利用、环保服务、节能环保[③]。截至2019年末，全省绿色信贷余额为5955.9亿元[④]，因当年实际发放绿色信贷缺乏可信数据来源，假设绿色信贷年均发放额相同、平均贷款期限4年，估算当年发放绿色信贷为1489亿元。但绿色信贷并非完全投入环保投融资领域。参考2017年6月绿色信贷余额结构数据，当期绿色信贷余额为82957亿元，其中节能环保、垃圾处理及污染防治、自然保护和生态修复及灾害防控、资源循环利用、环保服务的信贷

---

① 《财政部关于试点发展项目收益与融资自求平衡的地方政府专项债券品种的通知》，2017年7月30日。

② 《关于四川省2019年省级决算的报告》，2020年8月10日。

③ 《中国银行业监督委员会关于报送绿色信贷统计表的通知》，2013年7月4日。

④ 《四川省金融运行报告（2020）》，2019年7月19日。

余额分别为7619.05亿元、3772.9亿元、3379.0亿元、1603.1亿元、276.2亿元，合计金额为16650.3亿元，占比仅为20%。[①] 根据绿色信贷新增投入额度和投入生态环境领域相对占比，预计2019年环保投融资中信贷金额为297.8亿元。

（四）PPP模式

PPP模式是指政府和社会资本合作参与公共基础设施建设的项目模式，其中企业承担设计、建设、运营、维护等工作，政府收集使用者付费并配套部分财政资金，以覆盖运营成本和提供合理利润回报，并监督项目质量、产品价格等。如前所述，部分生态环境领域项目强制要求采取PPP模式，同时在多个领域鼓励项目采用PPP模式。2019年，全省社会资金投入采用财政部PPP项目库中年度已投资额度，截至2020年一季度生态建设和环境保护（管理库）累计投资金额为559亿元[②]，从项目结构而言，污水处理项目和综合治理项目最多，垃圾处理和垃圾发电项目数量一般，而湿地保护等项目最少，假设年均投资额度相同、均摊至4年，估算2019年PPP投资额为139.8亿元。

（五）绿色债券

绿色债券是指为符合条件的绿色项目进行融资的债券工具。其现状呈现多头监管、齐头并进的格局，其中根据融资主体、交易场所的差异分为绿色金融债、绿色企业债、绿色公司债。根据CSMAR数据库内数据，四川省2017～2020年本土企业绿色债券发行相对积极，其中非公开发行公司债券占发行总规模的36%，绿色债务融资工具占发行总规模的25%，企业债发行规模占发行总规模的21%。而四川省本土金融机构绿色金融债券发行相对滞后，仅有1家银行参与发行，发行规模占发行总规模的18%，此处因

① 中国银行业监督管理委员会：《中国21家主要银行绿色信贷情况统计表》，2017年6月30日。

② 由本报告撰写人员整理自财政部全国政府和社会资本合作（PPP）综合信息平台相关资料。

为数据有限，对于非四川省商业银行及政策性银行发行并用于四川省环保投融资领域的绿色债券，并未纳入统计。据统计，2019年新增发行债券8期，累计金额95.3亿元，主要涉及绿色交通和水环境领域，因其在用途中均强调投入生态环境领域，故不对数据进行加权调整，以95.3亿元作为当年环保投融资领域债券融资规模。

（六）股权融资

股权融资是指出让持有企业的所有权以获得融资的方式，主要模式包括通过公开市场首发上市（IPO）、公开市场股权增发、信托投资、基金投资等途径完成。截至2019年，根据同花顺行业分类，被认定为环保行业的沪深上市公司为华西能源、北清环能、川能动力、兴蓉环境等11家公司，业务集中于垃圾处理、环保装备、污水处理和环保监测，合计市值为713.26亿元（见表4）。当年省内上市公司仅北清环能和华图山鼎推动股份定增，但均未获批通过。除了证券市场外，基金、信托等股权融资金额均较小，以项目股权为依托的REITs仍处于试点阶段，暂不予以统计。

表4 四川省生态环境领域上市公司

单位：亿元

公司名称	总市值	环保相关业务
华西能源	33.77	垃圾焚烧
北清环能	25.97	生物质能源综合利用、有机废弃物处理
川能动力	154.43	垃圾发电、节能环保
台海核电	46.82	环保装备
兴蓉环境	158.57	城市供排水和环保业务
浩物股份	25.26	环保装备
创意信息	39.16	水利、节能减排、建筑智能化
依米康	31.59	环保装备
利君股份	102.93	环保装备
华图山鼎	88.25	绿色低碳建筑的研究及应用
天翔环境	6.51	环保监测、环保装备、市政水务

数据来源：根据同花顺行业分类整理，www.iwencai.com。

三　2019年四川省环保投融资现状和未来需求分析

（一）2019年四川省环保投融资资金结构

基于对环保投融资主要工具融入资金额度测算，本研究发现环保投融资资金来源主要分为政府财政支出、地方政府债券、生态环境信贷融资、生态环境债券融资和社会资金投入（见图2）。政府财政支出以大环保领域财政支出为准，以2019年为分析年度，全省大环保领域财政支出569亿元[①]；地方政府债券资金，按照合计值2213亿元的10%上限投入生态环境领域，计为221.3亿元[②]；生态环境信贷融资采用绿色信贷余额加权计算，估算金额为297.8亿元[③]；生态环境债券融资采用绿色债券数据，估算金额为95.3亿元[④]；社会资金投入采用PPP项目库中生态建设和环境保护（管理库）投资金额，估算金额为139.8亿元[⑤]。

2019年四川省环保投融资领域累计投入资金1323.17亿元，其中政府主体的投入作用明显，融资工具以债券和信贷为主，合计金额约占当年国民生产总值（简称“GDP”）的2.84%，如果将统计范围放大至绿色领域，即对绿色信贷不采用加权计算，该占比将进一步上升至5.39%。

（二）2019年四川省环保投融资资金成效

根据经验数据，环保投入在GDP中占比和环境改善存在关联关系。如果需要有效控制环境污染，那么环保投入在GDP中占比最小要达到1%；如

① 四川省财政厅：《关于四川省2019年预算执行情况和2020年预算草案的报告》，2020年5月9日。

② 四川省财政厅：《2020年四川省政府专项债券（二十五至三十二期）信息披露》。

③ 《四川省金融运行报告（2020）》，2019年7月19日。

④ 由本报告撰写人员整理自CSMAR数据库绿色债券发行金额栏目相关资料。

⑤ 由本报告撰写人员整理自财政部全国政府和社会资本合作（PPP）综合信息平台相关资料。

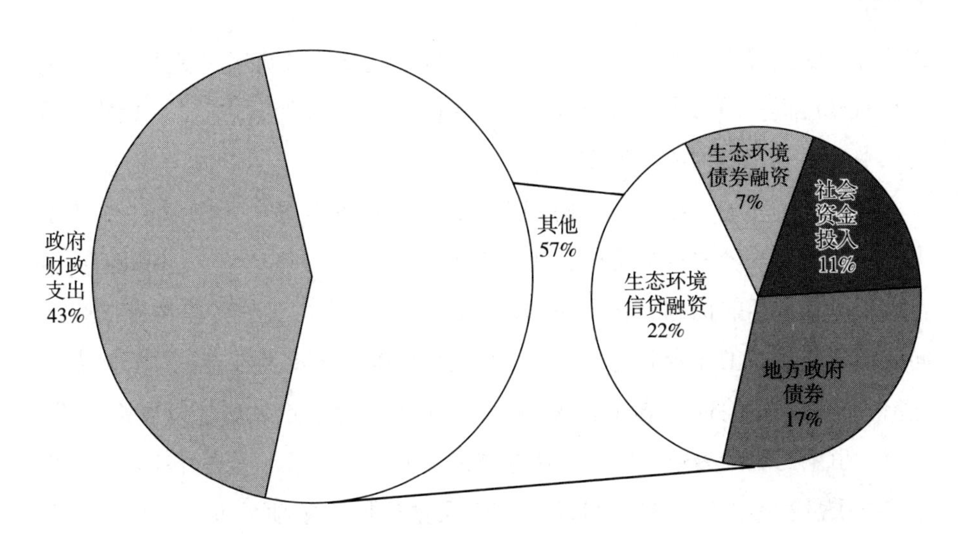

图 2　2019 年环保投融资资金构成

果要实现环境质量持续改善，环保投入在 GDP 中的占比至少要达到2%。虽然四川省 2019 年环保投融资金额核算过程中，部分存在多年累计余额分摊、估算权重值偏差、统计口径选择等现实问题，但整体四川省绿色投入金额在 GDP 中占比显著高于 2%，对于改善全省生态环境、提升环境质量有明显作用。环境指标改善基本反映了资金投入的效果，2019 年全省消除国、省考核劣 V 类断面，其中国考断面水质优良率达到 96.6%，全年优良天数率上升至 89.1%，虽然仍存在部分未达标城市，但是其大气环境仍得到改善，PM2.5 浓度下降至 38.6 微克/立方米。①

（三）未来四川省主要生态环境领域环保投融资需求

一是流域环境治理持续投入需稳定，“十三五”时期以来四川省水污染保护投入和保护水平均较高，仅 2018 年“三大战役”中水污染防治项目就超过 160 个，总投资达 400 多亿元，为生态环境保持高水平提供了重要支撑。未来随着国控和省控断面布点增加，良好水体的保持要求向纵深发展，

① 《2019 年四川省生态环境状况公报》，2020 年 5 月 25 日。

在治理大江大河污染源后，农村生活污水和一些支流及流域黑臭水体治理仍存在明显短板，同时主要流域水环境质量高位稳定成为新要求，已投建项目高水平运营对资金构成额外需求。

二是大气环境“十四五”时期再提升需增量资金投入，未来3~5年是大气环境质量改善的攻坚阶段。截至2020年，全省183个县（市、区）中空气质量未达标的仍有70个，成都平原、川南片区的大气污染浓度削峰后向达标转变。以工业企业达标排放、超低排放改造、挥发性有机化合物综合整治、城市扬尘治理、秸秆禁烧、机动车治理等为重点领域，以成都平原、川南、川东北地区为重点区域，达标城市环境空气质量巩固提升项目、2023年空气质量达标冲刺项目、2025年空气质量达标攻坚项目等一批项目的谋划和实施，对资金构成增量需求。

三是土壤环境治理潜在资金需求高，四川省土壤污染问题严重且土壤污染防治仍处于起步阶段。2016年以来，中央、地方先后投入大量资金用于土壤污染防治工作，有效改善了土壤环境质量，但整体工作仍处于起步期，投入资金与治理需求相比仍存在较大缺口，特别是在耕地土壤和无主工矿业废弃地土壤的污染防治领域。目前省内攀西、川南地区重金属镉污染较重，成都平原地区土壤重金属污染问题也比较突出，潜在的土壤累积污染在农用地、建设用地领域安全风险增加，固体废物的增量加大，代价高昂的土壤污染修复一旦转化为环保要求，将产生巨大的投入需求。

四是保护地和湿地建设资金存在缺口，四川省自然保护区和湿地保护任务重、压力大。全省在2018年末自然保护区面积为8.3万平方公里，其中川西藏区、川南和攀西岩溶石漠化地区、岷江—大渡河干旱半干旱地区等区域生态保护与建设任务仍十分繁重，而资金投入不足是制约保护水平提升的主要因素，依据“财政同级保障”的原则，各级自然保护地的人员工资和公务费用主要由同级的地方政府保障，致使多数保护地仍以人工巡护为主，高新技术在保护地评估、监测等活动中的应用较少，与高水平保护相匹配的高水平投入机制尚未建立。

（四）未来四川省环保投融资资金缺口测算

以四川省融入成渝地区双城经济圈为契机，全省经济发展将产生增量生态环境治理资金的需求。虽然现状下环保投融资基本支撑起生态环境改善局面，但随着“十四五”期间生态环境要求再升级，增量的治理资金需求将成为制约环境进一步发展的重要因素。以生态环境治理投入和 GDP 占比来衡量未来生态环境投入力度，根据四川省年均 6% 的 GDP 增速目标①，估算经济发展产生的增量环保投融资资金缺口。以 2019 年环保投融资规模为基期，假设当前环保投融资规模得以保障，按照环境治理高水平维持，即假设环保投融资规模和 GDP 相对占比维持 2.84% 不变，为应对经济发展产生的环境破坏，逐年新增环境治理资金成为增量投入需求，至 2025 年累计环保投融资缺口为 523 亿元（见图 3）。

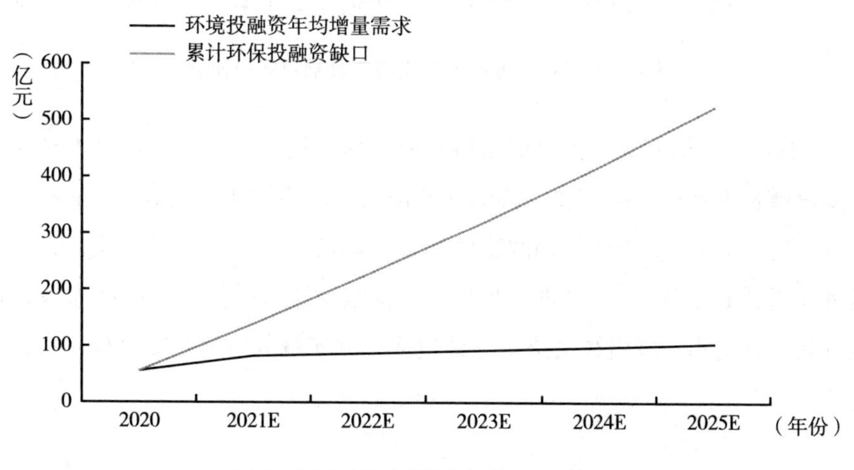

图 3　四川省环保投融资缺口规模预测

为满足经济发展对环保投融资的需求，假设融资结构不发生变化，以 2019 年环保投融资主要工具融入资金规模为基准，截至 2025 年，累计新增

① 《四川省国民经济和社会发展第十四个五年规划和二〇三五年远景目标纲要》，2021 年 2 月 2 日。

政府财政投入225亿元、累计新增信贷117亿元、累计新增地方政府债券87.5亿元、累计新增社会资金投入55.3亿元、累计新增债券融资37.7亿元（见图4）。

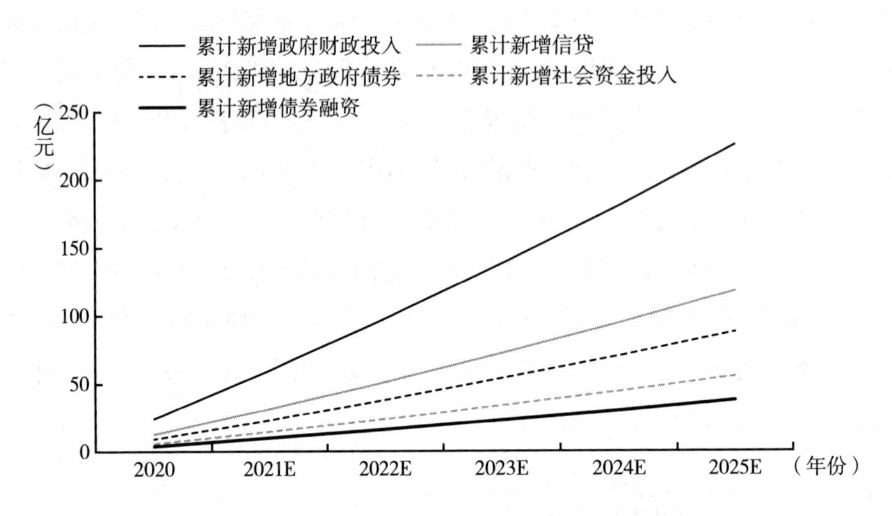

图4　四川省环保投融资主要工具缺口规模预测

“十三五”期间环保投融资领域政府主体作用明显，但财政投入规模保持高速增长不具有可持续性，特别是若按照生态环境部门根据项目储备估算环境投资需求，“十四五”期间整体环境治理投入需求超过7000亿元①，甚至可能达到1万亿元②，将进一步放大环保投融资规模缺口，因此需改善环境投融工具结构，吸引社会资本持续进入，并实现其对财政支出相对占比的上升。

四　四川省环保投融资工具优化的经验做法

为减轻财政负担，增加和提高环境投融资领域社会资本参与的金额和比

① 数据来源于四川省生态环境厅与中国农业银行四川分行共同举办的“发展绿色金融，守护绿水青山”专题讲座。

② 数据来源于2021年四川省债券融资网络培训会。

例，四川省对主要工具制定相关引导政策，因其散布在政府各个职能部门，故以工具为媒介对零散政策予以整理。

（一）财政资金

一是加大财政资金投入力度。切实做好资金保障，出台系列法律法规，明确各级地方政府在打好污染防治攻坚战、保护生态环境中的主体责任，实现财政投入的逐年增长。二是优化纵向财政转移支付体系。保持生态环境领域转移支付力度，参考环境绩效改善和环境治理需求，构建转移支付资金分配模式。三是地方政府债券的倾斜支持。一般债券资金向生态环境项目倾斜，优先支持生态环境项目发行地方政府专项债券。四是开展体制机制创新，扩大资金来源。以环境绩效为导向，探索同级政府间财政资金的转移支付，在多个重要流域建立横向生态保护补偿机制。五是加大生态环境项目供给。谋划、设计、实施一批生态环境重点项目，为环境投融资提供充分的项目支撑。六是部门职能优化。环保职能向生态环境部门聚集，建立与环境事权相匹配的财政支出责任，明确生态环境问题主体责任人或部门。

（二）信贷工具

一是鼓励银行采用赤道原则。依托绿色金融政策试点，在政府部门推动下，绵阳市商业银行采用赤道原则，四川天府银行签署《负责任银行原则》，通过鼓励省内银行选用国际绿色认证标准，引导银行建立、优化绿色信贷审批和管理制度，建立、扩大绿色信贷专项。二是鼓励环境污染防治、低碳减排领域信贷产品创新；鼓励商业银行创新设计节能减排项目贷款等系列绿色信贷新品种，基于创新成果加大推广力度，鼓励其他银行跟进开展能效贷款、新能源贷款和合同能源管理收益权质押贷款等新兴绿色贷款①。三是推出信贷贴息政策。以环保政策目标为导向，在环保污染防治

---

① 《四川省人民政府办公厅关于印发四川省绿色金融发展规划的通知》，2018 年 1 月 18 日。

领域构建财政贷款体系，在指定污染防治领域对单个项目或主体有效贷款，最高给予3%的利率贴息[①]。四是撮合银行方和项目方信贷业务。指导四川联合环境交易所创建绿蓉融网络平台[②]，对污染防治、碳减排等绿色项目进行收储、上网，与银行业金融机构建立推送机制，降低双方沟通的综合成本。五是为银行提供企业环保信用数据。开展环境信用评价，2018 年以来，全省累计评价企业超过 1.7 万家。其中，2020 年全省参评企业超过 1 万家[③]，为信贷发展提供充分的数据支撑，降低信贷业务综合成本。

（三）债券工具

一是增强发债主体绿色贴标意识。基于银行间交易市场、沪深交易所对绿色贴标的政策扶持，政府部门通过培训、会议等形式，敦促主要企业、证券公司等机构在债券发行业务过程中，优先考虑绿色、碳中和等债券贴标，提升现有债券融资用于环保领域的金额和比例。二是积极推动绿色金融债券发行。鼓励绿色信贷规模和项目储备双优银行，以绿色金融债券扩大资金来源并投放于绿色项目，乐山市商业银行 2017 年依托绿色金融债券投放信贷 9.4 亿元，减少温室气体排放量 45975 吨，减少 COD 排放 2163.5 吨，减少氨氮排放量 292.3 吨，实现废旧物品处理和回收 18.3 万吨。三是建立债券发行奖补体系。依托现有债券贴息政策，体现绿色债券的倾向性扶持，其中绿色债券相对于普通债券分档贴息率对应提高 2 个百分点，对债券承销机构给予实际承销额 0.03% 的补贴，对信用增进机构按风险损失额 30%（单家机构年度上限为 500 万元）发放风险分担补助[④]。

（四）保险工具

保险是未来潜在污染治理项目的资金来源，一是积极鼓励和督促高环境

① 《四川省关于开展生态环保项目财政融资贴息的通知》，2021 年 1 月 26 日。

② 绿蓉融绿色金融超市，https：//gfm. sceex. com. cn/。

③ 数据来源于 2021 年四川省债券融资网络培训会。

④ 《四川省人民政府办公厅关于继续实施财政金融互动政策的通知》，2018 年 9 月 7 日。

风险企业参与环境污染责任保险。运用强制政策和引导政策增加参与环境污染责任保险的企业数量，将参与环境污染责任保险作为环境信用评价的加分项，自2018年以来累计保额58.91亿元，总保费3922.41万元[①]。二是扩大环境污染责任保险覆盖企业范围。从2011年的99家试点企业起步发展至2018年以来累计参保企业2212家。

（五）股权工具优化

四川省在绿色信托、租赁和基金领域推进工作成果相对较少，一是设立绿色基金，鼓励职能部门在其业务范围内推动基金建设，省住建厅指导设立四川省绿色城乡发展基金推动城乡绿色建设相关产业发展，原省林业厅指导设立四川省绿化基金推动全省国土绿化事业健康快速发展。二是和大型绿色基金对接生态环保项目和投资，通过相关职能部门组织安排，协助川内生态环境领域典型企业和国家绿色发展基金建立常态化沟通机制。三是推动PPP项目开展，在公用事业、农林水等生态环境领域优化采购PPP主体服务，建立省级PPP项目储备库，以现场推介会、发布会、网络信息发布等模式，政府和企业开展生态环境PPP项目，对特别优质的项目和企业建立定向推介机制，鼓励金融机构在项目全周期提供一揽子融资服务。[②]。四是发挥财政资金扶持作用，以资本注入、投资补助、贷款贴息、政府股权投资收益让度等形式发挥财政资金引领作用，撬动社会资本持续投入。

（六）环境权益工具

一是组建四川联合环境交易所，为环境权益供需双方提供交易场所[③]，形成集碳排放权、用能权、排污权、水权等环境权益于一体的交易平台。二是鼓励企业、项目参与碳减排品种发行，自2011年以来持续开发清洁发展

---

① 数据来源于2021年四川省债券融资网络培训会。

② 《关于进一步支持民营资本参与政府与社会资本合作（PPP）项目有关问题的通知》，2020年4月7日。

③ 四川环境联合交易所，https：//www.sceex.com.cn/。

机制（CDM）等碳汇项目，将年度二氧化碳减排当量转化为可供交易的碳排放权益产品，通过定向合约或交易市场进行售卖。[1] 三是鼓励企业开展用能权有偿使用和交易，2019 年省内启动用能权交易市场，首批 110 家企业参与交易，涵盖钢铁、水泥和造纸等行业。

五 四川省环保投融资工具优化的政策建议

（一）维持财政资金力度，体现政府主体责任

一是优化转移支付体系，针对生态环境具体问题，新设立土壤、固废资金口径，建立与环境问题对应的专项转移支付口径，动态调整各专项转移支付金额。二是强化政府债券支持力度，提高一般政府债券额度并向生态环境领域进行倾斜，将高收益项目和生态环境项目综合打包发行专项政府债券。三是提升生态环境项目质量，参照 EOD 模式，通过政策设计将环保项目产出指标、环境权益赋予项目方，提升项目内生收益。四是开展财政资金绩效评估，针对不同用途财政资金进行绩效评估，优化财政资金的支出结构，提升投资产生的环境绩效水平。

（二）推动信贷规模增长，引导资金向环保领域聚集

一是构建常态化货币激励政策，运用再贷款、再贴现等成熟货币政策手段支持绿色信贷发展，并通过宏观审慎管理（MPA）等工具，鼓励银行业金融机构提高绿色信贷不良容忍度。二是强化信用增进服务，鼓励市场机构开展信用评级、融资担保等业务，为环保投融资主体提供增信服务，提升主体、债项或资产评级，增加环保投融资参与主体数量并降低综合融资成本。三是探索风险共担机制，围绕环保领域贷款探索设立风险补偿资金池，用以偿付可能出现的债务违约，扩大企业贷款规模，降低企业贷款难度。

---

① 《四川首个风电场 CDM 项目获批》，中国能源网，2011 年 6 月 28 日。

（三）鼓励贴标债券发行，提升发行主体资质

在债券领域，一是积极推动碳中和债券发行，结合环境治理目标和金融市场投资偏好，开展环保投融资研究，建立科学、合理的碳中和项目减排评估和测算体系，推动碳中和专项债券发行。二是指导提升债券融资主体资质，指导地方环保投融资主体合理调整企业和项目资产结构，提升未来现金流稳健性，鼓励开展主体评级和债项评级，增加环保投融资领域 AAA 级主体数量。三是强化省内绿色债券评级力量，培育优质绿色认证机构，完善市场化绿色认证服务，为省内债券发行建立完善的配套中介体系。

（四）丰富保险应用场景，优化环境保险险种设计

一是完善环境污染责任保险品种设计，强制性的高环境风险企业参保和自愿参保相结合；结合环境修复综合成本，严格明确环境污染损害赔偿责任，强化环境责任行政监管；细化环境风险等级，统一费率标准，生态环境部应当协同银保监会划定和统一环境风险等级。二是优化环境责任保险定价机制，将企业环境风险按照严重程度划分为不同的等级，保险行业再按照不同的环境风险等级确定统一保险费率等级。三是创新环保领域险种，以应对自然灾害风险和重大事故风险等风险事件。四是完善环境领域保险配套制度，引入风险评估和环境损害鉴定机制，建立环境污染强制责任保险的激励机制，鼓励保险公司依托所掌握的数据构建企业环境风险信息共享平台，探索相关数据商用途径。

（五）开拓股权融资工具，匹配相应应用场景

在股权融资领域，一是探索信托工具在生态环境领域的应用，引导债权投资信托、股权投资信托，以及部分公益、慈善信托资金投向生态环境领域。二是探索环保资产证券化，将 PPP 模式下应收账款和现金流稳定资产进行整合，帮助企业回笼资金、提升现金流稳健性。三是建立省级环保基金，引入国家绿色发展基金等金融资本和产业资本共同出资，补齐全省绿色

基金中环保基金缺位的短板。四是瞄准重点行业试点绿色租赁，基于污染防治、节能减排领域常用先进机械设备，鼓励销售厂商以绿色租赁形式进行售卖，同时鼓励第三方企业买入设备后自营租赁业务。五是积极参与 REITs 试点，探索项目类股权形式融资。六是推动 PPP 模式优化，建立健全法律法规，规范政府和企业双方权利和义务，提升 PPP 项目管理机制独立性，针对 PPP 项目应收账款开展供应链金融、银行票据等创新产品设计。七是完善基金领域生态环境项目储备机制，添加、储备新能源车、光伏等非生态环境领域高收益项目，构建四川省生态环境基金项目储备库；对企业和储备项目进行包装、设计和整合，探索以 6% 收益率（绿色发展基金最低收益率要求）为基准的重大生态环境治理创新模式，探索跨部门项目打包、EOD 开发等新型环境治理模式和大型绿色基金建立的项目报送机制。八是建立股权收入优惠政策，对于股权投资收入出台减税、免税、退税的优惠性政策。

（六）总量管理推动环境权益交易，创新标的金融产品

在环境权益领域，一是对环境权益配额体系进行研究，针对不同行业情况，设计科学、合理的环境权益初始配额分配方案，建立与之匹配的评估、核算体系，鼓励第三方机构参与资产评估、认证、咨询、处置等服务。二是以环境权益创新债权融资活动，鼓励金融机构依托环境权益产品创新债权融资业务，特别是将其作为抵、质押品的融资模式。三是构建环境权益指标直接交易体系，优化国内公开交易场所，提升环境权益上市、认证、交易和使用便利程度，试点推出水权相关交易标的，持续创新生态环保领域的交易品种。

参考文献

刘双柳、陈鹏、程亮、徐顺青、高军：《长三角区域一体化背景下的环保投融资创新机制研究》，《生态经济》2021 年第 1 期。

李妙然、樊珍娜：《我国绿色金融研究回顾与展望——基于 CiteSpace 的可视化分析》，《金融发展研究》2020 年第 8 期。

中国绿色金融发展报告课题组、杨娉：《中国绿色金融发展展望》，《中国金融》2020 年第 14 期。

刘庆富、陈志伟、何畅：《中国绿色信贷风险的评估与监测——基于新能源汽车产业的视角》，《复旦学报》（社会科学版）2020 年第 2 期。

鲁政委、方琦、钱立华：《促进绿色信贷资产证券化发展的制度研究》，《西安交通大学学报》（社会科学版）2020 年第 3 期。

游勤：《构建绿色租赁标准》，《中国金融》2020 年第 21 期。

阴丽佳、贠晓哲、刘莹莹：《绿色金融产品消费者使用意愿研究——以支付宝蚂蚁森林为例》，《当代经济》2017 年第 28 期。

柳荻、胡振通、靳乐山：《美国湿地缓解银行实践与中国启示：市场创建和市场运行》，《中国土地科学》2018 年第 1 期。

马雯雯、赵晟骜：《金融服务林业碳汇发展及问题研究》，《西南金融》2020 年第 6 期。

朱俊明、王佳丽、余中淇、杨姝影、文秋霞：《绿色金融政策有效性分析：中国绿色债券发行的市场反应》，《公共管理评论》2020 年第 2 期。

刘勇、白小滢：《中国股票市场的绿色激励：可持续发展视角》，《经济管理》2020 年第 1 期。

朱朝晖、谭雅妃：《契约监管与重污染企业投资效率——基于〈绿色信贷指引〉的准自然实验》，《华东经济管理》2020 年第 10 期。

许旭明、陆岷峰：《中小商业银行：发展特点、存在问题与治理对策研究——基于城商行 2016 年至 2019 年会计年报分析》，《金融理论与实践》2020 年第 6 期。

邵传林、闫永生：《绿色金融之于商业银行风险承担是“双刃剑”吗——基于中国银行业的准自然实验研究》，《贵州财经大学学报》2020 年第 1 期。

张琳、廉永辉：《绿色信贷如何影响商业银行财务绩效？——基于银行收入结构分解的视角》，《南方金融》2020 年第 2 期。

王夏晖、朱媛媛、文一惠、谢婧、刘桂环：《生态产品价值实现的基本模式与创新路径》，《环境保护》2020 年第 14 期。

谭卫华、舒银燕：《新金融发展与工业绿色转型——基于系统 GMM 模型的实证分析》，《经济地理》2020 年第 11 期。

钱立华、方琦、鲁政委：《刺激政策中的绿色经济与数字经济协同性研究》，《西南金融》2020 年第 12 期。

王志强、王一凡：《绿色金融助推经济高质量发展：主要路径与对策建议》，《农林经济管理学报》2020 年第 3 期。

赵军、刘春艳：《绿色金融政策推动了低碳发展吗？——以“一带一路”沿线中国

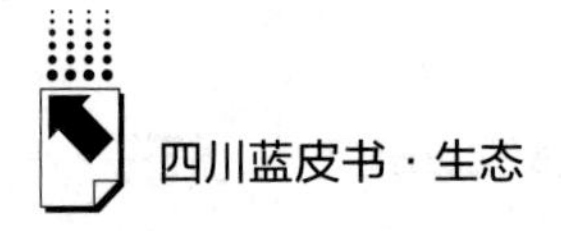

重点省域为例》，《金融与经济》2020 年第 5 期。

魏丽莉、杨颖：《中国绿色金融政策的演进逻辑与环境效应研究》，《西北师大学报（社会科学版）》2020 年第 4 期。

申韬、曹梦真：《绿色金融试点降低了能源消耗强度吗?》，《金融发展研究》2020 年第 2 期。

邵汉华、刘耀彬：《金融发展与碳排放的非线性关系研究——基于面板平滑转换模型的实证检验》，《软科学》2017 年第 5 期。

庄芹芹、吴滨、洪群联：《市场导向的绿色技术创新体系：理论内涵、实践探索与推进策略》，《经济学家》2020 年第 11 期。

韩科振：《绿色金融发展与绿色技术创新效率关系研究——基于空间溢出视角的实证分析》，《价格理论与实践》2020 年第 4 期。

刘强、王伟楠、陈恒宇：《〈绿色信贷指引〉实施对重污染企业创新绩效的影响研究》，《科研管理》2020 年第 11 期。

王建发：《我国绿色金融发展现状与体系构建——基于可持续发展背景》，《技术经济与管理研究》2020 年第 5 期。

王波、董振南：《我国绿色金融制度的完善路径——以绿色债券、绿色信贷与绿色基金为例》，《金融与经济》2020 年第 4 期。

马骏、安国俊、刘嘉龙：《构建支持绿色技术创新的金融服务体系》，《金融理论与实践》2020 年第 5 期。

殷红：《全球绿色分类标准及发展》，《中国金融》2020 年第 9 期。

袁利平：《公司社会责任信息披露的软法构建研究》，《政法论丛》2020 年第 2 期。

何丹：《赤道原则的演进、影响及中国因应》，《理论月刊》2020 年第 3 期。

盛春光、赵晴、陈丽荣：《我国绿色债券环境信息披露水平及其影响因素分析》，《林业经济》2020 年第 9 期。

徐顺青、逯元堂、陈鹏、高军、刘双柳：《我国环保投融资实践及发展趋势》，《生态经济》2020 年第 1 期。

逯元堂、吴舜泽、陈鹏、高军：《环保投融资政策优化重点与方向》，《环境保护》2014 年第 13 期。

钱正英、沈国舫、刘昌明：《建议逐步改正“生态环境建设”一词的提法》，《科技术语研究》2005 年第 2 期。

B.14

流域生态补偿绩效评估研究

刘新民　夏溶矫　付钰涵　薛琰烨*

摘　要： 本研究基于流域生态补偿机制全过程的分析思路，并采用层次分析法和 yaahp 层次分析法软件，确定各级指标权重，设计了一套典型流域生态补偿的绩效评估指标体系，旨在通过这套指标体系，立足于流域生态补偿实际，促进流域生态补偿的持续改进，并对新制定的政策予以科学指导。

关键词： 流域生态补偿　绩效评估　指标体系

流域生态补偿是生态补偿的一种，凭借水资源的空间传递将上中下游各个行政单元紧密联系起来，依托正向激励、反向约束机制促进流域上下游落实流域环境治理和生态保护责任，通过调整流域上下游环境经济利益关系推动形成“成本共担、效益共享、合作共治”的流域保护和治理长效机制，是推进践行共抓大保护的重要载体，是实现流域上下游协调发展的战略举措。

如何科学、合理地界定和评价流域生态补偿机制带来的社会、经济以及生态环境影响及其对政策的实施和改善意义，是流域生态补偿政策得以常态化推行的重要条件。随着流域生态补偿工作的深入开展，必须将绩效评估工

* 刘新民，四川省生态环境科学研究院环境经济和政策研究所副所长，高级工程师，主要研究方向为环境投融资和环境经济；夏溶矫，四川省生态环境科学研究院，中级工程师，主要研究方向为环境政策与管理；付钰涵，四川省生态环境科学研究院，主要研究方向为环境科学与工程；薛琰烨，四川省生态环境科学研究院，主要研究方向为环境规划与管理。

作与生态补偿政策配套开展，才能做好对生态补偿工作的评价监督和生态补偿政策的引导提升。虽然由于流域生态系统的多样性、复杂性，以及保护者、受益者之间的复杂利益关系，流域生态补偿不可能存在统一的补偿制度、模式或者补偿标准，但是构建符合流域生态补偿本质特征的统一有效、适用性广的绩效评估方法体系却是必要的、亟须的。

科学的评估指标体系和评估方法是有效进行流域生态补偿绩效评估的前提和基础，有助于对生态补偿实施效果进行科学判断和分析，客观反映生态补偿的绩效和问题，促进生态补偿政策的不断改进和持续推行。本研究将流域生态补偿机制建设和绩效评估方法体系研究相结合，旨在构建一套科学合理、简单实用的流域生态补偿绩效评估方法体系，供流域生态补偿管理者、实践者和研究者参考。

一 流域生态补偿绩效评估概述

（一）流域生态补偿绩效评估研究现状

生态补偿政策评价涉及的范围很广，关系到经济、社会、生态等多个方面，涉及多种政策因素和非政策因素，因而选择评价方法有一定的困难。先前的政策评价大多是采用定性方法进行分析的，但是由于主观因素通常会很大程度地影响到定性评价结果，人们逐渐将经济学和统计学等有关学科的思路及方法运用于具体的环境政策评价中，目的是增强环境政策评价的有效性与科学性，通过将定量评价与定性评价有机结合，使得政策评价的质量显著提升。随着绩效评价研究的不断发展，产生了许多定量测算各类绩效的方法，主要包括层次分析法、主成分分析法、数据包络分析法、模糊综合评判法及熵权法等。

国内外生态补偿绩效的研究重点是关注经济效益、生态影响和社会公平，基本上都是对生态补偿效果开展评价研究，对生态补偿政策效应和效率的研究比较少。国外学者的研究认为提高生态补偿经济性的关键在于计算生态保护的机会成本，选择最有效的生态服务供给者、减少信息租金，并且降低交易费用。同时，重点研究了生态补偿政策在扶贫中的作用，指出政策的效果取决于贫困的程度、穷人对项目的知晓率、参与项目的能力以及项目支付额。但是，生态补偿政策也存在失效的情况。在一项基于长达 30 年的地理和社会经济数据开展的相关评价发现，哥斯达黎加的保护地政策虽然显著减少了森林退化、促进了森林恢复、推动了旅游业的发展，但未达到消除贫困的目的。

我国对于生态补偿绩效评价的相关研究主要集中在森林（草原）、国家重点生态功能区、流域等某个领域的具体项目，对于跨领域的综合化生态补偿研究较少；主要集中在生态补偿的内涵、补偿标准以及补偿方式等补偿前阶段的研究，真正开展绩效评价等后期研究的较少；即便是少数关于绩效评价的研究，也主要集中在政策效果分析或效率评价上。总体来看，各类生态补偿效果评价的研究，由于过于关注自然生态方面产生的效果，评价的逻辑层次与指标体系尚不完善，各研究结论之间的可比性不强。

流域生态补偿的绩效评估大多集中在定性分析方面，重点关注水质的改善、项目开展情况及资金的使用情况。2007 年开始，财政部、原环保总局等有关部委将新安江流域生态补偿机制列为全国首个跨省流域生态补偿机制建设试点。经过三轮生态补偿试点探索，实现了生态、经济、社会等效益多赢，积累了水环境治理与管理的有益经验，为全国推进流域生态补偿提供了可复制、可借鉴的新安江模式，其流域生态补偿绩效评价对于其他流域生态补偿绩效评价具有重要意义。生态环境部环境规划院先后开展了三轮试点绩效评价，其评价内容主要包括试点目标、任务完成情况，以及试点产生的环境、经济和社会效益。其中，环境效益主要评价了水环境质量变化情况，经济效益主要评价了经济发展与产业结构变化等内容，社会效益主要定性评价了流域生态补偿试点实施后带来的社会影响，并为推进下一轮上下游横向生态补偿工作提出相应对策和建议。

对新安江流域生态补偿评价主要采用定性和定量相结合的方法，从生态环境、经济、社会等三个方面开展评价。在定量分析方面，利用水质变化、污染物总量减排、资金投入等相关数据进行了数理统计分析。在定性分析方面，通过资料查阅及现场调研，总结了浙江、安徽两省的主要做法、经验及问题，以及政府、企业和公众在试点实施过程中发挥的作用。

（二）流域生态补偿绩效评估的界定

1. 流域生态补偿绩效评估的目的

生态补偿政策绩效评估是依据一定的绩效评估标准，按照一定的评估程序，采用定性或定量的评估方法，对流域生态补偿政策设计、过程和结果的效果、效益、效率等绩效状况进行综合判断与评价，是为流域生态补偿机制优化提供依据的一种活动，侧重于中微观层面的管理活动，具有可操作性、规范性和量化（半量化）性。开展流域生态补偿绩效评估的主要目的包括：一是通过对已有流域生态补偿机制政策进行绩效评估，发现改进空间，为调整流域生态补偿提供指引；二是通过制定统一有效的绩效评估体系，对制定科学合理的流域生态补偿机制政策进行指导，提升流域生态补偿机制政策制定的科学化水平。

2. 流域生态补偿绩效评估的主体、对象

流域生态补偿政策绩效评估主体包括内部评估主体和外部评估主体。内部评估主体包括政策制定和实施主体、有关专门评估主体；外部评估主体则呈现出多样化的趋势，主要包括国家权力机关、政策相关人、专业绩效评估机构及科研人员等几大类。简单地说，流域生态补偿绩效评估主体主要包括政府内部评估主体、外部评估主体（公众等）和专业评估机构等。

流域生态补偿绩效评估的对象则是流域生态补偿的政策本体及其衍生的政策、项目和执行过程中产生的影响。考察流域生态补偿政策在流域生态环境保护和经济社会发展中发挥的作用和产生的影响，以及是否达到预设的绩效目标及产生的其他影响。

3. 流域生态补偿绩效评估的内容范围

流域生态补偿绩效评估的范围应当包括相关政策制定、政策实施过程中的生态补偿机制运行情况，项目完成情况及资金使用情况，生态补偿产生的效益三个方面，流域生态补偿的绩效评估的范围应当涵盖流域政策运行全过程，即政策的制定阶段评估、政策的运行过程评估、政策的效果影响产出评估三个方面。考虑到生态补偿的目的就是平衡经济发展与生态保护之间的关系，保护生态环境和促进可持续发展，因此，应将经济性、生态性及社会性纳入流域生态补偿产出绩效评估的范围。

4. 流域生态补偿绩效评估的适用方法

借鉴国内专家和学者的研究成果，结合国内外的具体实践，目前流域生态补偿绩效评估中应用的数量经济方法包括熵值法、主成分分析法、综合评价法、倾向值分析法等。从目前的研究来看，绩效评价的定量方法主要是专家调查法（Delphi 法）、AHP 层次分析法、主成分分析法、DEA 数据包络分析法及熵值法。Delphi 法属于主观评价法，主观性较大，因此结论也颇具争议；而 AHP 层次分析法、主成分分析法、DEA 数据包络分析法以及熵值法属于依据数据进行的客观评价方法，结论可以得到较广泛的认可。

二　基于全过程分析的流域生态补偿绩效评估方法

从流域生态补偿机制建立、运行、发生作用的机理出发，基于全过程考量（机制设计与政策制定、实施过程、效果产出）分析思路，确定流域生态补偿绩效评估的思路重点，采用定性分析和定量分析相结合的方法，设计典型流域生态补偿绩效评估指标体系和方法流程。

（一）流域生态补偿机制建立运行理论模型构建

对流域生态补偿机制进行绩效评估的前提和基础是对流域生态补偿机制本身的机理的明晰和掌握，借用压力—状态—响应（Pressure-State-Response）模型分析思路，对流域生态补偿机制的建立、运转及发挥效用全过程进行分析，构建概念模型（见图 1）。

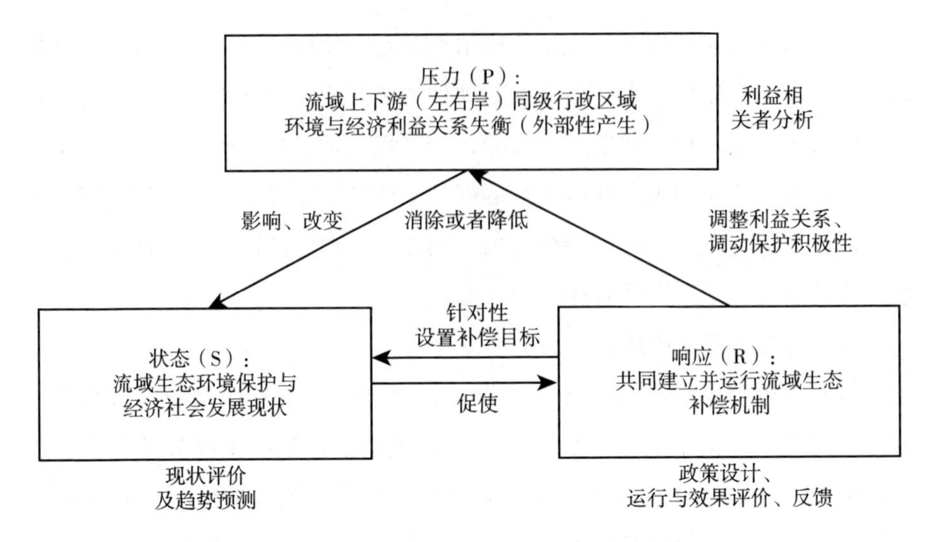

图1　压力—状态—响应模型（PSR模型）视角下的流域生态补偿机制概念模型

压力部分（Pressure）主要是指流域上下游（左右岸）同级行政区域之间的环境与经济利益关系存在的失衡问题，因不同行政区域之间环境与经济利益关系的失衡而产生经济发展及生态环境保护行为的外部性，在这种利益失衡的外部性持续作用下，相应行政区域会在经济社会发展和生态环境保护方面采取对自身有利的理性行为（保护者不愿意继续采取保护行为、破坏者不愿意停止破坏行为等），形成对流域生态环境保护的威胁与挑战。

状态部分（State）主要是指流域生态环境保护和经济社会发展呈现的状态，以及因压力的存在导致状态的变化趋势，是一个不断动态变化的“变量”。

响应部分（Response）为了避免“状态”朝着不期望的方向继续发展而采取的行动，即建立并运行流域生态补偿机制，发挥流域生态补偿机制的作用以降低或者消除压力，促使流域生态环境保护和经济社会发展状态朝着期望方向发展的行动。

借助流域生态补偿机制的压力—状态—响应（Pressure-State-Response）模型，明晰了流域生态补偿机制的建立驱动力、目的、运行及产生作用的全链条机理。也可以发现绩效评估是流域生态补偿政策运行闭环中的末端反馈回路，其目的是考察生态补偿的作用是否充分发挥，并通过评估发现机制建设与运行中存在的问题，从而能够反馈作用于流域生态补偿机制的进一步完善。

（二）流域生态补偿绩效评估的全过程分析视角与要点

为了更全面地评估流域生态补偿机制绩效情况，本研究在已有生态补偿绩效研究基础上，突破现有生态补偿绩效评估大多仅关注资金使用效率或生态效率等其中某一方面的研究思路，按照生态补偿政策“方案制定—实施过程—产出效果”流程，从政策产生到结束的全过程来分析绩效评估的方法体系。基于全过程分析的流域横向生态补偿绩效评估思路见图2。

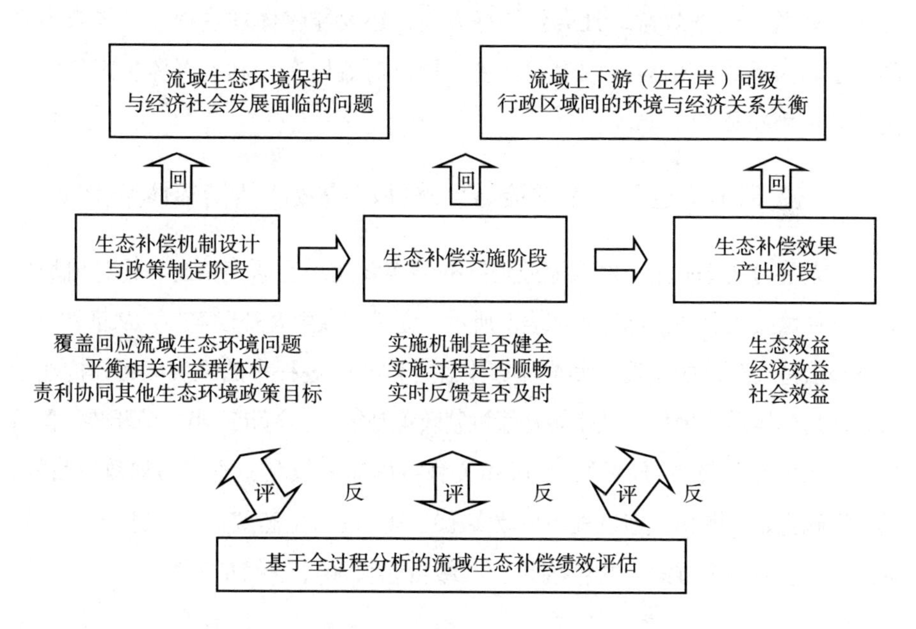

图2　基于全过程分析的流域生态补偿绩效评估思路

1. 生态补偿机制设计与政策制定阶段

生态补偿绩效评估的主要目标就是分析补偿机制设计与政策方案是否能确保实现生态补偿政策目标，评价方案是否覆盖流域生态环境问题，是否平衡相关利益群体权责利，是否协同其他生态环境政策目标并起到事半功倍的效果。因此，应当全面分析其补偿主体、客体、权力责任规定是否清晰，补偿目标是否体现了流域生态环境存在的突出问题，生态补偿标准、补偿方式的公平性、合理性等。

2. 生态补偿实施阶段

针对流域生态补偿实施阶段，主要评估实施机制是否健全、实施过程是否顺畅、实施反馈是否及时。因此，主要评价流域补偿机制运转的畅通性、持续性，包括补偿机制各环节的工作推进、权利义务履行、补偿资金使用和有关项目推进情况等内容。

3. 生态补偿效果产出阶段

流域生态补偿的效果产出是流域生态补偿绩效评价的重点内容，主要包括生态效益、经济效益、社会效益等方面，还要能够体现过程和结果产出之间的逻辑关系、突出对流域生态环境问题及对流域有关利益群体生态经济失衡关系的解决回应。

（三）基于全过程考量的流域生态补偿绩效评估指标体系设计

在前述分析基础上，结合流域生态补偿实践及现有研究情况，设计流域横向生态补偿绩效评估指标体系如表1所示。立足流域生态补偿实际，从推动流域生态补偿持续改进的角度，回应流域生态补偿实践过程中的现实问题，构建绩效评估指标体系，聚焦流域生态补偿机制政策制定、实施和产出3个环节，覆盖体现流域生态环境主要问题、平衡相关利益群体责权利、兼容其他政策目标，健全实施机制、顺畅实施过程、高效实施反馈，确保生态效益、提升经济效益、促进社会效益9个方面，共包括18个二级指标和36个三级指标。

（四）基于全过程考量的流域生态补偿绩效评估的方法流程设计

流域生态补偿政策绩效评估需要对评估指标的重要性尽量进行合理评价，定性评价受到人为主观因素影响较大且评估面较窄，故定量评价或定量与定性结合评价成为主要研究趋势。为了保证流域生态补偿绩效评估方法的

表 1　流域横向生态补偿绩效评估指标体系

目标层	准则层	指标层	二级指标层	三级指标层
流域横向生态补偿绩效评估指标	机制政策制定	是否体现流域生态环境主要问题	是否促进坏水持续改善或好水持续保持	当近年来考核断面水环境质量整体为三类及以下水质时，是否对考核断面自己与自己比改善的情况给予适当鼓励
				当近年来考核断面水环境质量整体为二类及以上水质时，是否对考核断面自己与自己比下降的情况给予适当惩罚
			是否综合考虑水环境、水资源和水生态	当流域水环境问题的主要原因是水资源短缺时，是否将水资源节约因素纳入生态补偿目标
				当流域水生态地位重要或脆弱时，是否将水生态保护因素纳入生态补偿目标
		是否平衡相关利益群体责权利	流域上下游权利义务分配是否均衡	是否为“双向补偿”，对跨境考核断面水质不达标行为给予惩罚，对跨境考核断面优标行为给予奖励
				补偿标准（补偿规模）的设置是否具有激励性、可行性，是否综合考虑到流域保护治理成本、相应地区经济发展实际水平等客观条件（用补偿规模指数表示：生态补偿资金/流域面积、生态补偿资金/流域财政收入）
			上下级政府地位作用是否充分发挥	上级政府是否发挥了推动者和监督者作用，上下游政府是否发挥了参与者和决定者作用
				上级政府是否通过适当奖励资金或奖励政策引导和支持，上下游政府是否付出了足够多的资金以承担主体责任（上级奖励资金占上下游政府筹集的资金规模比重是否在 30% ~ 70%，以 50% 为宜）
		是否兼容其他政策目标	与环保目标责任制是否无缝衔接	考核断面是否和各级控制断面（国控、省控、市控等）保持一致
				补偿目标和各类生态环境保护目标是否匹配
			与其他政策机制是否统筹考虑	是否统筹考虑了上下游共保共治机制的推进
				是否给流域环境精细化管理预留了空间
	机制政策实施	实施机制是否健全	实施配套保障是否完备	监测断面的设置完整性和监测数据的支撑保障情况
				资金转移及使用管理办法是否健全
			实施传递机制是否顺畅	是否建立生态补偿执行情况定期通报和沟通机制，使流域上下游对生态补偿机制政策足够知晓和理解

续表

目标层	准则层	指标层	二级指标层	三级指标层
流域横向生态补偿绩效评估指标	机制政策实施			是否建立生态补偿执行情况调度和监控机制，使流域上下游将生态补偿机制政策纳入常态化环境管理
		实施过程是否顺畅	机制政策内容是否完全得到执行	流域上下游是否建立了更细化和针对性的配套机制政策
				机制政策有关内容是否全部贯彻落实(机制政策有关内容的贯彻落实率)
			机制政策是否推动流域上下游生态环保行为改变	机制政策是否推动上下游明显强化了流域生态环境保护力度(如资金投入、人员投入、执法强度等)
				机制政策是否推动流域上下游向源头控制、生态优先战略转变
		实施反馈是否高效	生态补偿执行信息反馈是否及时	有关监测数据、补偿资金等信息在补偿利益相关群体间的传递频率是否及时有效
				是否建立了生态补偿执行中发现问题的及时反馈机制
			生态补偿跟踪评估机制是否健全	是否建立了每年生态补偿执行情况跟踪评估机制
				是否建立了相应的生态补偿执行调整机制
	机制政策产出	生态效益是否确保	水环境质量状况是否改善或保持	不达标考核断面是否有明显改善
				优良水体水环境质量是否保持稳定
			生态环境质量其他目标是否实现	水资源节约水平是否提升
				生态保护水平是否提升
		经济效益是否提升	生态补偿资金筹集是否足够多	生态补偿(赔偿)资金在已有各项生态环境保护资金中是否占有一定比重
				生态补偿是否撬动了足够多的新的生态环境保护资金投入
			生态补偿资金使用效益是否足够好	生态补偿资金是否按有关要求及时完成清算、拨付和使用
				相应生态环保项目开展推进是否及时有效
		社会效益是否促进	相关利益群体是否满意	流域上下游相关利益群体认知度是否足够广
				流域上下游相关利益群体满意度是否足够高
			生态环境管理水平是否提升	是否推动了相关流域生态管理政策出台
				是否推动了相关流域生态环境管理试点创新

权威性、科学性和易推广性，本研究采取定性与定量相结合的方法进行评价，并在过程中充分借助熟悉我国流域生态补偿机制及生态环境保护相关领域专家的判断。

1. 指标权重确定

随机选择相关领域专家 5 名，采用专家打分的层次分析法确定指标体系各级指标权重，利用 yaahp 层次分析法软件得到各级指标权重（见表 2）。

2. 评估方法

通过对流域横向生态补偿机制设计与政策制定、实施以及效果产出三个阶段全面的调研，获取相关具体情况及佐证数据资料，在此基础上，利用评估指标体系进行评分。由于评价指标均是按照是否符合某种理想状态设计的，具体的评分标准确定为：完全符合得 1 分，完全不符合得 0 分，部分符合得 0.5 分。每项指标评分后，再根据各指标权重进行加权汇总，得到总评估得分。

3. 评估流程

评估流程见图 3，主要按照如下步骤开展评估。

第一步，资料搜集与准备。主要搜集流域生态环境与经济社会发展、流域生态补偿协议与实施方案等基础背景资料，旨在梳理流域生态环境与经济社会发展面临的主要问题、流域生态补偿机制设计及运行基本状况，为制定评估方案做准备。

第二步，制定评估实施方案。明确绩效评估工作的具体实施方案，包括调研方案、专家选取方案、调查问卷方案等。

第三步，开展实地调研。以指标体系为指引，开展详细的实地调研，获取评估工作所需的详细数据资料。

第四步，绩效初评。根据指标体系，在前期调研基础上开展各环节绩效初评，形成初步评估结果。

第五步，专家咨询、形成绩效评估结果。根据绩效初评情况，视情况开展专家咨询，进一步修改完善评估情况，形成绩效评估结果。

第六步，形成绩效评估对策建议。分环节、分层次开展绩效评估结果分

表 2　流域横向生态补偿绩效评估指标体系权重计算结果

目标层	准则层（权重）	指标层（权重）	二级指标层（权重）	三级指标层（权重）	得分(完全符合得1分；完全不符合得0分；部分符合得0.5分)
流域横向生态补偿绩效评估指标	机制政策制定（0.25）	是否体现流域生态环境主要问题(0.1136)	是否促进坏水持续改善或好水持续保持（0.0568）	当近年来考核断面水环境质量整体为三类及以下水质时，是否对考核断面自己与自己比改善的情况给予适当鼓励(0.0284)	
				当近年来考核断面水环境质量整体为二类及以上水质时，是否对考核断面自己与自己比下降的情况给予适当惩罚(0.0284)	
			是否综合考虑水环境、水资源和水生态（0.0568）	当流域水环境问题的主要原因是水资源短缺时，是否将水资源节约因素纳入生态补偿目标(0.0284)	
				当流域水生态地位重要或脆弱时，是否将水生态保护因素纳入生态补偿目标(0.0284)	
		是否平衡相关利益群体责权利(0.1136)	流域上下游权利义务分配是否均衡（0.0946）	是否为“双向补偿”，对跨境考核断面水质不达标行为给予惩罚，对跨境考核断面优标行为给予奖励(0.0473)	
				补偿标准（补偿规模）的设置是否具有激励性、可行性，是否综合考虑到流域保护治理成本、相应地区经济发展实际水平等客观条件（用补偿规模指数表示：生态补偿资金/流域面积、生态补偿资金/流域财政收入）(0.0473)	
			上下级政府地位作用是否充分发挥（0.0190）	上级政府是否发挥了推动者和监督者作用，上下游政府是否发挥了参与者和决定者作用(0.0064)	
				上级政府是否通过适当奖励资金或奖励政策引导和支持，上下游政府是否付出了足够多的资金以承担主体责任（上级奖励资金占上下游政府筹集的资金规模比重是否在30%～70%，以50%为宜）(0.0126)	

续表

目标层	准则层（权重）	指标层（权重）	二级指标层（权重）	三级指标层（权重）	得分(完全符合得1分；完全不符合得0分；部分符合得0.5分)
流域横向生态补偿绩效评估指标		是否兼容其他政策目标（0.0228）	与环保目标责任制是否无缝衔接(0.0190)	考核断面是否和各级控制断面（国控、省控、市控等）保持一致（0.0095）	
				补偿目标和各类生态环境保护目标是否匹配(0.0095)	
			与其他政策机制是否统筹考虑(0.0038)	是否统筹考虑了上下游共保共治机制的推进(0.0028)	
				是否给流域环境精细化管理预留了空间(0.0010)	
	机制政策实施（0.25）	实施机制是否健全(0.0834)	实施配套保障是否完备(0.0417)	监测断面的设置完整性和监测数据的支撑保障情况(0.0278)	
				资金转移及使用管理办法是否健全(0.0139)	
			实施传递机制是否顺畅(0.0417)	是否建立生态补偿执行情况定期通报和沟通机制，使流域上下游对生态补偿机制政策足够知晓和理解(0.0209)	
				是否建立生态补偿执行情况调度和监控机制，使流域上下游将生态补偿机制政策纳入常态化环境管理(0.0208)	
		实施过程是否顺畅(0.0833)	机制政策内容是否完全得到执行(0.0625)	流域上下游是否建立了更细化和针对性的配套机制政策(0.0469)	
				机制政策有关内容是否全部贯彻落实（机制政策有关内容的贯彻落实率）(0.0156)	
			机制政策是否推动流域上下游生态环保行为改变(0.0208)	机制政策是否推动上下游明显强化了流域生态环境保护力度（如资金投入、人员投入、执法强度等）(0.0156)	
				机制政策是否推动流域上下游向源头控制、生态优先战略转变（0.0052）	

续表

目标层	准则层（权重）	指标层（权重）	二级指标层（权重）	三级指标层（权重）	得分(完全符合得1分;完全不符合得0分;部分符合得0.5分)
流域横向生态补偿绩效评估指标		实施反馈是否高效(0.0833)	生态补偿执行信息反馈是否及时(0.0625)	有关监测数据、补偿资金等信息在补偿利益相关群体间的传递频率是否及时有效(0.0469)	
				是否建立了生态补偿执行中发现问题的及时反馈机制(0.0156)	
			生态补偿跟踪评估机制是否健全(0.0208)	是否建立了每年生态补偿执行情况跟踪评估机制(0.0104)	
				是否建立了相应的生态补偿执行调整机制(0.0104)	
	机制政策产出(0.5)	生态效益是否确保(0.25)	水环境质量状况是否改善或保持(0.2084)	不达标考核断面是否有明显改善(0.1042)	
				优良水体水环境质量是否保持稳定(0.1042)	
			生态环境质量其他目标是否实现(0.0416)	水资源节约水平是否提升(0.0208)	
				生态保护水平是否提升(0.0208)	
		经济效益是否提升(0.125)	生态补偿资金筹集是否足够多(0.0626)	生态补偿(赔偿)资金在已有各项生态环境保护资金中是否占有一定比重(0.0313)	
				生态补偿是否撬动了足够多的新的生态环境保护资金投入(0.0313)	
			生态补偿资金使用效益是否足够好(0.0624)	生态补偿资金是否按有关要求及时完成清算、拨付和使用(0.0312)	
				相应生态环保项目开展推进是否及时有效(0.0312)	
		社会效益是否促进(0.125)	相关利益群体是否满意(0.0834)	流域上下游相关利益群体认知度是否足够广(0.0417)	
				流域上下游相关利益群体满意度是否足够高(0.0417)	
			生态环境管理水平是否提升(0.0416)	是否推动了相关流域生态管理政策出台(0.0208)	
				是否推动了相关流域生态环境管理试点创新(0.0208)	

析，总结提炼流域生态补偿成效、分析存在的问题，提出基于绩效评估的流域生态补偿机制改进建议。

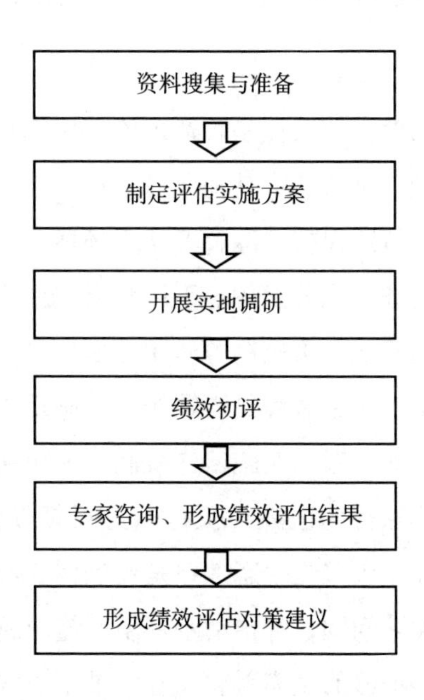

图 3　流域生态补偿绩效评估流程

三　结论与建议

（一）流域生态补偿绩效评估应立足流域生态补偿实际，促进流域生态补偿的持续改进

流域生态补偿绩效评估，应立足流域生态补偿实际，从推动流域生态补偿持续改进的角度，回应流域生态补偿实践过程中的现实问题，聚焦流域生态补偿机制政策制定、实施和产出三个环节，覆盖体现流域生态环境主要问题、平衡相关利益群体责权利、兼容其他政策目标，健全实施机制、顺畅实施过程、高效实施反馈，确保生态效益、提升经济效益、促进社会效益各个方面。

（二）体现机制政策全过程考量的生态补偿绩效评估指标体系，意在发现已有流域生态补偿改进空间，对新制定的流域生态补偿予以科学指导

从机制政策制定角度，应关注是否体现流域生态环境主要问题、是否平衡相关利益群体责权利、是否兼容其他政策目标三个关键问题，并能起到促进坏水持续改善或好水持续保持，综合考虑水环境、水资源和水生态，均衡分配流域上下游权利义务，充分发挥上下级政府地位作用，与环保目标责任制无缝衔接，统筹考虑其他政策机制等作用；从机制政策实施角度，应关注体现实施机制是否健全、实施过程是否顺畅、实施反馈是否高效三个关键问题，并推动保障实施配套，顺畅实施传递机制，使机制政策内容完全得到执行、流域上下游生态环保行为改变、执行信息反馈及时、健全跟踪评估机制；机制政策产出方面，应关注生态效益是否确保、经济效益是否提升、社会效益是否促进三个关键问题，并推动水环境质量改善或保持，实现生态环境质量其他目标，筹集足够的生态补偿资金，提升生态补偿资金使用效益，使相关利益群体满意、生态环境管理水平提升。

参考文献

王慧杰、毕粉粉、董战峰：《基于 AHP－模糊综合评价法的新安江流域生态补偿政策绩效评估》，《生态学报》2020 年第 20 期。

熊淑华：《我国农田生态补偿政策评价研究》，江南大学学位论文，2020。

彭湘萍：《生态补偿资金绩效审计评价体系构建研究》，《中国产经》2020 年第 9 期。

曲超：《生态补偿绩效评价研究》，中国社会科学院研究生院学位论文，2020。

芦苇青、王兵、徐琳瑜：《一种省域综合生态补偿绩效评价方法与应用》，《生态经济》2020 年第 4 期。

巩芳、陈宝新：《基于 DPSIR 模型的草原生态补偿效果综合评价研究——以内蒙古为例》，《内蒙古农业大学学报》（社会科学版）2019 年第 5 期。

成蓥:《森林碳汇扶贫绩效评价指标体系研究》，四川农业大学学位论文，2019。

吴渊:《黄河源区草原生态保护补助奖励政策实施效果评价》，兰州大学学位论文，2019。

甘春艳:《基于农户感知的珠峰自然保护区生态补偿绩效评价研究》，云南大学学位论文，2019。

安婧:《肃南县草原生态保护补助奖励政策绩效评估研究》，兰州大学学位论文，2019。

熊玮、郑鹏、赵园妹:《江西重点生态功能区生态补偿的绩效评价与改进策略——基于 SBM - DEA 模型的分析》，《企业经济》2018 年第 12 期。

李红兵、周新、曾洁、闫文周:《基于 DEA 模型的绿色农业生态补偿绩效评价研究——以西安市蓝田县某村落整治项目为例》，《华中师范大学学报》（自然科学版）2018 年第 4 期。

沈田华、龚晓丽:《基于 DEA 二次相对效益模型的贵州省生态公益林补偿财政支出绩效评价》，《生态经济》2018 年第 8 期。

杨晓晨:《生态保护补偿资金绩效审计评价指标体系研究》，云南财经大学学位论文，2018。

曾维忠、成蓥、杨帆:《基于 CDM 碳汇造林再造林项目的森林碳汇扶贫绩效评价指标体系研究》，《南京林业大学学报》（自然科学版）2018 年第 4 期。

吴杏红:《京津冀地区生态文明建设的环境绩效评价实证研究》，北京化工大学学位论文，2017。

张涛、成金华:《湖北省重点生态功能区生态补偿绩效评价》，《中国国土资源经济》2017 年第 5 期。

杨晓晨:《生态补偿资金绩效审计评价指标体系构建》，《商业会计》2017 年第 8 期。

杨熠、张沁琳、胡玉明:《生态补偿机制效果研究述评——兼论微观效果研究框架的构建》，《厦门大学学报》（哲学社会科学版）2017 年第 1 期。

张巧华:《平衡计分卡在专项资金绩效管理中的应用》，《中国商论》2016 年第 29 期。

李波:《广州市森林生态效益补偿专项资金第三方绩效评价》，《广西大学学报》（哲学社会科学版）2016 年第 5 期。

徐定昊:《平衡计分卡在农业专项资金中的绩效研究》，南京大学学位论文，2016。

李斌:《区域生态补偿绩效评估研究》，大连理工大学学位论文，2015。

Abstract

2021 is the first year of the 14th five year plan, and China will embark on a new journey of building a socialist modern country in an all-round way. With the profound changes in the domestic and international environment, the complex and increasing risks pose new challenges to China's ecological construction. During the 14th five year plan period, China's ecological construction should be based on the new development stage, guided by the implementation of the new development concept and the construction of the new development pattern, and continuously promote the high-quality development of ecological environment. Sichuan is an important ecological barrier in the upper reaches of the Yangtze River and a province with large ecological resources, which shoulders the important mission of maintaining the national ecological security. In recent years, Sichuan Province has promoted the construction of ecological civilization through multiple measures, achieved remarkable results in practice and explored important models. This book is closely related to the key points, difficulties, highlights and focuses of Sichuan ecological construction, and comprehensively presents the frontier exploration of Sichuan ecological protection and construction.

The book is divided into five parts. The first part of the "general report" systematically evaluates and summarizes the main actions, achievements and challenges of ecological construction in Sichuan. The second part "Nature Reserve Management" focuses on the construction of ecological corridor, the protection of flagship species such as giant panda and snow leopard, and the collaborative management of nature reserves. The third part focuses on the practice of value transformation of ecological products in Sichuan Giant Panda Reserve, and analyzes the challenges, realization methods, experience enlightenment and other key contents of value transformation of ecological products from two dimensions of evaluation and certification of ecological products. The fourth part "ecological environment governance" highlights the practice and innovation of Sichuan Province in the field of ecological environment pollution prevention and control from the aspects of air pollution governance, water environment governance, forest and grass resources governance. The fifth part is the special topic of "system and mechanism of ecological civilization", which focuses on the frontier issues such as ecological construction, land resource management, investment and financing system, basin ecological compensation performance evaluation in Chengdu-Yu area two-city economic circle, presenting the important institutional exploration achievements in the field of ecological construction in Sichuan Province.

Keywords: Ecological Construction; Nature Reserve Management; Value Realization of Ecological Products; Ecological Environment Governance

Contents

Ⅰ General Report

Abstract: In this report, the "*Pressure-State-Response*" model (PSR structural model) was used to evaluate the ecological construction status of Sichuan Province in 2019, and the information was collected and analyzed from three interrelated index groups of "*state*", "*pressure*" and "*response*" of Sichuan's ecological environment. Different from the past, the index selection is as follows: the "*state*" index is selected according to the classification of ecosystem service function in the forefront of the current academic circle; Economic production was added to the "*stress*" index to show how much human pressure was placed on the ecosystem; In addition to continuing to include policy responses at the government level, the "*response*" index also tries to include responses from the market and the public, hoping to build a more complete response system for ecological construction. Based on the above three aspects, this report systematically evaluates the problems, inputs and effects of ecological construction and policy responses of ecological construction in Sichuan Province in that year, and looks forward to the future development trend of ecological protection and construction in Sichuan Province in 2021.

Keywords: PSR Structure Model; Ecological Construction; Ecological Assessment; Sichuan

Ⅱ Management of Nature Reserves

Abstract: After the establishment of the Giant Panda National Park, the importance of the Liangshan Mountains Giant Panda Reserve in Sichuan Province has been highlighted. The Alliance of Nature Reserves of Liangshan Mountains in Sichuan has been in operation for five years, and has played a good role in the function of the network of protected areas in the areas of effective management, surveillance, scientific research, environmental education, community co-management, etc., and has defended the ecological safety of the Liangshans Mountains System and raised the visibility of the Nature Reserve of the Liangshans Mountains System. This paper analyzes the advantages and disadvantages in the construction of the nature reserves of the Liangshan Mountains System and the construction of the nature reserves, and puts forward strategic suggestions for the construction of the Nature Conservation Union of the Liangshan Mountains System.

Keywords: Liangshan Mountains Nature Reserve; The Giant Panda National Park; Assessment

Abstract: After decades of exploration and development, the protection of giant pandas in Sichuan Province has achieved many achievements, multi-faceted, multi-level and diversified achievements, the number of giant pandas has increased significantly, the habitat area and quality have been expanding and improving, and the protection of giant pandas has not only produced an irreplaceable positive contribution to biodiversity, but also a positive contribution to the whole ecosystem and service functions, and promoted the improvement of China's wildlife protection system. In the process of promoting the protection of giant pandas, Sichuan Province has summarized a set of "four-in-one" protection mechanisms, including scientific research, local practice, conservation policies and public awareness. As a flagship species with a distribution of up to 60% of the world's total in China, snow leopards face some obvious or potential existential threats in nature and social areas, and Sichuan Province, as one of the main habitats of snow leopards and has made remarkable achievements in panda conservation work, needs to apply its experience in panda conservation work to the protection of snow leopards, through the implementation of the giant panda-snow leopard double flagship protection strategy, to accurately grasp Population dynamic changes as an entry point, continue to promote panda-friendly product certification, ecological corridor construction and nature reserve management effectiveness evaluation and other local practices, cultivate and improve the protection awareness of farmers and herdsmen and participate in the enthusiasm and use this to establish an interest-linked mechanism, strengthen anti-poaching law enforcement efforts and carry out illegal trade source control, innovative protection system mechanism and other measures to better promote the protection of giant panda-snow leopard double flagship species in Sichuan Province.

Keywords: Giant Panda Protection; Snow Leopard Protection; The Protection of the Two Flagship Species

Abstract: the purpose of nature reserve is to improve the ecological service function. It is the core carrier of maintaining the health and stability of natural ecosystem. Ecological corridor is a very important part of nature reserves, which is of great significance to the protection of biodiversity, gene exchange, and the migration and flow of animals. Huangtuliang ecological corridor ranks first among the 14 ecological corridors to be built in the master plan of giant panda National Park. It is an ecological corridor that needs to be built clearly, providing a "bridge" for free migration and gene exchange of isolated panda populations. Because huangtuliang ecological corridor connects Minshan area in Sichuan Province with Baishuijiang area in Gansu Province, and involves cross regional and multi sectoral management, it faces many challenges in the construction of ecological corridor and joint governance. How to seek development in the protection and how to coordinate governance have become two urgent problems to be solved in the construction process of huangtuliang ecological corridor. Under the premise of "protection first, collaborative governance" as the guiding ideology, this paper fully mobilizes the strength of all aspects in the restoration of loess beam ecological corridor, actively establishes the co management mechanism, and discusses a series of strategies to promote the construction of loess beam corridor and related protection work.

Keywords: Huangtuliang Ecological Corridor; The Giant Panda National Park; Collaborative Governance

Ⅲ Value Realization of Ecological Products

Abstract: Conducting research on the realization of the value of ecological products in natural reserves rich in ecological products is a major innovation in the field of ecological civilization construction. It can provide a value carrier for the "two mountains theory" and better realize the "green water and green mountains" "Jinshan Yinshan" transformation. The article draws on Wei Fuwen's calculation method for the realization of the value of ecological products in 67 giant panda nature reserves, narrowing the research perspective to Pingwu County, a meso-level area, and assessing the value of ecological products in the 5 giant panda nature reserves of Pingwu County. Achieve accounting and comparative analysis. It is concluded that the value realization of ecological products in the protected area has its own characteristics, and the difference is obvious; there are still many shortcomings in the construction of the index system and calculation methods, and two conclusions need to be further improved and refined.

Keywords: Ecological Products; Ecological Products Value Realization; Giant Panda Nature Reserve

B.6 Case Study on the Value Transformation of Giant Panda Habitat Ecological Products: Taking Pingwu County and Baoxing County of Sichuan Province as an Example

Ling Qin, *Xu Qiang* / 130

Abstract: General Secretary Xi Jinping's assertion that clear waters and green mountains are mountains of gold and silver is abbreviated as the theory of two mountains studied and widely, its theoretical value, identity, but in the implementation of strict protection of the national key ecological function areas, such as the giant panda habitat, in addition to government-led longitudinal ecological compensation programs and place to develop ecotourism, few through breeding and planting way of the sustainable use of natural resources such as wild collection to promote ecological protection case. The good ecological image of the giant panda is widely recognized all over the world, which represents the high quality ecological environment and excellent product quality to some extent and

Baoxing bureau of Pingwu county in Sichuan province is the largest number of two counties in the wild giant pandas, this paper carried out in two counties of the giant panda friendly product certification practice case, is introduced in the giant panda habitat ecological product development preliminary ecological benefits Social benefit and economic benefit, exploring the giant panda habitat surrounding communities ecological value into the economic value of the implementation of the path This paper argues that the theory of two mountains has promoted the change of thinking of China's protection policy from the top design, and brought new policy opportunities to the development of giant panda habitat. However, it is still necessary to strengthen the exploration of market-oriented ecological compensation mechanism and multiple co-governance system of ecological environment in practice. The transformation of the value of ecological products will promote the transformation of clear water and green mountains to golden and silver mountains steadily advance, protection and development are integrated, and the harmonious coexistence of man and nature is realized.

Keywords: Giant Panda Habitat; Ecological Product Value Transformation; Product Certification

Ⅳ Ecological Environment Management

Abstract: Since the discovery of ozone hole in the mid-1980s, the international community has taken lots of efforts to protect the ozone layer and reached the Vienna Convention and the Montreal Protocol. After more than 30 years of unremitting efforts, 99% of ozone depleting substances (ODS) production and consumption has been eliminated, the ozone depletion has been effectively contained. China has phased out 280, 000 tons of ODS, accounting for almost half among the developing countries which make a great contribution in protection on ozone layer. From the perspective of Sichuan implementation on ozone layer protection Protocols, this article introduces the importance of protecting the ozone layer, definition and classification of ODS, working achievement by the State and Sichuan, the problems existing in the management of ODS elimination. Finally, given prospects on this work.

Keywords: Sichuan Province; ODS; Working Achievement

Abstract: The change of economic and social environment and the change of times mean that Dujiangyan elite irrigation area presents the new development trend of continuous differentiation of industrial forms, gradually diversified residential forms, complex social structure and increasingly prominent diversified functions. However, to achieve a higher level of functional value of Dujiangyan elite irrigation area, development is also facing increasing lack of top-level design, high cost of building and local accelerating demand there is a conflict between demand growth, ecological protection and economic and social development is not harmonious, irrigation farmers to participate in some difficulties in the development of industry, irrigation, landscape and the protection of historical and cultural value using the existence insufficiency, the development of relative shortage coexist and urgent task of ascension, and policy support, etc. To build the elite irrigation district into a world-class tourism brand and a national agricultural civilization name card, it is necessary to improve the top-level design for the development and promotion of Jinghua irrigation area, promote the promotion of industrial form and high level of business form, construct a long-term mechanism for the realization of ecological protection and value transformation, strengthen the support and protection for small farmers, strengthen the protection and utilization of culture and landscape, and strengthen the policy support for Jinghua irrigation area.

Keywords: Dujiangyan Elite Irrigation Area; Cultural and Landscape Protection and Utilization; High-energy Industrial Form

Abstract: With the development of rural economy and society and the improvement of villagers' living standards, rural environmental problems have become increasingly prominent, especially the treatment of rural domestic sewage, which is the focus and difficulty of rural human settlements. Through the investigation and investigation of different rural domestic sewage treatment practices in the plains, hilly areas, and high-altitude areas of Sichuan Province, this study systematically sorted out the current process selection, practice models and outstanding problems of rural domestic sewage treatment in Sichuan Province. From the three perspectives of government, society and villagers, it is proposed to strengthen the main responsibility of the government and promote the treatment of rural domestic sewage. Establish a fund distribution mechanism oriented by treatment efficiency to ensure the effectiveness of rural domestic sewage treatment. Overall planning of "space, resources, and environment" to build a business model for rural domestic sewage treatment. Strengthen publicity and education to improve villagers' awareness of governance and countermeasures.

Keywords: Rural Domestic Sewage; Sewage Treatment; Environmental Treatment

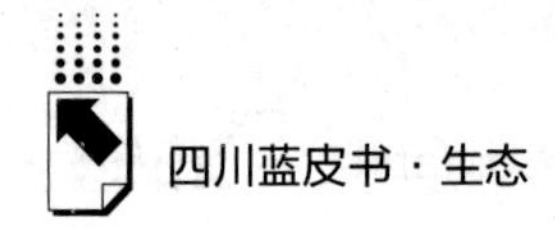

Abstract: Forest and grassland fire prevention is an important content to ensure the achievements of ecological construction and maintain national ecological security. The factors inducing forest and grassland fires mainly include natural and human factors. It is an important measure to prevent forest and grassland fires to control human activities through human intervention. Jiuzhaigou County has achieved 34 years without major forest and grassland fires. Based on the investigation, this paper studies and combs the current situation of forest and grassland fire resources and protection management, fire situation and requirements, memorabilia, development and management progress, threats and challenges of forest and grassland fire prevention in Jiuzhaigou County, and puts forward corresponding improvement suggestions.

Keywords: Sichuan; Jiuzhaigou County ; Forest and Grassland Fires Prevention

Ⅴ System and Mechanism of Ecological Civilization

Abstract: The harmonious coexistence of human beings and nature is the requirement of socialist modernization, and it is also an important guiding concept and way of promoting economic development, social stability, resource conservation and other aspects of coordinating the development of urban circles. Starting with the concept, this paper analyzes the internal logic and conditions of the harmonious coexistence of humans and nature in economic circle, and builds a harmonious coexistence system between humans and nature in the Chengdu-Chongqing economic circle. On the basis of drawing on the excellent experience, the paper provides a path to realize the harmonious coexistence of mankind and nature in the economic circle of Chengdu-Chongqing region in terms of multiple participation, inter-government cooperation, and ecological compensation.

Keywords: Economic Circle of Chengdu-Chongqing Region; Harmonious Co-existence of Mankind and Nature; City Circle

Abstract: The establishment of the land reserve system is the inevitable result of the establishment and gradual improvement of the market economy system. It plays an important role in ensuring the net land supply and regulating the land market. But because the management of land reserves is still in the reform and transformation stage, it is facing many practical problems. On the basis of expounding the general situation of land reserve, this paper analyzes the prominent problems in land reserve in Sichuan Province, and explores feasible solutions to current outstanding problems, with a view to providing reference for further regulating the land banking.

Keywords: Land Banking; Sichuan Province; Policy Supply

Abstract: Environmental protection investment and financing tools are the source of funds for ecological construction projects. This article compares and analyzes the concept of environmental protection investment and financing and green finance, estimates the scale of environmental protection investment and financing in Sichuan Province in 2019, and estimates the future ecological construction funding needs. Further organize the province's environmental protection investment and financing tool guidance policies, and put forward policy recommendations on the optimization of environmental protection investment and financing tools.

Keywords: Environmental Protection Investment and Financing; Sichuan Province; Green Finance

B.14 Research on Performance Evaluation of Ecological Compensation in Watershed

Liu Xinmin, Xia Rongjiao, Fu Yuhan and Xue Yanye / 263

Abstract: This article is based on the analysis of the whole process of the ecological compensation mechanism in the river basin, and uses the analytic hierarchy process and yaahp analytic hierarchy software to determine the weights of indicators at all levels, and designs a set of performance evaluation index systems for typical river basin ecological compensation. A set of indicator systems, based on the actualities of ecological compensation in the river basin, promote the continuous improvement of ecological compensation in the river basin, and provide scientific guidance to newly formulated policies.

Keywords: Watershed Ecological Compensation; Performance Evaluation; Index System

S 基本子库
SUB DATABASE

中国社会发展数据库（下设 12 个子库）

整合国内外中国社会发展研究成果，汇聚独家统计数据、深度分析报告，涉及社会、人口、政治、教育、法律等 12 个领域，为了解中国社会发展动态、跟踪社会核心热点、分析社会发展趋势提供一站式资源搜索和数据服务。

中国经济发展数据库（下设 12 个子库）

围绕国内外中国经济发展主题研究报告、学术资讯、基础数据等资料构建，内容涵盖宏观经济、农业经济、工业经济、产业经济等 12 个重点经济领域，为实时掌控经济运行态势、把握经济发展规律、洞察经济形势、进行经济决策提供参考和依据。

中国行业发展数据库（下设 17 个子库）

以中国国民经济行业分类为依据，覆盖金融业、旅游、医疗卫生、交通运输、能源矿产等 100 多个行业，跟踪分析国民经济相关行业市场运行状况和政策导向，汇集行业发展前沿资讯，为投资、从业及各种经济决策提供理论基础和实践指导。

中国区域发展数据库（下设 6 个子库）

对中国特定区域内的经济、社会、文化等领域现状与发展情况进行深度分析和预测，研究层级至县及县以下行政区，涉及省份、区域经济体、城市、农村等不同维度，为地方经济社会宏观态势研究、发展经验研究、案例分析提供数据服务。

中国文化传媒数据库（下设 18 个子库）

汇聚文化传媒领域专家观点、热点资讯，梳理国内外中国文化发展相关学术研究成果、一手统计数据，涵盖文化产业、新闻传播、电影娱乐、文学艺术、群众文化等 18 个重点研究领域。为文化传媒研究提供相关数据、研究报告和综合分析服务。

世界经济与国际关系数据库（下设 6 个子库）

立足“皮书系列”世界经济、国际关系相关学术资源，整合世界经济、国际政治、世界文化与科技、全球性问题、国际组织与国际法、区域研究 6 大领域研究成果，为世界经济与国际关系研究提供全方位数据分析，为决策和形势研判提供参考。